METROLOGÍA
ASEGURAMIENTO METROLÓGICO INDUSTRIAL

METROLOGÍA
ASEGURAMIENTO METROLÓGICO INDUSTRIAL

Jaime Darío Restrepo Díaz

nl nueva librería

LEE
LEMOINE EDITORES

Restrepo Díaz, Jaime Darío
Metrología / Jaime Darío Restrepo Díaz. - 1a ed . - Ciudad Autónoma de Buenos Aires : Nueva Librería, 2018.
454 p. ; 24 x 16 cm.

ISBN 978-987-1871-58-2

1. Control de Calidad. 2. Mediciones. 3. Calibración. I. Título.
CDD 620.001

METROLOGÍA. ASEGURAMIENTO METROLÓGICO INDUSTRIAL

Nueva Librería
Estados Unidos 301
Ciudad Autónoma de Buenos Aires, Argentina
Tel. (54 11) 4362-9266
libros@nuevalibreria.com.ar
www.nuevalibreria.com.ar

Primera edición: julio de 2016

Carrera 23 # 137-83
Teléfonos: (57-1) 633 2399 - 633 2431
Bogotá, Colombia
gerencia@lemoineeditores.com
www.LemoineEditores.com
www.librosyeditores.com

Dirección editorial: Jimena Lemoine Garzón
Coordinación editorial: Alejandra Muñoz Solano
Diseño de cubierta: Lemoine Editores
Diseño y diagramación: Betty Yaneth Fagua Naranjo
Corrección de estilo: Elkin Rivera Gómez

ISBN 978-987-1871-58-2

Hecho el depósito que marca la Ley 11.723

Ajustes en diseño: Mario a. de Mendoza F.

Impreso en Argentina - Printed in Argentina

Este libro se compuso en caracteres ZapfCalligr BT y Helvetica Narrow.

CONTENIDO

I PRÓLOGO

La metrología, del griego $\mu\varepsilon\tau\rho o\nu$ (medida) y $\lambda o\gamma o\varsigma$ (tratado), es la ciencia e ingeniería de la medida. Incluye el estudio, mantenimiento y aplicación del sistema de gestión de las mediciones. Actúa en los ámbitos científico, industrial y legal, como en cualquier otro campo demandado por la sociedad. Su objetivo fundamental es la obtención y expresión del valor de las magnitudes, para garantizar la trazabilidad de los procesos y la consecución de la exactitud requerida en cada caso. Para ello emplea instrumentos de medida, métodos y medios apropiados de medición. La metrología tiene dos características importantes: el resultado de la medición y la incertidumbre de medida.

En el mundo industrializado son numerosos los aspectos de la vida que dependen de las medidas. La complejidad creciente de las técnicas modernas va acompañada de continuas demandas de exactitud, mayor rango, amplia diversidad de patrones en los dominios más variados y mejores competencias del personal que hace el sistema de gestión de las mediciones. El desarrollo y mejora de los patrones es de importancia, tanto a escala internacional como nacional, para la ciencia, el comercio y la industria.

La trascendencia de la metrología y la universalidad de las unidades y los patrones de referencia son la causa de que haya varias organizaciones internacionales dedicadas a la promoción de la investigación metrológica y de los acuerdos internacionales sobre unidades, como la Oficina Internacional de Pesas y Medidas (en francés, Bureau International des Poids et Mesures, BIPM).

La metrología tiene hoy un impacto más determinante sobre las actividades científicas, industriales, comerciales y jurídicas en el mundo entero; así mismo, debe responder a las exigencias crecientes de la salud y el medio ambiente. En todos los países industrializados se reconoce que es imperativo contar, a escala nacional, con una estructura coherente, en la cual se organicen los aspectos variados y complementarios de la metrología. La necesidad del comercio o de la cooperación entre naciones implica la existencia de estructuras reconocidas mutuamente, capaces de efectuar y controlar las medidas de todo tipo. Tal aceptación recíproca requiere asegurar la uniformidad de dichas medidas.

El acuerdo internacional con el cual se asegura la uniformidad de las medidas es la Convención del Metro, firmada en París el 20 de mayo de 1875, de la cual resultó la creación del Bureau International des Poids et Mesures (BIPM) en Sèvres (Francia). El comercio internacional de productos de alta tecnología, las comunicaciones y la navegación, los intercambios de informaciones científicas o técnicas, teóricas o aplicadas, llevadas a cabo en el ámbito internacional, son altamente dependientes de las medidas de precisión. En efecto, el proceso de fabricación de un producto depende estrechamente de la posibilidad de trazar la medida a los patrones nacionales y, en su caso, a los internacionales. Todo esto exige, implícitamente, mejorar sin cesar la uniformidad y la precisión de las medidas; éste es el objetivo del BIPM, y aquel al que se consagra en estrecha relación con los laboratorios nacionales.

INTRODUCCIÓN

Desde la aparición del ser humano en la Tierra, surgió la necesidad de contar y medir. No es posible saber cuándo surgen las unidades para hacerlo, pero la necesidad aporta ingredientes básicos que requiere la metrología, como mínimo, para desarrollar su actividad fundamental como ciencia que estudia los sistemas de unidades, los métodos, las normas y los instrumentos para medir.

Los efectos de la ciencia de las medidas se pueden evidenciar en todo, lo que les facilita a las personas planear su vida y realizar intercambios comerciales confiables. La experiencia humana es muy variada; constantemente, las personas oyen, huelen, prueban y tocan objetos y productos; es decir, hay un constante flujo de sensaciones. El trabajo de la metrología es describir en forma ordenada esta experiencia; un trabajo que la curiosidad del hombre ha conducido por muchos siglos y que, presumiblemente, nunca terminará.

Una empresa moderna demanda una operación centralizada en la calidad. Esto implica que la metrología esté cada vez más involucrada dentro de los sistemas de gestión de la calidad que emprendan las compañías. Esta ciencia siempre ha desempeñado un papel destacado en los procesos productivos de bienes y servicios, y su función está enfocada principalmente en servir de apoyo y complemento en las actividades de prevención, detección, evaluación y control de la calidad.

La metrología, conocida como ciencia de las mediciones, ha estado presente en la historia de los grandes descubrimientos de la humanidad, pero adquiere relevancia en la llamada Revolución Industrial, mediante lo que se denominó la mecanización de los procesos de producción a finales de 1800 y comienzos de 1900. Es así como se puede evidenciar que la metrología ha existido antes de que se hablara de los sistemas de gestión de la calidad (SGC). En la actualidad es aún más evidente su importancia, bien sea que se trate de ISO 9000, ISO 14000 u OHSAS 18000, ya que se ha convertido en requisito indispensable para la evaluación de la conformidad de productos y procesos.

Esta ciencia está íntimamente asociada a la calidad de procesos y productos, que es el resultado de la metrología. Se debe reconocer que la buena calidad de un producto lleva implícita la condición de satisfacer al cliente y generar beneficios para el productor. Invertir en metrología es invertir en el mejoramiento de la calidad. Por esto es un error pensar que los sistemas de gestión de la calidad son un costo adicional en lugar de una inversión.

1 | LA MEDIDA

El hombre ha sentido la necesidad de medir desde los tiempos más remotos. En los restos de las civilizaciones más antiguas (Mesopotamia, Egipto, Fenicia, Israel, Grecia, Cartago y Roma, entre otras) se han encontrado indicios que permiten suponer que los hombres primitivos tenían en su mente la idea de medida[1]. Claro está, se trataba de un primer esfuerzo casi intuitivo, y las medidas se tomaban de una manera muy elemental. Todos los testimonios parecen indicar que las primeras que se establecieron fueron relativas a la longitud y tienen origen antropométrico. Se utilizaron como medios de comparación el tamaño de los dedos, la longitud del pie, el ancho del pie, entre otros.

Otra variable de control fue la masa, y para ello se desarrolló un medio de referencia para comparar (medir) la cantidad con el uso de conchas, granos, piedras etc., en el que el hombre actuaba como instrumento de medida con sus brazos extendidos. En una mano se tomaba el patrón de referencia y en la otra el producto por comparar. Era un sistema de medición por comparación que, de una u otra manera, garantizaba un acercamiento confiable a tal práctica.

---

1. *Breve historia de la metrología* (1976). Sistema internacional de unidades, capítulo 1. Icontec, Voluntad.

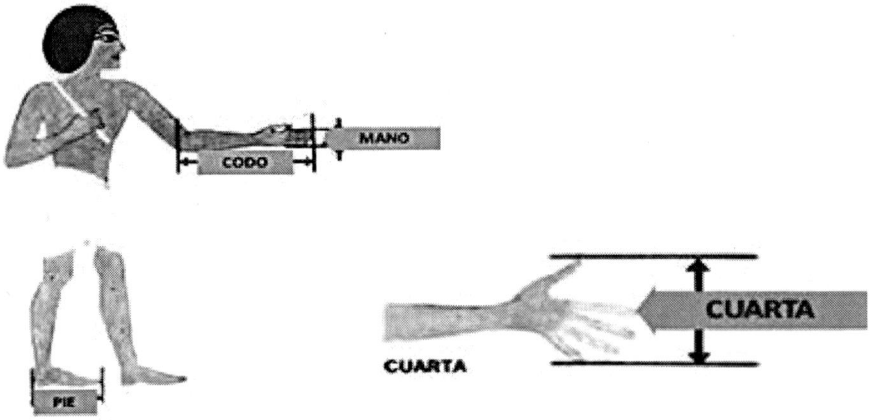

Imagen 1.1. La medida.

Fuente: http://metrología y tecnología.bloyspot.com.co.

En *El libro de los muertos*[2], que data del segundo milenio a.C., aparece la balanza de platillos, representada, en el antiguo Egipto, en numerosos bajorrelieves y papiros. Constaba de dos platillos colgados de los extremos del brazo, suspendido de un soporte central. Se usaba para comparar el peso del corazón del difunto, como símbolo de sus actos, con el de la pluma de la diosa Maat, símbolo de la justicia y orden universal.

Desde la más remota antigüedad, el hombre comprendió en forma clara y diáfana la influencia, necesidad e importancia de la medida, ya que para efectuar las transacciones comerciales con sus vecinos y aun los trueques de los frutos, cereales, telas, vinos, ganado, entre otros, estuvo obligado a disponer de algo con qué medir. Para ello, necesitó partir de una unidad de medida para comparar la magnitud que se deseaba medir y así obtener el resultado: la medida.

En la imagen 1.2 se aprecia una de las más antiguas representaciones de una balanza: Anubis pesa un corazón en el juicio de Osiris.

El libro de los muertos egipcio es una colección de textos de innovaciones, hechizos, conjuros, oraciones, himnos, letanías y fórmulas mágicas, escritos generalmente en rollos de papiro con ilustraciones

2. Manuel Soto de la Vega.

o viñetas. Fueron puestos en las tumbas de los egipcios que podían permitirse tal lujo a partir del Imperio nuevo. No obstante, la colección más antigua que se conoce está inscrita en las paredes de las cámaras y corredores de las pirámides de Unas, Teti, Pepi I, Nemty-En-Saf I y Pepi II, reyes de la V y la VI dinastías en Sakkara. A éstos se les conoce como "textos de las pirámides", están escritos enteramente en jeroglíficos y muchos de sus capítulos "son copias de una colección más antigua", por lo que no se pueden precisar su origen, edad y autor. Pero podemos suponer que los capítulos copiados en las paredes de las tumbas de los reyes mencionados, en esencia, representan las creencias de los egipcios de tales dinastías con respecto a los muertos y la continuidad del pensamiento religioso entre las clases más altas de Egipto.

Imagen 1.2. Anubis pesa un corazón en el juicio de Osiris.

Fuente: es.wikipedia.org/wiki/Balanza.

La humanidad siempre ha tenido estrecha relación con las mediciones. La ley era drástica; los que olvidaban su deber de calibrar el patrón de longitud en las noches de luna llena se enfrentaban a la pena de muerte. Ese era el peligro que corría el grupo de arquitectos reales, responsables de la construcción de templos y pirámides en el antiguo Egipto de los faraones, 3000 años a.C.

El primer codo real fue definido como la longitud del antebrazo del faraón, desde el codo hasta el extremo del dedo medio, con la mano extendida, más la anchura de su mano. La medida original fue transferida y materializada en granito negro. En los lugares de construcción, los trabajadores poseían copias en granito o madera, y era responsabilidad de los arquitectos su mantenimiento.

Las primeras unidades de medida que se utilizaron y de las cuales se tiene noticia fueron de origen antropométrico, ya que constituían la forma más sencilla y fácil de llegar al entendimiento y comprensión entre las personas que hacían trueques o intercambios comerciales.

Así se utilizaron las unidades de medida de longitud, denominadas paso, pie, codo, palmo, dedo, pulgada, en las civilizaciones caldea, asiria, persa, griega, romana, aunque en la mayoría de los casos sus valores reales diferían unos de otros. Posteriormente, en Grecia y Roma aparecieron otras unidades itinerarias, múltiplos de las anteriores, como el estadio, la milla, el acto, etcétera.

Así mismo, merecen citarse las medidas agrarias que relacionaban el trabajo promedio realizable por el hombre o por una yunta de bueyes: el jornal, la yugada, etc. En cuanto a las unidades de peso y capacidad, reinó una anarquía aún mayor; fueron muy diferentes unas de otras, según las civilizaciones que las impusieron. Merecen citarse, entre otras, la medida ponderal del imperio romano, el "as" en sus dos variedades, el latino y el romano, al igual que el "óbolo" como ponderal griego y posteriormente romano. Entre las medidas de capacidad pueden indicarse el "kadah", medida egipcia, y la "urna", medida romana.

La historia enseña cómo todos aquellos pueblos comprendieron la trascendencia de la medida en el desarrollo del comercio y así dedicaron especial atención dentro de cada ciudad, región o país a una cierta metodización de las mediciones. Se crearon, entonces, los patrones de medida, conservados cuidadosamente como elementos de referencia para dilucidar cualquier diferencia. En algunos pueblos fueron considerados joyas públicas que se guardaban incluso en los templos, junto a los ornamentos sagrados de los dioses. Con esta metodización, aun en la etapa embrionaria en que se concibió, nacieron en verdad los primeros conceptos que fueron base inicial de la metrología.

Vale la pena indicar que la civilización china utilizó, hace más de 5000 años, las tres unidades de medida, longitud, volumen y peso, las cuales estaban relacionadas entre sí, a saber: la medida de longitud la constituía una caña de bambú y el patrón que representaba era la separación entre dos de sus nudos, cuando al usarse como flauta emitía una cierta nota, o sea, que utilizaba la frecuencia del sonido. En la actualidad se cuenta con la longitud de onda, cuya frecuencia es mucho mayor. La de volumen era, así mismo, una caña de bambú que contenía 1200 granos de arroz, cuyas longitudes debían ser una centésima parte de la unidad de longitud. La de peso estaba representada por el que tenían los 1200 granos antes citados.

En libros sagrados de diversas religiones se mencionan aspectos de pesas y medidas relacionados con la moral, la dieta, la higiene o el orden público, que bien podrían servir de consejo para una reglamentación moderna. Pueden citarse:

Antiguo Testamento: "No tendrás en tu mano dos clases de pesas, una para comprar y otra para vender. Deberás tener un peso exacto y justo, a fin de que tus días se te prolonguen en la tierra que te ha dado tu Dios, ya que es abominable el que realizare estas cosas o el que cometiere estas iniquidades...".

La Biblia: "La utilización de una falsa balanza es una acción abominable, el no poseer pesas justas constituye el gran delito...".

El Corán: "En nombre de Alá, el muy misericordioso, desgraciados aquellos que defraudan en el peso o en la medida; cuando miden contra los otros utilizan una medida completa, pero cuando miden o pesan para ellos la disminuyen...".

El Talmud: "El tendero está obligado a limpiar sus medidas dos veces por semana, sus pesas una vez por semana y sus balanzas después de cada pesada...".

Desde entonces, la humanidad ha recorrido un largo camino, pero se mantiene la gran importancia de la exactitud de las mediciones. Más cerca de la época actual, en 1799 se estableció en París el sistema métrico, antecesor del sistema internacional de unidades, mediante el depósito de dos patrones de platino iridiado que representaban el metro y el kilogramo.

En la Europa de hoy se mide y se pesa con un costo equivalente mayor de 1 % del PIB, con un retorno económico equivalente entre el 2 y el 7 % del PIB, por lo que la metrología supone una parte vital de la actividad diaria.

El café y las tablas de madera se comparan al peso o a la medida; el agua, la electricidad o el calor se miden, y ello afecta las economías privadas. La medición del contenido de sustancias activas en medicina, de muestras de sangre o de los efectos de la cirugía láser, deben tener la exactitud adecuada para no poner en peligro la salud de los pacientes. Es prácticamente imposible describir cualquier cosa sin referirse a la metrología: horas de sol, tallas de prendas de vestir, porcentaje de alcohol, peso de las cartas, temperatura de recintos, presión de los neumáticos, etc.

La producción industrial, el comercio, el mercado y las leyes que los regulan dependen de la metrología. El piloto observa cuidadosamente su altitud, trayectoria, consumo de combustible y velocidad; el inspector de alimentos mide el contenido de bacterias; las autoridades marítimas, el desplazamiento de los buques; las empresas adquieren materiales, los miden y especifican sus productos empleando unidades comunes. La regulación y las alarmas de los procesos también se basan en mediciones. La ciencia es totalmente dependiente de la medición.

Los geólogos miden las ondas de choque originadas por las fuerzas que dan lugar a los terremotos; los astrónomos miden pacientemente la distancia-luz desde las estrellas distantes para determinar su edad; los físicos dedicados a estudiar las partículas elementales hacen la ola cuando, tras hacer mediciones de millonésimas de segundo, son capaces de confirmar la presencia de una pequeña partícula, casi infinitesimal. La existencia de equipos de medida y la capacidad de utilizarlos son claves para que los científicos documenten en forma objetiva los resultados que obtienen. La ciencia de la medida, la metrología, es probablemente la más antigua del mundo y el conocimiento sobre su aplicación es una necesidad fundamental en la práctica de todas las profesiones con sustrato científico.

La medición requiere un conocimiento común. La metrología presenta una superficie aparentemente en calma, que cubre conocimientos profundos, familiares sólo para unos pocos pero utilizados por muchos. La metrología asegura que ambos comparten una percepción común de lo que se entiende por expresiones como metro, kilogramo, litro, etc. La confianza es vital en metrología para poder conectar las actividades humanas por encima de las fronteras geográficas y profesionales. Esta confianza se ve reafirmada con el uso ascendente de las redes de cooperación, con unidades y procedimientos de medida comunes; con la acreditación y los ensayos compartidos, y con el reconocimiento de patrones de medida y laboratorios en todos los países. Miles de años de experiencia confirman que la vida se hace realmente más fácil cuando existe cooperación, lo cual es también aplicable a la metrología.

2 | LA METROLOGÍA

La metrología es la ciencia que tiene por objeto el estudio de los sistemas de pesas y medidas[3], incluyendo los sistemas de unidades adoptados y los instrumentos utilizados para actualizarlas e interpretarlas.

En cuanto ciencia y arte de medir, la metrología considera tanto los aspectos teóricos como los prácticos de las mediciones, y en todos los niveles de exactitud y campos de aplicación, sea científico, industrial o legal[4].

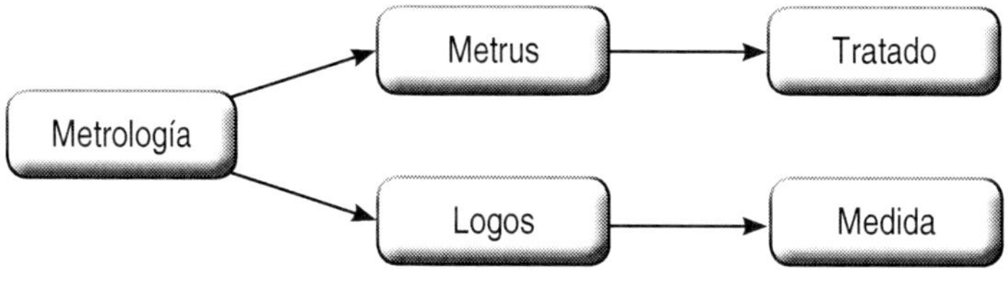

Figura 2.1. Metrología.

3. *Diccionario de la Real Academia Española* (DRAE), 22.ª edición.
4. Clemens Sanetra y Rocío Marbain. *Enfrentando el desafío global de la calidad: una infraestructura nacional de la calidad.*

La metrología cubre tres actividades principales:

- La definición de las unidades de medida internacionalmente aceptadas, por ejemplo el kilogramo.
- La realización de las unidades de medida por métodos científicos, como la realización del metro mediante el empleo del láser estabilizado.
- El establecimiento de las cadenas de trazabilidad, determinando y documentando el valor y exactitud de una medición y diseminando dicho conocimiento. Es el caso de la relación documentada existente entre un micrómetro de exteriores utilizado en un taller y el laboratorio primario correspondiente, en la metrología dimensional.

Algunos conceptos importantes son[5]:

- Aseguramiento metrológico: corresponde a toda acción emprendida para cumplir los requisitos estipulados en normas propias, nacionales o internacionales, dirigidas al desarrollo de la forma que genera más confianza para realizar una medición.
- Confirmación metrológica: conjunto de operaciones requeridas para asegurarse que el equipo de medición, se ha hecho conforme a los requisitos correspondientes a su uso previsto (NTC-ISO 10012 de 2003).
- Característica metrológica: es aquella identificable que puede influir en los resultados de la medición (NTC-ISO10012 de 2003).
- Función metrológica: aquella con responsabilidades administrativas y técnicas para definir e implementar el sistema de gestión de las mediciones (NTC-ISO 10012 de 2003).
- Sistema de gestión de las mediciones: conjunto de elementos interrelacionados, o que interactúan, necesarios para lograr la confirmación metrológica y el control continuo de los procesos de medición (NTC-ISO 10012 de 2003).

5. Conceptos tomados de la norma NTC ISO 10012: Sistemas de Gestión de la Medición. Requisitos para los procesos y los equipos de medición (2003). Bogotá: Icontec, 22 pp.

La metrología es la ciencia esencial en la investigación científica, que a la vez constituye la base del desarrollo de la propia metrología. La ciencia se mueve continuamente hacia los extremos de lo posible y la metrología fundamental se ocupa de los aspectos metrológicos de los nuevos descubrimientos. Contar con mejores herramientas metrológicas les permite a los investigadores continuar con sus descubrimientos y sólo aquellos campos de la metrología que poseen mayor desarrollo pueden seguir aportando soluciones a la investigación y la industria.

La metrología ha tenido una evolución que muchos desconocen; ha servido de apoyo y complemento a otras ciencias, como ingeniería, química, física, matemáticas y astronomía. Además, grandes científicos, entre los que se cuentan Anderson Celsius, Albert Einstein, Alexander Graham Bell y Thomas Alva Edison, se apoyaron en ella para hacer realidad sus inventos, inventos que han sido de gran ayuda para el desarrollo de la humanidad.

2.1 La metrología en el campo internacional

El espíritu universal y permanente que se le quiso dar al sistema métrico decimal quedó plasmado en forma clara y concisa en su propio lema[6]:

"A TOUS LES TEMPS	"A TODOS LOS TIEMPOS
A TOUS LES PEUPLES"	A TODOS LOS PUEBLOS"

Este espíritu de universalidad fue el que impulsó la realización de una serie de reuniones internacionales entre 1867 y 1875, que culminaron con la conferencia diplomática en la cual los 17 países participantes firmaron la Convención del Metro en París, el 20 de mayo de 1875. De ellos, cuatro eran del continente americano: Argentina, Brasil, Estados Unidos y Venezuela.

Esta importante convención es la más antigua del mundo, entre las que están en vigor.

6. Publicación divulgativa (1978). Dirección de Metrología Itintec. Caracas: Fondo de Desarrollo Metrológico, Servicio Nacional de Metrología Legal.

La Convención del Metro instituyó para su funcionamiento los siguientes órganos jerárquicos y de composición:

- Conferencia General de Pesas y Medidas (CGPM), como autoridad suprema. Es de nivel diplomático mediante delegaciones de países miembros.
- Comité Internacional de Pesas y Medidas (CIPM), compuesto por 18 miembros, hombres de ciencia y metrólogos eminentes, pertenecientes a nacionalidades diferentes. Su nivel es científico y técnico y no representan a sus países.
- Oficina Internacional de Pesas y Medidas (BIPM), que constituye el órgano ejecutor de las decisiones de la CGPM, con la supervisión del CIPM.

Está compuesto por personal científico, técnico y administrativo, y su funcionamiento, al igual que la dotación de sus laboratorios metrológicos, está asegurado por las contribuciones de los países miembros.

Al crear la Convención del Metro, la Oficina Internacional de Pesas y Medidas (Bureau International des Poids et Mesures, BIPM), se instaló en el Pabellón de Breteuil, en los alrededores de París, y se constituyó en un enclave internacional en el territorio de Francia. El BIPM ha trabajado con un alto nivel científico y hoy en día se le considera como la meca de los patrones métricos y de la metrología científica internacional.

Una vez creado el BIPM[7], se inició la creación de los prototipos internacionales del metro y del kilogramo; se remitieron copias de éstos a los países firmantes de la Convención del Metro con los patrones de longitud y de masa que deberían ser declarados como nacionales por dichos países. Como base de comparación, se usaron los patro-

7. La Oficina Internacional de Pesas y Medidas (en francés, Bureau International des Poids et Mesures) es una de las tres organizaciones internacionales establecidas para mantener el sistema internacional (SI) en los términos de la Convención del Metro (Convention du Metro).

nes de los archivos. Tanto los metros como los kilogramos se construyeron con una aleación de platino iridiado al 10 %.

En la primera Conferencia General de Pesas y Medidas (septiembre de 1889) se sancionaron todos los trabajos antes expuestos y se declararon como prototipos internacionales del metro y del kilogramo las piezas que resultaron con los valores más próximos a los patrones de los archivos.

A fines del siglo pasado y comienzos del actual se celebraron varias conferencias y reuniones técnico-científicas, y se acordó la unificación de las unidades de los campos eléctricos y magnéticos, aplicándoles el sistema decimal. Con ello se dio otro paso importante en la unificación mundial de unidades.

Esta organización científica ha funcionado con muy buenos resultados. En 1975 se celebró el centenario de la Convención del Metro, que coincidió con las reuniones de la XV Conferencia General de Pesas y Medidas.

El CIPM está integrado por las más destacadas figuras de la metrología científica, generalmente pertenecientes a los grandes laboratorios metrológicos mundiales.

El BIPM ha estado en manos de grandes investigadores científicos, lo que permite que su labor en el campo de la metrología científica sea de relevancia mundial. Actualmente, él mismo realiza trabajos en una amplia gama de campos como: longitud, masa, termometría, intensidad de la gravedad, volumen, interferometría, patrones eléctricos, fotométricos, radiaciones ionizantes, etc.

En el campo de la metrología técnica, práctica y legal, se hizo necesaria una institución similar que coordinara esfuerzos y evitara caminos divergentes. Fue así como en 1937 tuvo lugar la primera Conferencia Internacional de Metrología Práctica, cuyas realizaciones y proyectos quedaron truncados a causa de la Segunda Guerra Mundial. Terminada ésta, se reanudaron los contactos con los países interesados y en 1950 se constituyó el Comité Internacional Provisional de Metrología Legal, cuyos trabajos culminaron en 1955 con la instauración de la Organización Internacional de Metrología Legal (OIML)[8], entidad a la que se le dio una estructura similar a la convención del metro, es decir:

- Conferencia Internacional de Metrología Legal, de nivel diplomático.
- Comité Internacional de Metrología Legal (CIML), de carácter técnico.
- Oficina Internacional de Metrología Legal (BIML, por su sigla en francés), de carácter técnico y administrativo.

Sin embargo, hay que destacar una diferencia básica entre las dos organizaciones: el BIPM dispone de laboratorios de investigación propios; el BIML tan sólo es un elemento coordinador técnico-administrativo, ya que si se requiere investigación aplicada, ésta la realizan los laboratorios metrológicos de los países miembros de la OIML.

Los fines principales de la OIML podrían resumirse así: unificación de métodos de medida, de las características de los instrumentos de medición, de los criterios legales de control y utilización, al igual que de la defensa del consumidor desde el punto de vista metrológico.

La Red Continental de Metrología en los cinco continentes está integrada por los siguientes países:

- Continente europeo: Alemania, Francia y España.
- Continente asiático: Japón, China, Corea del Norte y Corea del Sur.
- Continente africano: Túnez y Marruecos.
- Continente americano: Canadá y Estados Unidos.
- Oceanía: Australia.

2.2 De los servicios de pesas y medidas a los servicios nacionales de metrología

El desarrollo del comercio, desde la antigüedad, tuvo que basarse en la mutua confianza entre las dos partes, vendedor y comprador. Se

8. La OIML es una organización internacional intergubernamental establecida en 1955 para promover una armonización global de los procedimientos de metrología legal.

establecía el contrato de compraventa, aunque el vendedor, generalmente, era el que estaba en mejores condiciones. Podía recibir el valor acordado de la mercancía que vendía en metálico o en documentos de compromiso bancarios, siempre de más fácil comprobación o ejecución. Pero no sucedía así con el comprador.

En la mayor parte de los casos, el comprador no tenía en las manos los elementos necesarios ni los conocimientos adecuados y suficientes para comprobar la cantidad, ni mucho menos la calidad de lo que recibía. Generalmente, tampoco se le daba con la mercancía la certificación que garantizara la calidad y la cantidad entregada; de ahí que se apreciaba que el comprador, en la mayoría de los casos, quedaba prácticamente en manos del vendedor y, por lo tanto, expuesto a que éste, por falta de ética comercial, o por ser inescrupuloso en sus actos, aprovechara la oportunidad para no dar la cantidad convenida, con lo cual el comprador resultaba defraudado.

Esta situación, que parece a primera vista fruto del tiempo actual, ha sucedido desde la antigüedad. Precisamente para evitar los fraudes comerciales, originó que se organizaran ciertas inspecciones o vigilancias sobre los instrumentos de medida utilizados por los comerciantes y la manera de usarlos. Fue así como se fueron creando, desde hace muchos siglos, oficinas de pesas y medidas, por lo general de carácter municipal o regional y muy esporádicamente con carácter nacional.

Estas oficinas o servicios tuvieron como finalidad controlar las medidas de longitud, de las pesas y balanzas y de las medidas de capacidad (para sólidos y líquidos). De ahí proviene el nombre de pesas y medidas. Las oficinas cobraban ciertos derechos o tasas por los servicios prestados, denominados derechos de contraste o de aferición.

Hasta principios del siglo pasado, los sistemas de control que se utilizaban permitían cierta garantía en las transacciones, pues entre pueblos vecinos había relativa facilidad de comparación de patrones. Pero al irse ampliando cada vez más los mercados y estando éstos cada vez más lejanos, se presentaron grandes dificultades por falta de correspondencia entre las medidas del vendedor y las del comprador.

A todo esto vinieron a sumarse las consecuencias derivadas de la Revolución Industrial, ya que entraron en juego una serie de nuevos instrumentos de medida correspondientes a magnitudes, tales como fuerza, trabajo, energía, potencia, temperatura, presión, eléctricas, etc., al igual que otros aspectos derivados del mejoramiento del nivel de vida, por ejemplo la aparición de servicios como gas para alumbrado y calefacción, energía eléctrica para iluminación y potencia fabril. Todo ello originó la necesidad de crear controles sobre estas magnitudes, cosa que supuso la utilización de instrumentos de medida cada vez más sofisticados. Esto llevó a la investigación científica sobre estas magnitudes y su medición, lo que le dio un impulso manifiesto a la ciencia de la medida, la metrología y las técnicas de medición.

Estas nuevas demandas de control, en los diversos campos de la medida, resultaron muy superiores a las posibilidades reales de los municipios, y éstos, al verse desbordados e imposibilitados para hacer frente a la contingencia presentada, se limitaron a seguir con los controles antiguos ya rutinarios. En otros casos, de manera audaz e irresponsable, se decidieron a controlar los nuevos campos en forma ficticia, convirtiendo el derecho de contraste por un servicio prestado en un impuesto, ya que no disponían ni de equipos ni de personal capacitado. Este camino fácil, seguido por la mayoría de las municipalidades, se constituyó paulatinamente en una deformación del espíritu que una vez tuvieron los servicios de pesas y medidas municipales.

Esta situación, como es lógico pensar, la padecieron primero los países de mayor desarrollo técnico e industrial, los cuales se vieron obligados a buscar soluciones eficaces. Se plantearon dos opciones básicas:

- Modernizar y tecnificar los arcaicos servicios municipales de pesas y medidas, introduciéndolos de pleno en los conceptos modernos de metrología y metrotécnica.
- Crear uno o varios organismos de carácter nacional que controlaran todo el ámbito metrológico o determinadas facetas del mismo, pero con las ramificaciones y descentralizaciones debidamente analizadas según los aspectos técnicos y administrativos.

Las circunstancias de cada momento, la idiosincrasia de cada pueblo, el desarrollo científico y técnico de cada país aconsejaron soluciones diversas en evolución permanente; sin embargo, la segunda posibilidad se fue generalizando en más países por dos razones:

- Por resultar de más fácil y sencillo funcionamiento, al poder cumplirse más fielmente las prescripciones y normas de trabajo, obtener el máximo rendimiento del personal técnico y lograr una perfecta unidad de criterios en todo el país.
- Como la de menor costo de creación y funcionamiento, ya que por amplia y compleja que fuera la regionalización, nunca podría llegar a ser tan numerosa como la que pudiera representar la municipal.

En tal sentido, Alemania inició este movimiento, que estaba en gestación mundial, cuando en 1887 (doce años después de la Convención del Metro) creó el Instituto Físico-Técnico de Berlín (Physikalisch - Technische - PTR), que actualmente se denomina Physikalisch-Technische-Bundesanstalt - PTB[9], con sede en la ciudad de Braunschweig, y se les dio la potestad a los estados federados del control sobre la metrología legal, mientras que el instituto se reservó la metrología científica e industrial, al igual que el dictado de las directrices técnicas de carácter metrológico.

En 1905, Estados Unidos creó una organización similar a la alemana, con el National Bureau of Standards (NBS), en Washington, dejando la parte de metrología legal bajo la autoridad de los estados de la Unión. Caminos similares siguieron Inglaterra, Francia y Suiza, y más recientemente Canadá, Australia, India, etc. Gran número de estos países han podido mejorar y ampliar su laboratorio metrológico principal y, hoy en día, constituyen una gran red de magníficos

9. El Die Physikalisch-Technische Bundesanstalt (PTB), Braunschweig und Berlin, ist das nationale Metrologie-Institut mit wissenschaftlich-technischen Dienstleistungsaufga-ben. La Physikalisch-Technische Bundesanstalt (PTB), Braunschweig y Berlín, es el instituto nacional de metrología para la prestación de servicios científicos y técnicos. Sie misst mit höchster Genauigkeit und Zuverlässigkeit - Metrologie als Kernkompetenz. Mide con gran precisión y confiabilidad la metrología como la competencia central.

laboratorios en íntima conexión con el laboratorio internacional del Bureau International de Poids et Mesures (BIPM) de Sèvres.

Todos estos organismos metrológicos nacionales han podido desarrollarse y obtener grandes realizaciones técnico-científicas a causa del dinamismo, la perseverancia y el espíritu constructivo que les ha proporcionado el hecho de ser organizaciones de tipo funcional, con una dirección única, dotada de un sano criterio de economía de esfuerzos y de recursos. Esto habría sido prácticamente imposible si el conjunto hubiera estado en manos de un sinfín de municipios, carentes por lo general de claros conceptos técnico-científicos, pero dotados de criterios individualistas y a la vez mezquinos en cuanto a los aspectos monetarios.

Estos organismos metrológicos nacionales constituyen lo que se ha denominado servicio nacional de metrología, y su campo de acción debe extenderse a todo el ámbito nacional en el cual el público se mueve en su vida cotidiana. Es así como ejerce controles sobre balanzas, pesas, metros, medidores de agua, de gas, de energía eléctrica, de carburantes líquidos, etc., incluyendo los controles a los instrumentos de medida utilizados en diversos aspectos de la salud humana y animal, tales como termómetros médicos y veterinarios, tensiómetros, instrumentos electrónicos de aplicación médica, instrumentos para análisis clínicos, etc.

En el campo industrial, controla instrumentos como calibradores de cursor, micrómetros, relojes comparadores, galgas o bloques rectangulares, manómetros, termómetros industriales, pares termoeléctricos, pirómetros, balanzas analíticas, etc., al igual que el instrumental de los laboratorios de pruebas y ensayos industriales, como máquinas de ensayo (dureza, flexión, tracción, etc.) y analizadores de elementos químicos. La rápida enunciación de instrumentos no debe considerarse limitativa sino tan sólo indicativa y orientadora.

Esta parte de la metrología industrial permite hacer realidad aspectos claves para la industria, como la normalización y el control de calidad, vocablos muy en boga hoy pero carentes de resultados verdaderamente tangibles si no van acompañados de la metrología; en fin, sin ésta no son más que letra muerta y esfuerzos perdidos.

Por último, un servicio nacional de metrología debe entrar de lleno en el campo científico como base y sustentación de todo lo anterior, al igual que del enlace con los patrones internacionales centralizados en el Bureau International des Poids et Mesures (BIPM) de Sèvres.

3 SERVICIO NACIONAL DE METROLOGÍA

Un servicio nacional de metrología, desde el punto de vista de los programas por desarrollar para abarcar los campos de acción recomendables, debe cubrir los aspectos que se citan a continuación.

3.1 Metrología científica[10]

Posesión, mantenimiento y custodia de los patrones nacionales y de los sistemas equivalentes para todas las unidades de medida legales en el país; unificación en todo el territorio nacional de las unidades de medida utilizadas en el comercio, la industria, la investigación, la salud y demás actividades que tengan relación con la medida; apoyo técnico-científico a todos los centros de investigación, universidades, escuelas técnicas, liceos e institutos; estudio y aprobación de modelos de instrumentos de medida cuya utilización sea más general en el país; coordinación permanente con el BIPM de Sèvres y con los grandes laboratorios mundiales de metrología.

---

10. Índice de referencia de sitios web dedicados a la metrología: http://w w w.visionfactory.n1/SearchEngines/web.nsf ViewCitationRecord?Openview.

Es el conjunto de acciones que persiguen el desarrollo de patrones primarios de medición para las unidades de base y derivadas del sistema internacional de unidades (SI).

Estudia principios físicos y propiedades de materiales que permiten desarrollar instrumentos metrológicos.

- Dilatación
- Resistencias variables
- Bimetálicos
- Cambios de color

3.2 Metrología industrial

Calibración, control y mantenimiento de los equipos de medición empleados en producción, inspección y pruebas. Garantiza que los productos estén de conformidad con normas. El equipo se controla con frecuencias establecidas[11].

Es el área de la metrología que se encarga de asegurar la exactitud de las mediciones y de los instrumentos utilizados en cualquier proceso de medición.

La metrología legal se da en el momento de la transacción del producto final al consumidor. La metrología industrial, a lo largo de la cadena de valor (calidad total). La calibración debe hacerse contra equipos y patrones certificados. La certificación debe ser avalada por un ente autorizado.

Aportes básicos de la metrología industrial

- Proporcionar a la industria nacional una base técnica de precisión adecuada a sus necesidades reales, con el fin de calibrar, comprobar y verificar sus equipos de medida y de control.
- Asegurar la calibración de los equipos de medición de los laboratorios de pruebas y ensayos industriales; proporcionar a la indus-

11. Las frecuencias hacen referencia a las calibraciones periódicas programadas para los equipos en el plan de aseguramiento metrológico de la empresa; incluye los patrones de referencia.

tria y a los laboratorios los materiales de referencia debidamente homologados y certificados para la calibración de sus equipos de medición.

- Hacer estudios, pruebas, ensayos y mediciones especiales, así como determinar constantes físicas a petición de organismos gubernamentales o privados.
- Brindar asesoría técnica sobre problemas de medición industrial.
- Hacer la actualización permanente con normas internacionales para la utilización de éstas a escala nacional.

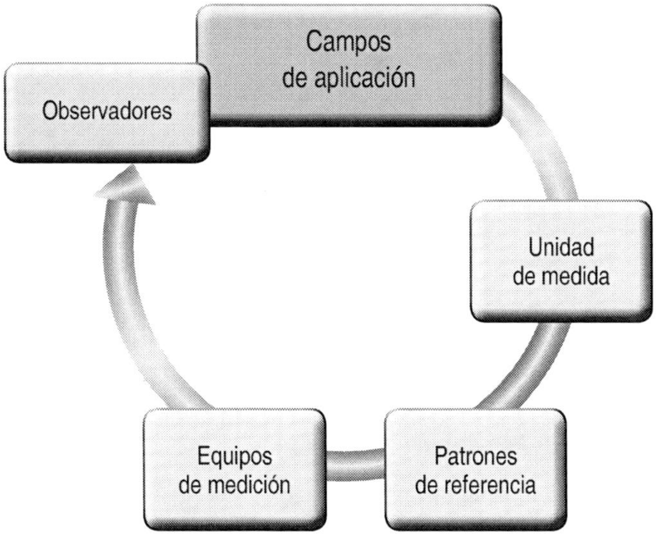

Figura 3.1. Campos de aplicación de la metrología industrial.

3.3 Metrología legal

La metrología legal es el campo reglamentado por el Estado para coadyuvar en la protección del consumidor y de toda la sociedad. Opera sobre todas aquellas transacciones en las que interviene algún instrumento de medida para determinar el precio de un producto o servicio. Por ejemplo:

- Volumen impreso

- Peso impreso
- Básculas
- Taxímetros
- Surtidor de gasolina
- Cinta métrica
- Servicios públicos
- Energía eléctrica
- Agua
- Gas

La metrología legal es básica para garantizar la corrección y la equidad en las relaciones comerciales, para asegurar la salud y el bienestar de la sociedad y la protección del medio ambiente.

Además, ejerce su acción mediante estas acciones: asegurar el acceso a patrones adecuados para las unidades de base; verificar que los equipos usados en el comercio diario y los procedimientos de medición sean correctos, y comprobar resultados de mediciones cuando esté en juego el interés público. Estas acciones pueden ser ejecutadas directamente por una entidad de metrología legal o ser parcialmente delegadas dentro de un sistema nacional de metrología.

Aportes básicos de la metrología legal

- Asegurar a escala nacional los servicios de control, con arreglo a las más modernas técnicas metrológicas, de los instrumentos de medida que se utilicen en actividades comerciales, industriales, sanitarias y de otra índole cualquiera que tengan influencia directa o indirecta sobre la colectividad, para realizar el contraste o aferición de los mismos y mantener una constante y eficaz vigilancia sobre su empleo.
- Mantener una eficaz vigilancia del contenido real de los productos envasados, de acuerdo con los más calificados métodos de muestreo y control estadísticos.
- Cooperar estrecha y permanentemente con la Organización Internacional de Metrología Legal (OIML) de París y con los más avanzados servicios metrológicos mundiales.

- Todos los estamentos de la sociedad se benefician con la existencia y funcionamiento de un sistema de metrología legal: los individuos, tanto en calidad de consumidores como de empresarios, y el gobierno en general.

3.4 Divulgación metrológica

- Promover y mantener una campaña de divulgación metrológica permanente en el país, mediante publicaciones divulgativas científicas, técnicas y legales.
- Hacer seminarios, conferencias y charlas sobre temas metrológicos.
- Llevar a cabo cursos de adiestramiento y capacitación para personal técnico de las industrias, entre otras, sobre aspectos básicos de instrumentación y medición.
- Promover campañas de orientación sobre la materia en los medios de comunicación, dirigidas al público consumidor.

Un servicio nacional de metrología, desde el punto de vista de su organización funcional, debe comprender, básicamente:

Oficina central

Constituye el centro neurálgico del servicio y debe irradiar las directrices, normas y procedimientos que han de regir sus actuaciones del mismo. Es lógico suponer que debe abarcar todos los aspectos mencionados, con las mejores instalaciones metrológicas, los más capacitados e idóneos técnicos, y los mejor dotados elementos móviles para hacer llegar su acción al rincón más alejado del país, en forma directa o como apoyo a las restantes oficinas del servicio.

Oficinas regionales

Concebidas en sus posibilidades de acuerdo con las necesidades de la región por servir. Podrán recibir el apoyo estratégico de la oficina central en aquellos aspectos y momentos programados para agilizar o intensificar las acciones a su cargo. Dependerán directamente de la oficina central.

Oficinas locales

Actúan como elementos complementarios de las oficinas regionales; dependen de éstas y sus posibilidades de trabajo están limitadas a las necesidades primarias de su zona de jurisdicción. Sirven, en muchos casos como puntos de apoyo para la ejecución de los programas regionales por desarrollar. Es recomendable que un servicio nacional de metrología, desde el punto de vista de su personal técnico, esté dotado de:

- *Un director.* Profesional o graduado en ciencias físicas y matemáticas, con conocimientos claros y precisos de cómo funcionan y se desenvuelven instituciones similares de países desarrollados metrológicamente. Debe haber hecho pasantías en algún instituto metrológico y tener espíritu emprendedor, saber analizar los múltiples problemas que se le puedan presentar y ser capaz de tomar decisiones razonadas y sensatas; tener capacidad de convicción, al igual que de transmisión de conocimientos y conocer los principios fundamentales del derecho administrativo y penal.
- *Metrólogos.* Profesionales afines, quienes, además de adquirir los conocimientos metrológicos esenciales, deben capacitarse en aspectos concretos y perfeccionarse al más alto nivel, en sucesivas pasantías en otros servicios de metrología del exterior. Este personal debe ser capaz de trabajar en un laboratorio metrológico, o bien estar a cargo de una oficina regional de metrología. Para todo ello debe poseer constancia, perseverancia y dedicación a su trabajo, al igual que dotes de transmisión de conocimientos y dirección de personal.
- *Técnicos.* Personal para mandos medios y labores rutinarias, seleccionados a partir de técnicos industriales y de bachilleres en ciencias o industriales. La capacitación y el adiestramiento debe darlos en el propio servicio el personal de metrólogos. Se recomienda que los técnicos más capacitados y con buena experiencia sean enviados a realizar pasantías.
- *Servicio Nacional de Metrología.* Desde el punto de vista de su equipamiento metrológico, un servicio nacional de metrología debe tener en cuenta algunas recomendaciones:

Las necesidades metrológicas reales del país, las cuales dirán de la manera más clara, concisa y fehaciente qué magnitudes deben ser controladas y hasta qué nivel de precisión, con lo cual será fácil elegir los instrumentos de medida que el servicio necesite en cada momento.

Se debe tener presente que los instrumentos metrológicos son de alto costo y éste aumenta en forma exponencial, de acuerdo con el grado de precisión de éstos. Por ejemplo, si la industria mecánica de cierta zona o región del país está requiriendo trabajos en el orden de la décima de milímetro, el servicio debe estar dotado con instrumentos que garanticen la centésima de milímetro, siguiendo el principio metrológico de una apreciación diez veces mayor. Sería un derroche dotarlo con elementos que garantizaran el micrómetro o la décima de éste.

El nivel de adiestramiento del personal técnico: el personal que debe operar el equipo metrológico es otro factor de suma importancia para considerar al seleccionar los equipos requeridos. Cuando sea personal de reciente ingreso, no debe capacitarse con instrumentos costosos y de alta precisión; lo más recomendable es hacerlo con elementos de clases inferiores e incrementar el grado de precisión según resultados y evaluaciones de seguimiento a dicho personal.

4 SISTEMA INTERNACIONAL DE UNIDADES

Es el conjunto sistemático y organizado de unidades, adoptado convencionalmente. Es necesario para expresar los resultados de las mediciones. Es un idioma que, cuando se adopta por acuerdo mutuo, puede ser comprendido por todo el mundo. Cada país dictará, según sus condiciones particulares, las leyes reguladoras de las unidades que se deben utilizar.

Las profundas influencias de diversa índole entre las civilizaciones produjeron el desarrollo de sistemas de pesas y medidas particulares de cada civilización a los cuales se les incorporaron unidades de diferente origen. Por ejemplo, se conocen el sistema romano, el sistema babilónico, el sistema olímpico de Grecia y, en épocas menos remotas, el sistema imperial anglosajón y el norteamericano.

Los sistemas de medidas están íntimamente relacionados con los sistemas de numeración, entre los cuales se destacan los siguientes:

- Decimal (en fracciones de 10)
- Duodecimal (en fracciones de 12)
- Binario (en mitades)
- Sexagesimal (con base 60)

El sistema binario tiene origen hindú; el duodecimal proviene de los romanos; el decimal procede de China y Egipto, y el sexagesimal de los babilónicos.

Pese a que cada uno de estos sistemas de numeración tiene su mérito de acuerdo con el uso, la adopción del decimal para la expresión de las medidas de un sistema posee ventajas especiales, ya que las unidades, sus múltiplos y submúltiplos se pueden relacionar entre sí por simples factores de diez. Con ello se evita la utilización de procesos difíciles de multiplicación o división para efectuar las conversiones, pues únicamente se necesita trasladar la coma decimal. Esta innovación representa un gran avance para la simplificación de los cálculos y les permite a los usuarios de todos los niveles ahorrar horas de trabajo.

4.1 Sistema imperial anglosajón y sistema norteamericano

Estos sistemas tienen unidades similares tales como la pulgada, la libra, el pie, la yarda y la milla. No obstante, existen diferencias básicas con otras unidades, como las siguientes:

- El *bushel* y el galón del sistema norteamericano difieren del *bushel* y el galón del sistema imperial anglosajón.
- La tonelada del sistema imperial anglosajón es igual a 2240 libras, mientras que la tonelada norteamericana equivale a 2000 libras.
- El sistema imperial anglosajón utiliza las mismas unidades para sólidos que para líquidos; en el sistema norteamericano estas unidades son distintas.

Estas diferencias tienen su origen en la historia y las costumbres de cada país. Se sabe que en el tiempo de la Colonia los norteamericanos adoptaron como medida el galón de vino inglés, igual a 231 pulgadas cúbicas. En esa misma época, en Inglaterra se utilizaba, además, el galón igual a 282 pulgadas cúbicas. En 1824, los ingleses sustituyeron estas dos unidades de medida por el denominado galón imperial, equivalente al volumen de 10 libras de agua a 62 °F, es decir, 277,42 pulgadas cúbicas.

Así mismo, el *bushel* inglés se definió como equivalente a ocho galones. Por el contrario, en el sistema norteamericano el galón se utiliza únicamente para medir líquidos y el *bushel* para medir sólidos.

En general, todas las unidades de capacidad del sistema imperial anglosajón son mayores que las correspondientes al sistema norteamericano, ya que en el primero el cuarto es igual a 40 onzas fluidas mientras que en el segundo es igual a 32 onzas fluidas.

Como excepción de lo anterior, la onza fluida norteamericana es igual a 1,048 onzas fluidas del sistema imperial anglosajón y una onza fluida de este último sistema equivale a 0,9008 onzas fluidas norteamericanas.

Además, existen otras diferencias entre estos dos sistemas que no se mencionan por considerarlas de menor importancia.

4.2 Sistema métrico

Origen

A pesar de los esfuerzos realizados, el desorden y la falta de uniformidad en las pesas y medidas, los sistemas diferían no sólo de país en país sino de ciudad en ciudad y de comercio a comercio.

En 1742, un grupo de científicos hizo una comparación cuidadosa entre las denominadas medidas de París y las utilizadas en Inglaterra en esa misma época, y encontró que el pie y la libra francesa eran 6 y 8 %, respectivamente, más grandes que el pie y la libra inglesa. Por lo tanto, no es sorprendente que durante los siglos XVII y XVIII tanto los líderes políticos como los científicos, quienes sentían con mayor fuerza la necesidad de unificar los distintos sistemas en los cuales debían expresar los resultados de su experimentos, dieran los primeros pasos hacia el establecimiento de una unidad que no perteneciera a ningún país, que fuera aceptada universalmente y sobre la cual se pudiera basar un sistema de medidas idéntico para todos los países.

Para escoger la unidad básica de longitud se presentaron entonces dos propuestas diferentes: una basada en la longitud de un péndulo de segundos, teniendo en cuenta la facilidad de reproducir esta unidad en cualquier parte del mundo; la otra tomaba como referencia fundamental la longitud de un arco del meridiano.

El sistema métrico decimal y la medición del arco del meridiano[12]

Actualmente, para medir longitudes se utilizan el metro y sus divisores. La familiaridad de estas unidades da la impresión de que han existido siempre, pero sólo 200 años atrás la palabra metro no tenía ningún significado.

Antiguamente, para medir se utilizaban otras unidades como la vara, la caña o el diestro, que tenían longitudes diferentes según el lugar geográfico. Ante esta disparidad, los gobiernos y monarquías de diferentes países efectuaron varios intentos de unificación.

Todo empezó en 1790, cuando ante la Asamblea Nacional Francesa se hizo una proposición en verdad revolucionaria. Talleyrand, hábil político, aseguró el éxito de su iniciativa proponiendo un sistema metrológico completamente nuevo, en el que un patrón fundado en la naturaleza podría ser aceptado por todas las naciones y convertirse así en una medida universal. El patrón elegido, propuesto sin éxito por científicos y economistas desde hacía más de un siglo, era la longitud de un péndulo que oscilara en intervalos de un segundo de tiempo a la latitud de 45 grados.

Inglaterra no respondió a esta proposición y Francia, al quedar sola en su intento de crear la medida universal, intentó otro camino. El 19 de marzo de 1791, la Academia de Ciencias de París propuso la sustitución del péndulo por otra medida procedente de la naturaleza.

Si se aceptaba la nueva propuesta, el metro sería la diezmillonésima parte del cuadrante de un meridiano terrestre. Ante la imposibilidad de medir todo un cuarto de meridiano desde el Polo Norte hasta el Ecuador, la solución era medir un trozo y calcular matemáticamente el valor del total. El arco de meridiano escogido en la propuesta de la academia fue el comprendido entre Dunkerque, cerca del mar del Norte, y Barcelona.

12. www.sierraebgarceran.es longitud de un arco del meridiano.

El 30 de marzo de 1791, Luis XVI les encargó a los topógrafos Pierre François André Méchain y Jean Baptiste Joseph Delambre llevar a término la medición del meridiano. Los dos sabios se repartieron el trabajo: Delambre se quedó en la parte del norte desde Dunkerque hasta Rodez, y el resto hasta Barcelona quedó asignado a Méchain.

La técnica por utilizar sería la de la triangulación geodésica. Se trazaría una cadena de triángulos, los vértices de los cuales serían montañas situadas a lo largo del meridiano y se calcularían sus dimensiones a partir de la medición de dos "bases" o longitudes de entre seis y diez kilómetros, cuidadosamente medidas sobre el patrón más perfecto que existía en Francia: la toesa.

El 3 de noviembre de 1793, tras numerosas mediciones, problemas geodésicos y vientos de guerra entre Francia y España, las últimas mediciones angulares, en tierras catalanas, estaban terminadas. Ese mismo año, con la medición definitiva aún por precisar, se construyó un patrón provisional que daba la medida del metro a partir de datos geodésicos incompletos.

A finales de 1794, el nombramiento de un nuevo capitán general más favorable le permitió a Méchain abandonar Cataluña rumbo a Italia, desde donde retornó a Francia. Desde Marsella se dirigió a la parte francesa de los Pirineos para terminar la cadena de triángulos. En 1795, Francia adoptó oficialmente el sistema de medidas basado en el metro.

Finalmente, Méchain y Delambre se reunieron en Carcasona y juntos retornaron a París, a finales de 1798, con los datos de las mediciones efectuadas entre Barcelona y Dunkerque. Durante seis meses se efectuaron los trabajos necesarios para determinar matemáticamente la longitud de la diezmillonésima parte del cuadrante del meridiano de París, el metro, y los patrones de capacidad, un decímetro cúbico o litro, y peso, el peso de un decímetro cúbico de agua destilada, el kilogramo.

Después de numerosos cálculos se decidió que el metro mediría tres pies de rey, once líneas y 296 milésimas de una línea, casi 0,32 milímetros más corto que el metro provisional calculado en 1795. Una toesa francesa de seis pies valdría 1,9490366 metros. Una ley de 19 frimarios del año ocho de la República francesa (10 de diciembre de 1799) firmada por el primer cónsul, Napoleón Bonaparte, lo establecía para siempre con este lema: "Para todos los pueblos y para todos los tiempos". Habían nacido el metro definitivo y el nuevo sistema métrico decimal.

No obstante, no se dan por cerradas las mediciones y en 1802 se propone continuar las mediciones geodésicas en España. Méchain recibe la orden de viajar a Barcelona y a las Baleares. Este viaje resultó muy complicado: barcos desviados y sometidos a cuarentena, imposibilidad de conseguir otro barco, lo que implicaba demora en sus estudios. Su colaborador, cansado y reclamado por asuntos en Madrid, lo abandonó. Así pues, Méchain aceptó la colaboración de un fraile y profesor de matemáticas y de un noble valenciano, astrónomo aficionado, Faust Vallés i Vega, XII barón de la Pobla Tornesa y la Serra d'en Galceran.

Con el barón de la Pobla Tornesa subió a una de sus propiedades, el macizo del Desert de les Palmes, desde el cual a menudo se ve Eivissa. Con él descansó en sus casas solariegas de Pobla Tornesa y Castelló hasta que se le comunicó la disposición de un nuevo barco. El 8 de enero de 1804 embarcó hacia Eivissa, adonde consiguió llegar, después de una complicada travesía llena de aventuras, el día 15.

Luego de comprobar numerosas dificultades de medición decidió unir Mallorca con los picos del Desert de les Palmes, Montsià y el Puig de Morella. En ese momento le llegaron las respuestas a las repetidas cartas que había mandado a París para explicar sus planes. El Bureau des Longitudes le ordenaba unir la cadena costera con las islas a través de Eivissa y Cullera, midiendo una base en un lugar conveniente cerca de esta última población.

Un Méchain agotado no se atrevió a contradecir a sus compañeros de París. Se embarcó hacia Valencia, donde llegó a finales de abril de 1804 para alojarse en la casa valenciana del barón de la Pobla Tornesa, con quien realizó mediciones astronómicas como la determinación de la latitud del Miquelet, la torre de la catedral de Valencia y buscó un lugar adecuado para medir su base. Después recorrió de nuevo las montañas valencianas: la Casueleta, un pico de la sierra

Espadán, el Desert de les Palmes, la muela de Ares, la peña de Bel (cerca de Rossell), el monte Caro (cerca de Tortosa) y el pico Llaberia.

Decididas las estaciones de su cadena, vuelve a Cullera para empezar a medir la cordillera costera y pasa a la Casueleta, al Puig de Santa María donde, según parece, se contagió de paludismo por los mosquitos de las marismas en la sierra de Espadán. Allí cayó enfermo, se agravó su estado y finalmente fue bajado a Castelló, a la casa del barón de la Pobla, en la actual plaza de Cardona Vives, donde murió en los brazos de éste, el 20 de septiembre de 1804. Una de las glorias de la astronomía francesa está enterrada en el cementerio de Castelló.

Un viaje científico, convertido en impresionante y desgraciada aventura, terminó. Sus ayudantes volvieron a Francia con la mayor parte de los instrumentos y los cuadernos de notas de Méchain, y dejaron otros en previsión de una posible reanudación de los trágicamente interrumpidos trabajos.

En 1806, el mundo científico ya había asumido la lección de que la Tierra no es un elipsoide perfecto, que todos los meridianos no son iguales y que el metro legal era meramente una distancia entre dos puntos. El reto científico era tener buenas medidas sobre los arcos de la Tierra. Laplace, el científico más influyente de Francia, le solicitó directamente al emperador Napoleón la continuación de las mediciones de Méchain.

Se prolongó el meridiano de París desde Barcelona hasta Formentera y la comprobación del nuevo arco apenas variaría dos milésimas de milímetro. A lo largo del siglo XIX muchos estados implantaron oficialmente el nuevo sistema métrico decimal. En España se implantó legalmente por Real Orden del 15 de abril de 1848. Durante la segunda mitad del siglo XIX convivían los dos sistemas de medida, hasta que poco a poco, gracias a la educación y a las ventajas unificadoras del nuevo sistema, se adoptaron definitivamente el metro y sus derivados en casi todos los ámbitos en los que había alguna cosa para medir.

La primera propuesta se le atribuye al astrónomo francés Mouton, quien obtuvo el respaldo de la Real Sociedad Inglesa.

En 1790, Talleyrand presentó esta propuesta a la Asamblea Constituyente de Francia, pero fue objetada por la Academia de Ciencias de ese país, pues sus miembros consideraron, muy acertadamente, que la longitud del péndulo de segundos depende de la aceleración gravitacional y, por tanto, no es igual en todas las partes del mundo. En cambio, la Academia Francesa le recomendó a la Asamblea aceptar la propuesta alterna, lo cual fue aceptado en 1791. Éste fue el comienzo de un sistema de pesas y medidas basado totalmente en una unidad de longitud denominada metro (del griego *metron*, que significa 'medida'), definida como igual a la diezmillonésima parte de la longitud del cuadrante del meridiano terrestre.

Las unidades de área y de capacidad del sistema se establecieron como múltiplos y submúltiplos decimales del metro cuadrado y del metro cúbico, respectivamente, y la unidad de masa (peso) se definió como la masa (peso) de un decímetro cúbico de agua a su temperatura de máxima densidad (4 °C).

Este sistema fue enteramente decimal y los múltiplos y submúltiplos de las unidades básicas se formaron con prefijos tales como *mili* (1/1 000), *centi* (1/100), *deci* (1/10), *deca* (10), *hecto* (100) y *kilo* (1000), antes de las unidades.

Por estar basado totalmente en el metro, este sistema fue conocido universalmente con el nombre de métrico.

Infortunadamente, los gobiernos de Inglaterra y Estados Unidos consideraron la propuesta francesa impracticable y decidieron tomar como unidad básica la longitud del péndulo de segundos; Francia continuó sola en esta tarea.

Poco después de adoptarse esta decisión, Delambre y Méchain midieron el arco del meridiano entre Dunkerque y Barcelona, mientras que Lavoisier y otros determinaban cuidadosamente la masa (peso) de un volumen conocido de agua.

Tomando como base los resultados de estas mediciones se elaboraron un metro y un kilogramo patrones de platino, los cuales se depositaron en junio de 1799 en los archivos de la República de París.

Estos dos patrones fueron el punto de partida del desarrollo universalmente aceptado hoy: el sistema internacional de unidades.

Sobre esto, Lavoisier dijo en 1793: "Nunca ha sido hecho por el hombre algo más grande, simple y coherente en todas sus partes".

Sistema métrico básico de unidades

Desde su creación, este sistema fue evolucionando. Sin embargo, como el sistema no recomendaba el uso de ningún grupo único de unidades, se adoptaron con base en él diversos sistemas, de acuerdo con las necesidades prácticas y el grado de desarrollo científico e industrial.

De estos sistemas han perdurado los siguientes:

- Sistema CGS (centímetro – gramo – segundo)
- Sistema MKS (metro – kilogramo – segundo)
- Sistema MTS (metro – tonelada – segundo)
- Sistema MKSA (metro – kilogramo – segundo – amperio)

El sistema CGS se ha utilizado preferentemente en aquellos casos en que se requiere efectuar mediciones de bastante precisión, por ejemplo en los laboratorios. No obstante, debido a que sus unidades son demasiado pequeñas para efectos prácticos, este sistema no ha sido muy usado en el comercio o la industria.

El sistema MKS se estableció con el propósito de obviar las dificultades que presentaba el CGS, pues el metro y el kilogramo se consideran unidades más adecuadas para los efectos prácticos de la ingeniería. No obstante, en algunos casos, especialmente en transacciones grandes, aun el kilogramo resulta una unidad de masa inadecuada. Esto dio origen a un nuevo sistema ligeramente diferente denominado MTS (metro – tonelada – segundo).

Posteriormente se comenzó a sentir la necesidad de incluir en el sistema otras unidades básicas como la corriente eléctrica y la temperatura, entre otras. Para obviar estas dificultades, la IX Conferencia General de Pesas y Medidas adoptó en 1948 el *ampère* como la cuarta unidad básica para corriente eléctrica, con lo cual dio lugar al sistema MKSA, conocido también como sistema Giorgi. Este sistema tiene la ventaja de relacionar las unidades de mecánica con las unidades electromagnéticas.

Ventajas del sistema métrico

Por ser decimal, este sistema tiene lógicamente las ventajas de simplificación de cálculos anotadas con anterioridad. Además, si se comparan algunos de los 53 conceptos y términos usados en otros sistemas, tales como el imperial, con las tres sencillas unidades que conforman el sistema métrico, es fácil comprender que tanto su utilización como su aprendizaje son muchísimo más rápidos y sencillos.

Otra de las ventajas del sistema métrico es la correspondencia que existe entre sus unidades, que facilita notablemente cualquier cálculo. Así, un centímetro cúbico de agua tiene un centímetro por cada una de las dimensiones cúbicas y pesa un gramo. Esta correspondencia no se presenta en ningún otro sistema; por ejemplo, en el sistema imperial, un pie cúbico de agua pesa aproximadamente 62,5 libras.

Quizás el razonamiento más lógico para justificar el uso del sistema métrico es el hecho de que, al igual que él, todo el sistema de numeración está basado en el procedimiento decimal.

4.3 Autoridades internacionales

La decisión que adoptó Francia aseguró la expansión triunfal del sistema métrico en el mundo. En 1820, el sistema fue establecido por ley en los Países Bajos (Holanda, Bélgica y Luxemburgo) y posteriormente en Colombia, México, España, Portugal e Italia, entre otros. En 1864, en Gran Bretaña se autorizó el uso de las pesas y medidas métricas, conjuntamente con las correspondientes al sistema imperial, y pocos años después se introdujo en Alemania el sistema métrico.

Durante la Exhibición Mundial de París, en 1867, un gran número de científicos, impresionados por el desarrollo industrial del mundo, creó un Comité de Pesas, Medidas y Moneda con el objetivo principal de obtener una mayor uniformidad de criterios sobre estas materias en el mundo. En 1869, el gobierno de Francia invitó a muchos países a asistir en París a la Comisión Internacional del Metro. Un total de 24 países inscribieron delegados y la reunión comenzó en agosto de 1872. La mayoría de los asistentes aceptaron que el metro y el kilogramo, que se conservan en los archivos de París, debían servir de referencia para nuevos prototipos y para construir varias copias que se distribuirían entre los países participantes.

La reunión contó con representantes de los siguientes países: Australia, Colombia, Ecuador, Francia, Gran Bretaña, Italia, Noruega, Perú, Portugal, Rusia, España, Suiza, Turquía y Estados Unidos.

Infortunadamente, este trabajo fue interrumpido por la guerra franco-prusiana[13], pero en 1872 la Comisión se reunió de nuevo, esta vez con la asistencia de 30 países, y confirmó las decisiones tomadas anteriormente de construir nuevos prototipos, y suministrar copia a los miembros, todos elaborados de una aleación especial de platino-iridio, con 10 % de iridio.

En marzo de 1875, el gobierno francés convocó a la Conferencia Diplomática del Metro, a la cual asistieron representantes oficiales y científicos de 20 países, autorizados para firmar en nombre de sus gobiernos.

Los delegados aprobaron las propuestas presentadas por la Comisión y por fin, el 20 de mayo de 1875, quedó oficialmente firmada la Convención del Metro.

El Comité Internacional de Pesas y Medidas se encargó de la preparación y construcción de los prototipos y copias del metro y el kilogramo. Fueron muchas las dificultades que se presentaron para llevar a cabo esta labor y se convirtió en un acontecimiento científico cuando en 1899, en la primera Conferencia General de Pesas y Medidas (CGPM), se distribuyeron los patrones nacionales y se aprobaron

13. Guerra franco-prusiana: conflicto que tuvo lugar desde julio de 1870 hasta mayo de 1871. El desencadenante principal fue el famoso telegrama de Ems. Este conflicto bélico resultó en realidad una guerra franco-alemana debido a que se aliaron con Prusia todos los estados alemanes (conforme a los planes de Bismarck). Precisamente, después de esta circunstancial alianza militar se produjo la unión política de Alemania.

los dos prototipos que debían ser considerados como base del sistema métrico. Estos prototipos debían conservarse en la Oficina Internacional de Pesas y Medidas (BIPM), que sería el laboratorio central para futuras comparaciones internacionales para la programación del sistema métrico.

Hoy, la máxima autoridad internacional en pesas y medidas es la Conferencia General de Pesas y Medidas (CGPM), integrada por los representantes de los países participantes en la Convención del Metro y por los de los países que se adhirieron después. Hasta el 1.° de enero de 1975, cuarenta y tres países habían firmado la Convención del Metro, y entraron a formar parte de la CGPM.

4.4 Funciones de la Conferencia General de Pesas y Medidas

La Conferencia General de Pesas y Medidas (CGPM) es el órgano de decisión de la Convención del Metro. Le corresponde tomar decisiones en materia de metrología y, en particular, en lo que concierne al sistema internacional de unidades. Al igual que la Convención del Metro, fue creada en 1875.

La integran los delegados de los estados miembros de la Convención del Metro y los estados asociados, y se reúne cada cuatro años. La primera conferencia tuvo lugar en 1899. Las reuniones se llevan a cabo en las instalaciones de la Oficina Internacional de Pesas y Medidas ubicadas en la ciudad de Sèvres, en el área suburbana de París. Para realizar la conferencia, los delegados se basan en los informes del Comité Internacional de Pesas y Medidas.

En 1960, en la undécima CPGM, el sistema fue llamado oficialmente sistema internacional de unidades. Sus principales funciones son:

- Adoptar las medidas necesarias para la divulgación y mejoramiento del sistema métrico.
- Aprobar los resultados de nuevas determinaciones relacionadas con la metrología y demás resoluciones científicas de importancia internacional sobre estas medidas.
- Adoptar las medidas concernientes a la organización y desarrollo de la Oficina Internacional de Pesas y Medidas (BIPM).

El Comité Internacional de Pesas y Medidas (CIPM), que depende directamente de la Conferencia General de Pesas y Medidas (CGPM), es el organismo encargado de ejecutar las decisiones aprobadas por ésta y de controlar el funcionamiento de la BIPM.

La Oficina Internacional de Pesas y Medidas (BIPM) es el organismo científico de la CGPM. Sus laboratorios están situados en el Pabellón de Breteuil y actúa como autoridad central en la periódica verificación de los patrones nacionales en términos de los prototipos internacionales.

Con la BIPM colaboran en los trabajos científicos sobre metrología otros laboratorios especializados tales como el National Research Council de Canadá, el Physikalisch Technische Bundesanstalt de Alemania, el National Research Laboratory of Metrology de Japón; el National Bureau of Standards de Estados Unidos, el National Physical Laboratory del Reino Unido y el National Physical Laboratory de la India.

Además de estos trabajos de orden científico, se requiere que los patrones se apliquen a la vida económica en las actividades cotidianas, especialmente para el intercambio de bienes y servicios, lo cual hace necesario trasladar las medidas de alta precisión a los patrones de uso diario en el comercio o la industria.

Esta labor constituye lo que se conoce con el nombre de metrología legal[14], íntimamente relacionada con los sistemas legislativos y económicos de cada país.

En los últimos tiempos, el crecimiento exponencial del comercio mundial ha hecho necesario establecer una coordinación internacional en materia de metrología legal. Para tal efecto, en1955 se creó la Organización Internacional de Metrología Legal (OIML), con sede en París[15].

---

14. La metrología legal se ocupa de las exigencias legales, técnicas y administrativas, relativas a las unidades de medida, los métodos de medición, los instrumentos de medir y las medidas materializadas.
15. La OIML es un organismo intergubernamental que actúa como secretaría al servicio de la Conferencia General de Pesas y Medidas, para analizar aspectos específicos tales como la metrología legal, el modelo de la ley de pesas y medidas, las regulaciones sobre el uso de las unidades, las tolerancias de los patrones, etc.

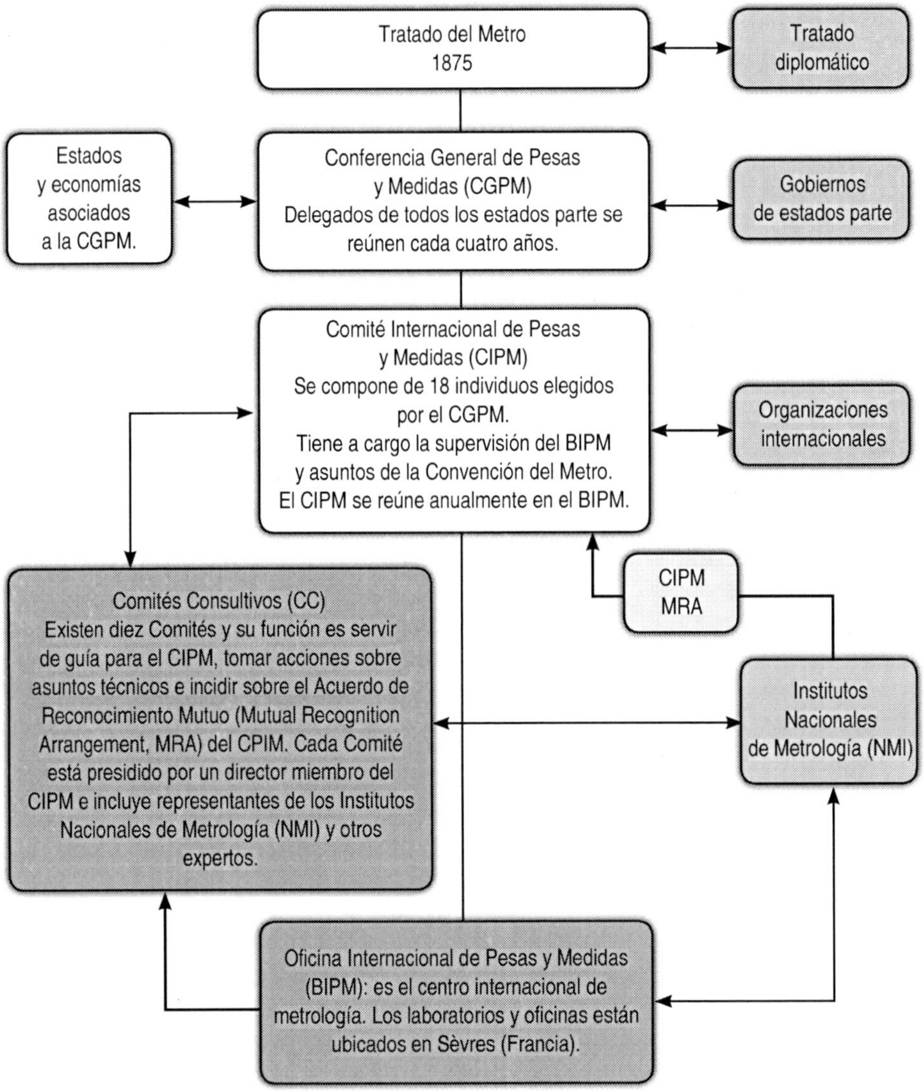

Figura 4.1. Cadena de responsabilidades en el sistema internacional metrológico.

Fuente: Red Nacional de Metrología (RNM) de Chile.

4.5 Sistema internacional de unidades

La necesidad de medir las cosas y establecer patrones para compararlas forma parte de las bases esenciales de comunicación entre los seres humanos. La vida de relación le exige al hombre expresar racionalmente las características y el valor de las cosas para hacer posible su utilización y su intercambio.

Pasaron muchos siglos antes de que la humanidad encontrara el camino para adoptar un lenguaje universal, sistematizado y permanente, que respondiera a las exigencias evolutivas de la ciencia, la tecnología y el comercio. Los intereses involucrados en la adopción de tal sistema sitúan estas decisiones en la esfera de competencia del Estado. Los griegos y los romanos, los señores feudales y las modernas naciones industriales, han ejercido el imperio en cuanto a los patrones de medida a lo largo del tiempo, y alternativamente han auspiciado u obstruido el entendimiento universal en esta materia, necesariamente afectada por los conflictos económicos entre los grandes países.

El esfuerzo persistente de los científicos llevó a adoptar convenciones alrededor de los sistemas de medición, las cuales despejaron el camino para una mejor difusión de la ciencia y de los adelantos tecnológicos, lo mismo que para el desarrollo del comercio mundial.

Con la adopción del sistema métrico decimal en Francia, al final del siglo XVIII, y la adhesión posterior de una gran parte del mundo a la Convención del Metro, se logró el marco jurídico y operativo de un sistema universal de medidas que se denomina sistema internacional de unidades, adoptado por la Conferencia General de Pesas y Medidas en 1960.

La sistematización de las unidades sirve de origen a la metrología legal, o sea, a la implementación de las medidas básicas en la vida diaria, mediante regulaciones gubernamentales.

Por otra parte, la modernización técnica, que es esencial en todo proceso industrial y en los intercambios de bienes y servicios, se apoya en un conjunto de normas llamadas "fundamentales", entre las que tiene lugar principal el sistema internacional de unidades. Por consiguiente, la adopción de patrones universales facilita la armonización de las normas técnicas por medio de los sistemas nacionales, regionales e internacionales.

Con este criterio, la International Organization for Standardization (ISO), máximo organismo mundial de normalización, adoptó en 1969 la norma ISO 1000 con el máximo texto del sistema internacional de unidades.

La adopción del SI se realizó en Colombia con carácter obligatorio, aunque su aplicación total se hizo paulatinamente, siguiendo en ello, como es lógico, la corriente universal. Además, hay que reconocer la dificultad de sustituir simultáneamente medidas que la dependencia de factores inmodificables han hecho de uso general.

No obstante, todas las decisiones futuras, tanto del sector público como del privado, concernientes a la industria, al comercio, a la prestación de servicios y a la política tecnológica, tienen que acomodarse al hecho de que Colombia ha decidido uniformar las medidas usuales, en los términos del SI, o sea, conforme al texto de la Norma Técnica Colombiana 1000 (Chiappe Lemos, 1976)[16].

4.6 Origen del sistema internacional de unidades

El sistema internacional de unidades (SI) data de la undécima Conferencia de Pesas y Medidas, reunida en octubre de 1960 como el sistema universal de unidades llamado a poner fin al caos generado por la dispersión de diferentes sistemas[17].

Características del SI

- Está basado en el sistema métrico decimal y, por lo tanto, emplea el sistema arábigo de numeración con base 10.
- Es coherente, ya que las unidades derivadas se obtienen por productos o cocientes de las unidades básicas. Ejemplo: la unidad de área, el metro cuadrado (m^2), se obtiene del producto m × m; la unidad de velocidad metro sobre segundo (m/s) por el cociente de la unidad de longitud y la de tiempo, etc.

16. Ignacio Chiappe Lemos, presidente del Consejo Directivo de Icontec (1976).
17. El sistema internacional de unidades (abreviado SI del francés: système international d'unités), también denominado sistema internacional de medidas.

- Es universal: la unidad de fuerza es independiente de la aceleración de la gravedad. Esto lo diferencia del sistema gravitacional. Además, la unidad *joule* se utiliza para la medida del trabajo, energía y cantidad de calor, con lo cual quedan relacionadas las diferentes formas de energía.
- Es unívoco: para cada magnitud existe una sola unidad SI. Así, la unidad de energía es el *joule*, independientemente de la fuente donde se origine, sea esta química, eléctrica, mecánica o nuclear.
- El factor para obtener las unidades derivadas a partir de las básicas es siempre 1.
- Las unidades básicas del SI están definidas en términos de experimentos físicos que se pueden efectuar en el laboratorio, sin recurrir al prototipo o patrón.
- Emplea prefijos para designar los múltiplos de las unidades.

4.7 Aplicación del SI

En Francia, en 1961 el gobierno impuso la obligatoriedad del uso del SI. Para esta época, sólo 25 países de un total de 158 no lo empleaban completamente, pero la gran mayoría estaba en el proceso de adoptarlo. Inglaterra, uno de los países donde se originó el sistema inglés, esperaba adoptarlo y utilizarlo al 100 % para el año de 1974.

El Congreso de Estados Unidos ordenó un estudio en 1968, cuyas conclusiones fueron totalmente favorables para la implantación del SI, y se fijó un plazo perentorio para ejecutar el cambio del sistema de unidades.

Antecedentes

El sistema métrico decimal se estableció en Francia con el fin de solventar los dos grandes inconvenientes que presentaban las antiguas medidas:

- Unidades con el mismo nombre variaban de una provincia a otra.
- Las subdivisiones de las medidas no eran decimales, lo cual representaba grandes complicaciones para el cálculo.

Se trataba de crear un sistema de medidas simple y único, que se pudiera reproducir con exactitud en cualquier momento y lugar, con medios disponibles para toda persona.

En 1795 se instituyó en Francia el sistema métrico decimal. En España fue declarado obligatorio en 1849.

El sistema métrico se basa en la unidad "metro", con múltiplos y submúltiplos decimales. Del metro se derivan el metro cuadrado, el metro cúbico y el kilogramo, que era la masa de un decímetro cúbico de agua.

En aquella época la astronomía y la geodesia eran ciencias que habían adquirido un notable desarrollo. Se habían hecho mediciones de la longitud del arco del meridiano terrestre en varios lugares de la Tierra. Finalmente, la definición de metro fue elegida como la diezmillonésima parte de la longitud de un cuarto del meridiano terrestre, sabiendo que el radio de la Tierra es $6{,}37 \cdot 106$ m, $2\pi \cdot 6{,}37 \cdot 106/(4 \cdot 10 \cdot 106) = 1{,}0006$ m.

Como la longitud del meridiano no era práctica para el uso diario, se fabricó una barra de platino que representaba la nueva unidad de medida, y se puso bajo la custodia de los archivos de Francia, junto a la unidad representativa del kilogramo, también fabricado en platino. Copias del metro y del kilogramo se distribuyeron por muchos países que adoptaron el sistema métrico.

La definición de metro en términos de una pieza única de metal no era satisfactoria, ya que su estabilidad no podía garantizase a lo largo de los años, por mucho cuidado que se tuviera en la conservación.

A finales del siglo XIX se produjo un notable avance en la identificación de las líneas espectrales de los átomos. A. A. Michelson utilizó su famoso interferómetro para comparar la longitud de onda de la línea roja del cadmio con el metro. Esta línea se usó para definir la unidad denominada ángstrom.

En 1960, la XI Conférence Générale des Poids et Mesures abolió la antigua definición de metro y la remplazó por la siguiente: el metro es la longitud igual a 1.650.763,73 longitudes de onda en el vacío de la radiación correspondiente a la transición entre los niveles $2p_{10}$ y $2d_5$ del átomo de kriptón 86. Este largo número se eligió, de modo que el nuevo metro tuviera la misma longitud que el antiguo.

La velocidad de la luz en el vacío c es una constante muy importante en física, y que se ha medido desde hace mucho tiempo de forma directa, por distintos procedimientos. Midiendo la frecuencia *f* y la longitud de onda *f* de alguna radiación de alta frecuencia y utilizando la relación $c = \lambda \cdot f$ se determina la velocidad de la luz *c* de forma indirecta con mucha exactitud.

El valor obtenido en 1972, midiendo la frecuencia y la longitud de onda de una radiación infrarroja fue *c* = 299 792 458 m/s con un error de ±1,2 m/s, es decir, cuatro partes en 109.

La XVII Conférence Générale des Poids et Mesures del 20 de octubre de 1983 abolió la antigua definición de metro y promulgó ésta: el metro es la longitud de trayecto recorrido en el vacío por la luz durante un tiempo de 1/299.792.458 de segundo.

La nueva definición de metro, en vez de estar basada en un único objeto (la barra de platino) o en una única fuente de luz, está abierta a cualquier otra radiación cuya frecuencia sea conocida con suficiente exactitud.

La velocidad de la luz queda convencionalmente fijada y exactamente igual a 299.792.458 m/s debida a la definición convencional del término *m* (el metro) en su expresión.

Otra cuestión que suscita la nueva definición de metro, es la siguiente: ¿no sería más lógico definir 1/299.792.458 veces la velocidad de la luz como unidad básica de la velocidad y considerar el metro como unidad derivada? Sin embargo, la elección de las magnitudes básicas es una cuestión de conveniencia y de simplicidad en la definición de las magnitudes derivadas.

Unidades básicas del SI

Todo sistema de medida se desarrolla con base en un pequeño número de unidades bien definidas que corresponden a ciertas magnitudes fundamentales como longitud, masa, tiempo, etc. Estas unidades se conocen con el nombre de unidades básicas del sistema internacional de unidades.

Tabla 4.1
Unidades básicas del SI

Magnitud	Nombre	Símbolo
Longitud	metro	m
Masa	kilogramo	kg
Tiempo	segundo	S
Intensidad de corriente eléctrica	ampère	A
Temperatura termodinámica	kelvin	K
Cantidad de sustancia	mol	mol
Intensidad luminosa	candela	cd

Fuente: www.sc.ehu.es/sbweb/fisica/unidades/unidades/unidades.htm.

Unidad de longitud. El metro (m) es la longitud de trayecto recorrido en el vacío por la luz durante un tiempo de 1/299.792.458 de segundo.

Unidad de masa. El kilogramo (kg) es igual a la masa del prototipo internacional del kilogramo.

Unidad de tiempo. El segundo (s) es la duración de 9.192.631.770 periodos de la radiación correspondiente a la transición entre los dos niveles hiperfinos del estado fundamental del átomo de cesio 133.

Unidad de intensidad de corriente eléctrica. El amperio (A) es la intensidad de una corriente constante que, manteniéndose en dos conductores paralelos, rectilíneos, de longitud infinita, de sección circular despreciable y situados a una distancia de un metro uno de otro en el vacío, produciría una fuerza igual a $2 \cdot 10^{-7}$ newton por metro de longitud.

Unidad de temperatura termodinámica. El kelvin (K), unidad de temperatura termodinámica, es la fracción 1/273,16 de la temperatura termodinámica del punto triple del agua.

Observación: Además de la temperatura termodinámica (símbolo *T*) expresada en kelvins, se utiliza también la temperatura Celsius (símbolo *t*), definida por la ecuación

$$t = T - T_0, \text{ donde } T_0 = 273{,}15 \text{ K por definición.}$$

Unidad de cantidad de sustancia. El mol es la cantidad de sustancia de un sistema que contiene tantas unidades elementales como átomos hay en 0,012 kilogramos de carbono 12. Cuando se emplee el mol, deben especificarse las unidades elementales que pueden ser átomos, moléculas, iones, electrones u otras partículas o grupos especificados de tales partículas.

Unidad de intensidad luminosa. La candela (cd) es la unidad luminosa, en una dirección dada, de una fuente que emite una radiación monocromática de frecuencia $540 \cdot 10^{12}$ hertz y cuya intensidad energética en dicha dirección es 1/683 watt por estereorradián.

4.8 Unidades derivadas sin dimensión

Se forman por medio de combinaciones de las unidades básicas, según las relaciones que ligan las magnitudes correspondientes a dichas unidades.

Tabla 4.2
Unidades derivadas sin dimensión

Magnitud	Nombre	Símbolo	Expresión en unidades SI básicas
Ángulo plano	Radián	Rad	$mm^{-1} = 1$
Ángulo sólido	Estereorradián	Sr	$m^2m^{-2} = 1$

Fuente: www.sc.ehu.es/sbweb/fisica/unidades/unidades/unidades.htm.

Unidad de ángulo plano. El radián (rad) es el ángulo plano comprendido entre dos radios de un círculo sobre cuya circunferencia interceptan un arco de longitud igual a la del radio.

Unidad de ángulo sólido. El estereorradián (sr) es el ángulo sólido que, teniendo su vértice en el centro de una esfera, intercepta sobre la superficie de dicha esfera un área igual a la de un cuadrado que tenga por lado el radio de la esfera.

4.9 Unidades del SI derivadas

Las unidades del SI derivadas se definen de forma que sean coherentes con las unidades básicas y suplementarias, es decir, se definen por expresiones algebraicas con la forma de productos de potencias de las unidades SI básicas o suplementarias con un factor numérico igual a uno (1).

Varias de estas unidades SI derivadas se expresan simplemente a partir de las unidades SI básicas y suplementarias. Otras han recibido un nombre especial y un símbolo particular.

Si una unidad del SI derivada puede expresarse de varias formas equivalentes utilizando nombres de unidades básicas y suplementarias o nombres especiales de otras unidades del SI derivadas, se admite el empleo preferencial de ciertas combinaciones o ciertos nombres especiales, con el fin de facilitar la distinción entre magnitudes que tengan las mismas dimensiones. Por ejemplo, el hertz se emplea para la frecuencia, con preferencia al segundo a la potencia menos uno, y para el momento de fuerza se prefiere el newton metro al *joule*.

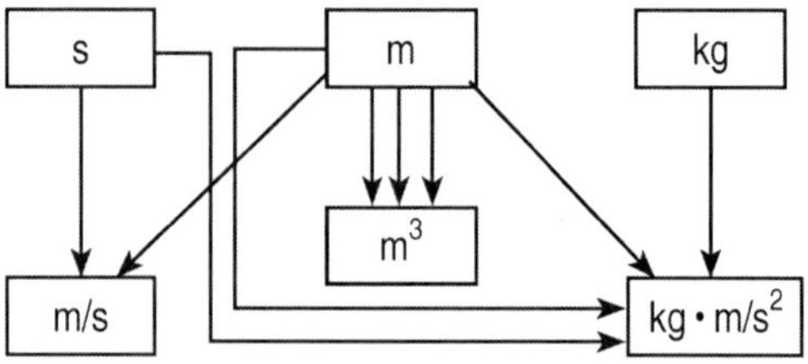

Figura 4.2. Unidades derivadas.

Fuente: Superintendencia de Industria y Comercio.

Tabla 4.3
Unidades del SI derivadas expresadas a partir de unidades básicas y suplementarias

Magnitud	Nombre	Símbolo
Superficie	metro cuadrado	m^2
Volumen	metro cúbico	m^3
Velocidad	metro por segundo	m/s
Aceleración	metro por segundo cuadrado	m/s^2
Número de ondas	metro a la potencia menos uno	m^{-1}
Masa en volumen	kilogramo por metro cúbico	kg/m^3
Velocidad angular	radián por segundo	rad/s
Aceleración angular	radián por segundo cuadrado	rad/s^2

Fuente: www.sc.ehu.es/sbweb/fisica/unidades/unidades/unidades.htm

Unidad de velocidad. Un metro por segundo (m/s o $m \cdot s^{-1}$) es la velocidad de un cuerpo que, con movimiento uniforme, recorre una longitud de un metro en un segundo.

Unidad de aceleración. Un metro por segundo cuadrado (m/s^2 o $m \cdot s^{-2}$) es la aceleración de un cuerpo animado, de movimiento uniformemente variado, cuya velocidad varía cada segundo, 1 m/s.

Unidad de número de ondas. Un metro a la potencia menos uno (m^{-1}) es el número de ondas de una radiación monocromática cuya longitud de onda es igual a un metro.

Unidad de velocidad angular. Un radián por segundo (rad/s o $rad \cdot s^{-1}$) es la velocidad de un cuerpo que, con una rotación uniforme alrededor de un eje fijo, gira un radián en un segundo.

Unidad de aceleración angular. Un radián por segundo cuadrado (rad/s^2 o $rad \cdot s^{-2}$) es la aceleración angular de un cuerpo animado de una rotación uniformemente variada alrededor de un eje fijo, cuya velocidad angular varía un radián por segundo, en un segundo.

Unidad de frecuencia. Un hertz (Hz) es la frecuencia de un fenómeno periódico cuyo periodo es un segundo.

Unidad de fuerza. Un newton (N) es la fuerza que, aplicada a un cuerpo que tiene una masa de un kilogramo, le comunica una aceleración de un metro por segundo cuadrado.

Tabla 4.4
Unidades del SI derivadas con nombres y símbolos especiales

Magnitud	Nombre	Símbolo	Expresión en otras unidades SI	Expresión en unidades SI básicas
Frecuencia	hertz	Hz		s^{-1}
Fuerza	newton	N		$m \cdot kg \cdot s^{-2}$
Presión	pascal	Pa	$N \cdot m^{-2}$	$m^{-1} \cdot kg \cdot s^{-2}$
Energía, trabajo, cantidad de calor	joule	J	$N \cdot m$	$m^{-2} \cdot kg \cdot s^{-2}$
Potencia	watt	W		$m^{2} \cdot kg \cdot s^{-3}$
Cantidad de electricidad carga eléctrica	coulomb	C	$J \cdot s^{-1}$	$s \cdot A$
Potencial eléctrico fuerza electromotriz	volt	V	$W \cdot A^{-1}$	$m^{2} \cdot kg \cdot s^{-3} \cdot A^{-1}$
Resistencia eléctrica	ohm	Ω	$V \cdot A^{-1}$	$m^{2} \cdot kg \cdot s^{-3} \cdot A^{-2}$
Capacidad eléctrica	farad	F	$C \cdot V^{-1}$	$m^{-2} \cdot kg^{-1} \cdot s^{4} \cdot A^{2}$
Flujo magnético	weber	Wb	$V \cdot s$	$m^{2} \cdot kg \cdot s^{-2} \cdot A^{-1}$
Inducción magnética	tesla	T	$Wb \cdot m^{-2}$	$kg \cdot s^{-2} \cdot A^{-1}$
Inductancia	henry	H	$Wb \cdot A^{-1}$	$m^{2} \cdot kg \cdot s^{-2} \cdot A^{-2}$

Fuente: www.sc.ehu.es/sbweb/fisica/unidades/unidades/unidades.htm.

Unidad de presión. Un pascal (Pa) es la presión uniforme que, actuando sobre una superficie plana de un metro cuadrado, ejerce perpendicularmente a esta superficie una fuerza total de un newton.

Unidad de energía, trabajo, cantidad de calor. Un *joule* (J) es el trabajo producido por una fuerza de un newton, cuyo punto de aplicación se desplaza un metro en la dirección de la fuerza.

Unidad de potencia, flujo radiante. Un *watt* (W) es la potencia que da lugar a una producción de energía igual a un *joule* por segundo.

Unidad de cantidad de electricidad, carga eléctrica. Un *coulomb* (C) es la cantidad de electricidad transportada en un segundo por una corriente de intensidad de un amperio.

Unidad de potencial eléctrico, fuerza electromotriz. Un *volt* (V) es la diferencia de potencial eléctrico que existe entre dos puntos de un hilo conductor que transporta una corriente de intensidad constante de un amperio cuando la potencia disipada entre estos puntos es igual a un *watt*.

Unidad de resistencia eléctrica. Un *ohm* (Ω) es la resistencia eléctrica que existe entre dos puntos de un conductor cuando una diferencia de potencial constante de un volt, aplicada entre estos dos puntos, produce, en dicho conductor, una corriente de intensidad de un amperio, cuando no haya fuerza electromotriz en el conductor.

Unidad de capacidad eléctrica. Un *farad* (F) es la capacidad de un condensador eléctrico que entre sus armaduras aparece una diferencia de potencial eléctrico de un *volt,* cuando está cargado con una cantidad de electricidad igual a un *coulomb*.

Unidad de flujo magnético. Un *weber* (Wb) es el flujo magnético que, al atravesar un circuito de una sola espira, produce en la misma una fuerza electromotriz de un volt si se anula dicho flujo en un segundo por decaimiento uniforme.

Unidad de inducción magnética. Una tesla (T) es la inducción magnética uniforme que, repartida normalmente sobre una superficie de un metro cuadrado, produce, a través de esta superficie, un flujo magnético total de un *weber.*

Unidad de inductancia. Un *henry* (H) es la inductancia eléctrica de un circuito cerrado en el que se produce una fuerza electromotriz de un volt, cuando la corriente eléctrica que recorre el circuito varía uniformemente a razón de un amperio por segundo.

Tabla 4.5
Unidades del SI derivadas y expresadas a partir de las que tienen nombres especiales

Magnitud	Nombre	Símbolo	Expresión en unidades SI básicas
Viscosidad dinámica	pascal segundo	Pa • s	$m^{-1} \cdot kg \cdot s^{-1}$
Entropía	joule por kelvin	J/K	$m^2 \cdot kg \cdot s^{-2} \cdot K^{-1}$
Capacidad térmica másica	joule por kilogramo kelvin	J/(kg • K)	$m^2 \cdot s^{-2} \cdot K^{-1}$
Conductividad térmica	watt por metro kelvin	W/(m • K)	$m \cdot kg \cdot s^{-3} \cdot K^{-1}$
Intensidad del campo eléctrico	volt por metro	V/m	$m \cdot kg \cdot s^{-3} \cdot A^{-1}$

Fuente: www.sc.ehu.es/sbweb/fisica/unidades/unidades/unidades.htm.

Unidad de viscosidad dinámica. Un pascal segundo (Pa • s) es la viscosidad dinámica de un fluido homogéneo, en el cual el movimiento rectilíneo y uniforme de una superficie plana de un metro cuadrado da lugar a una fuerza retardatriz de un newton, cuando hay una diferencia de velocidad de un metro por segundo entre dos planos paralelos, separados por un metro de distancia.

Unidad de entropía. Un *joule* por kelvin (J/K) es el aumento de entropía de un sistema que recibe una cantidad de calor de un joule, a la temperatura termodinámica constante de un kelvin, siempre que en el sistema no tenga lugar ninguna transformación irreversible.

Unidad de capacidad térmica másica. Un *joule* por kilogramo kelvin (J/(kg • K) es la capacidad térmica másica de un cuerpo homogéneo de una masa de un kilogramo, en el que el aporte de una cantidad de calor de un *joule* produce una elevación de temperatura termodinámica de un kelvin.

Unidad de conductividad térmica. Un watt por metro kelvin W/(m • K) es la conductividad térmica de un cuerpo homogéneo isótropo, en la que una diferencia de temperatura de un kelvin entre dos planos paralelos, de área de un metro cuadrado y distantes un metro, produce entre estos planos un flujo térmico de un *watt.*

Unidad de intensidad del campo eléctrico. Un *volt* por metro (V/m) es la intensidad de un campo eléctrico que ejerce una fuerza de un newton sobre un cuerpo cargado con una cantidad de electricidad de un *coulomb.*

Tabla 4.6
Nombres y símbolos especiales de múltiplos y submúltiplos decimales de unidades del SI autorizados

Volumen	Litro	l o L	1 $dm^3 = 10^{-3}$ m^3
Masa	Tonelada	T	10^3 kg
Presión y tensión	Bar	bar	10^5 Pa

Fuente: www.sc.ehu.es/sbweb/fisica/unidades/unidades/unidades.htm.

Tabla 4.7
Unidades definidas a partir de las unidades del SI, pero que no son múltiplos o submúltiplos decimales de dichas unidades

Magnitud	Nombre	Símbolo	Relación
Ángulo plano	Vuelta		1 vuelta= 2p rad
	Grado	º	(p/180) rad
	Minuto de ángulo	'	(p /10800) rad
	Segundo de ángulo	"	(p /648000) rad
Tiempo	minuto	min	60 s
	Hora	h	3600 s
	Día	d	86400 s

Fuente: www.sc.ehu.es/sbweb/fisica/unidades/unidades/unidades.htm.

Tabla 4.8
Unidades en uso con el sistema internacional cuyo valor en unidades del SI se ha obtenido experimentalmente

Magnitud	Nombre	Símbolo	Valor en unidades SI
Masa	unidad de masa atómica	u	1,6605402 10^{-27} kg
Energía	electronvolt	eV	1,60217733 10^{-19} J

Fuente: www.sc.ehu.es/sbweb/fisica/unidades/unidades/unidades.htm.

Tabla 4.9
Múltiplos y submúltiplos decimales

Factor	Prefijo	Símbolo	Factor	Prefijo	Símbolo
10^{24}	yotta	Y	10^{-1}	Deci	D
10^{21}	zeta	Z	10^{-2}	Centi	C
10^{18}	exa	E	10^{-3}	Mili	M
10^{15}	peta	P	10^{-6}	Micro	μ
10^{12}	tera	T	10^{-9}	Nano	N
10^{9}	giga	G	10^{-12}	Pico	P
10^{6}	mega	M	10^{-15}	Femto	F
10^{3}	Kilo	k	10^{-18}	Atto	A
10^{2}	hecto	h	10^{-21}	Zepto	Z
10^{1}	deca	da	10^{-24}	Yocto	Y

Fuente: www.sc.ehu.es/sbweb/fisica/unidades/unidades/unidades.htm.

La observación de un fenómeno es, en general, incompleta a menos que dé lugar a una información cuantitativa. Para obtener dicha información, se requiere la medición de una propiedad física. Así, la medición constituye una buena parte de la rutina diaria del físico experimental.

La medición es la técnica por medio de la cual se asigna un número a una propiedad física, como resultado de una comparación de dicha propiedad con antecedentes.

Escritura de los símbolos

Los símbolos de las unidades SI, con raras excepciones, como el caso del *ohm* (Ω), se expresan en caracteres romanos, en general, con minúsculas; sin embargo, si dichos símbolos corresponden a unidades derivadas de nombres propios, su letra inicial es mayúscula. Ejemplo, A de amperio, J de *joule*.

Los símbolos no van seguidos de punto, ni toman la *s* para el plural. Por ejemplo, se escribe 5 kg, no 5 kgs.

Cuando el símbolo de un múltiplo o de un submúltiplo de una unidad lleva exponente, éste afecta no solamente a la parte del símbolo que designa la unidad, sino al conjunto del símbolo. Por ejemplo, km^2 significa $(km)^2$, área de un cuadrado que tiene un km de lado, o sea 10^6 metros cuadrados, y nunca $k(m^2)$, lo que correspondería a 1000 metros cuadrados.

El símbolo de la unidad sigue al símbolo del prefijo, sin espacio. Por ejemplo, cm, mm, etc.

El producto de los símbolos de dos o más unidades se indica con preferencia por medio de un punto, como símbolo de multiplicación. Por ejemplo, newton-metro se puede escribir N • m Nm, nunca mN, que significa milinewton.

Cuando una unidad derivada sea el cociente de otras dos, se puede utilizar la barra oblicua (/), la barra horizontal o bien potencias negativas, para evitar el denominador.

No se debe introducir en una misma línea más de una barra oblicua, a menos que se añadan paréntesis, con el fin de evitar toda ambigüedad. En los casos complejos pueden utilizarse paréntesis o potencias negativas: m/s^2 o bien m • s^{-2} pero no m/s/s. (Pa • s)/(kg/m^3) pero no Pa • s/kg/m^3.

Los nombres de las unidades debidos a nombres propios de científicos eminentes deben escribirse con idéntica ortografía que el nombre de éstos, pero con minúscula inicial. No obstante, serán igualmente aceptables sus denominaciones castellanizadas de uso habitual, siempre que estén reconocidas por la Real Academia Española. Por ejemplo, amperio, faradio, culombio, julio, ohmio, voltio, watio, weberio.

Los nombres de las unidades toman una *s* en el plural (ejemplo 10 newtons), excepto las que terminan en *s, x* o *z*.

En los números, la coma se utiliza solamente para separar la parte entera del decimal. Para facilitar la lectura, los números pueden estar divididos en grupos de tres cifras (a partir de la coma, si hay alguna), estos grupos no se separan por puntos ni comas. La separación en grupos no se utiliza para los números de cuatro cifras que designan un año.

Tabla 4.10
Unidades derivadas que tienen nombre propio

Magnitud	Unidad		
	Nombre	**Símbolo**	**Expresión**
Actividad de un radionucleido	becquerel	Bq	s^{-1}
Carga eléctrica, cantidad de electricidad	coulomb	C	$s \cdot A$
Capacidad eléctrica	farad	F	$m^{-2} \cdot kg^{-1} \cdot s^4 \cdot A^2$
Índice de dosis absorbida	gray	Gy	$m^2 \cdot s^{-2}$
Inductancia	henry	H	$m^2 \cdot kg \cdot s^{-2} \cdot A^{-2}$
Frecuencia	hertz	Hz	s^{-1}
Energía, trabajo	joule	J	$m^2 \cdot kg \cdot s^{-2}$
Flujo luminoso	lumen	lm	$cd \cdot sr$
Iluminancia	lux	lx	$m^{-2} \cdot cd \cdot sr$
Fuerza	newton	N	$m \cdot kg \cdot s^{-2}$
Resistencia eléctrica	ohm	Ω	$m^2 \cdot kg \cdot s^{-3} \cdot A^{-2}$
Presión	pascal	Pa	$m^{-1} \cdot kg \cdot s^{-2}$
Conductancia eléctrica	siemens	S	$m^{-2} \cdot kg^{-1} \cdot s^3 \cdot A^2$
Dosis equivalente	sievert	Sv	$m^2 \cdot s^{-2}$
Densidad de flujo magnético	tesla	T	$kg \cdot s^{-2} \cdot A^{-1}$
Potencial eléctrico, fuerza electromotriz	volt	V	$m^2 \cdot kg \cdot s^{-3} \cdot A^{-1}$
Potencia, flujo radiante	watt	W	$m^2 \cdot kg \cdot s^{-3}$
Flujo magnético	weber	Wb	$m^2 \cdot kg \cdot s^{-2} \cdot A^{-1}$

Fuente: www.sc.ehu.es/sbweb/fisica/unidades/unidades/unidades.htm.

Los símbolos de las unidades pueden verse afectados por prefijos que actúan como múltiplos y submúltiplos decimales. Estos prefijos se ponen delante del símbolo de la unidad correspondiente sin espacio intermedio. El conjunto del símbolo más el prefijo equivale a una nueva unidad que puede combinarse con otras unidades y elevarse a cualquier exponente (positivo o negativo). Los prefijos decimales se muestran en la tabla siguiente (tabla 4.11).

Tabla 11
Prefijos decimales

Múltiplos decimales			Submúltiplos decimales		
Prefijo	**Símbolo**	**Factor**	**Prefijo**	**Símbolo**	**Factor**
Deca	da	10^{1}	deci	d	10^{-1}
Hecto	h	10^{2}	centi	c	10^{-2}
Kilo	k	10^{3}	mili	m	10^{-3}
Mega	M	10^{6}	micro	μ	10^{-6}
Giga	G	10^{9}	nano	n	10^{-9}
Tera	T	10^{12}	pico	p	10^{-12}
Peta	P	10^{15}	femto	f	10^{-15}
Exa	E	10^{18}	atto	a	10^{-18}
Zetta	Z	10^{21}	zepto	z	10^{-21}
Yotta	Y	10^{24}	yocto	y	10^{-24}

Fuente: www.sc.ehu.es/sbweb/fisica/unidaes/unidades/unidades.htm.

- Los símbolos que corresponden a unidades derivadas de nombres propios se escriben con la letra inicial mayúscula (A, V, etc.), siempre con letras romanas, con excepción del ohm.
- Los demás símbolos se escriben con letras romanas minúsculas.
- Los símbolos de las unidades no cambian de forma para el plural (no incorporan ninguna s) y no van seguidos de punto.
- Las unidades derivadas se definen como productos o cocientes de las unidades básicas o suplementarias aunque también pueden utilizarse unidades suplementarias con nombre propio. Para expresar las unidades derivadas pueden utilizarse los siguientes métodos:
  - Poner las diferentes unidades una a continuación de la otra sin separación. Por ejemplo: As, Nm. En este caso se deben evitar

las combinaciones en que una unidad que tiene el mismo símbolo que un prefijo se ponga delante ya que pueden dar lugar a confusión. Por ejemplo, no debe utilizarse mN (que significa milinewton) en lugar de Nm (newton por metro).

- Poner las unidades separadas por un punto alto. Por ejemplo: A • s, N • m. Esta disposición es preferible a la anterior. En este caso, también conviene evitar las combinaciones que puedan dar lugar a confusión si el punto es poco visible (así hay que evitar, por ejemplo, m · N).

En el caso de cocientes puede utilizarse:

- Un cociente normal.
- La barra inclinada (m/s, m/s^2) evitando el uso de productos en el denominador; por ejemplo, se puede escribir: $kg/A/s^2$ en lugar de $kg/(A \cdot s^2)$.
- Potencias negativas; por ejemplo: $kg \cdot A^{-1} \cdot s^{-2}$.
- Los nombres de las unidades se escriben siempre con minúsculas.
- Los nombres de las unidades llevan una s cuando se escriben en plural, excepto los que terminan en *s*, *z* o *x*.
- Los nombres de las unidades que corresponden a nombres de personas deben escribirse con idéntica ortografía que el nombre correspondiente pero, como es lógico, con minúscula inicial.

Antecedentes en Colombia del sistema internacional de unidades (SI)

El 20 de mayo de 1875 se adoptó universalmente el sistema métrico decimal mediante el tratado denominado la Convención del Metro. En 1905 se promulgó la Ley 33, según la cual "la unidad de pesas y medidas es un elemento de unidad nacional". El sistema internacional se hizo obligatorio y oficial en Colombia mediante el Decreto 1731 de 1967. El Decreto 2153 de 1992 estableció entre las funciones de la División de Protección al Consumidor "Divulgar el sistema internacional de unidades en los diferentes sectores industriales". El Consejo Nacional de Normas y Calidades, mediante la Resolución 005 del 3 de abril de 1995 oficializó el uso del SI con la Norma Técnica

Colombiana NTC 1000 (Metrología. Sistema internacional de unidades. Cuarta revisión, equivalente a la ISO 1000).

- Todo lenguaje contiene reglas para su escritura que evitan confusiones y facilitan la comunicación.
- El sistema internacional de unidades (SI) tiene sus propias reglas de escritura que permiten una comunicación unívoca.
- Cambiar las reglas puede generar ambigüedades.

Tabla 4.12

Ejemplos: reglas de escritura de símbolos de las unidades y los prefijos

Descripción	Correcto	Incorrecto
Escribir en caracteres romanos rectos	m	m
	Pa	Pa
El símbolo se escribe en minúscula, con excepción de los derivados de nombres propios	Kg	Kg
	Hz	hz
	K	k
Se debe dejar espacio entre el valor y la magnitud del símbolo	50° C	50°C
	60°	60 °
Si el valor numérico se expresa en letras no se utiliza símbolo	Diez segundos	Diez s

Descripción	Correcto	Incorrecto
El signo decimal debe ser una coma sobre la línea.	123,35	123.35
	0,876	,876
	1,25	11/
Los números en grupos de tres (preferiblemente) a derecha e izquierda del signo decimal.	345 899,234	345.899,234
	6,458 706	6,458706

Descripción	Correcto	Incorrecto
Para la multiplicación de unidades se recomienda un punto o un espacio. Newton metro o metro Newton.	m • N m • N • N • m	mN
Para el cociente se intercala la palabra "por". Newton por metro cuadrado.	N/m^2	N,m^2

Descripción	Correcto	Incorrecto
Se utilizan dos o cuatro caracteres para el año, dos para el mes y dos para el día, en ese orden.	2000-08-30 o	08-30-2000
	00-08-30	30-08-2000
Se utiliza el sistema de 24 horas.	20 h 00	8 PM
	09 h 45 min 00	9:30 hrs

Fuente: Superintendencia de Industria y Comercio. Reglas de escritura de símbolos de las unidades y los prefijos.

5 REGLAS GENERALES PARA EL USO DEL SISTEMA INTERNACIONAL DE UNIDADES EN COLOMBIA

5.1 Generalidades

El sistema internacional de unidades fue adoptado en Colombia por medio de los decretos 1731 de 1967 y 3463 de 1980. La Resolución 005 del 3 de abril de 1995 del Consejo Nacional de Normas y Calidades oficializó, con carácter de obligatoria, la Norma Técnica Colombiana NTC 1000, Sistema Internacional de Unidades (cuarta revisión). Unidades básicas del Sistema Internacional.

5.1.1 Reglas para usar los símbolos

- No se deben poner puntos luego de los símbolos de las unidades del SI, los múltiplos y submúltiplos. Ejemplo: kg. cm. mg.
- Cuando sea necesario referirse a una unidad, se recomienda escribir el nombre completo de ésta, salvo casos en los cuales no hay riesgo de confusión al escribir únicamente el símbolo.
- El símbolo de la unidad debe ser el mismo para el plural y el singular.

  Ejemplo: 1 mm-50 mm.

- No se deben emplear abreviaturas para designar las unidades del sistema internacional de unidades (SI).

  Ejemplo: grs no corresponde a gramos, lo correcto es escribir el símbolo (g) según el SI.

- Cuando se deba escribir o pronunciar el plural del nombre de una unidad del SI, se deben usar las reglas de la gramática española. Ejemplo: (metro – metros, mol – moles).

- Se usarán los prefijos del SI y sus símbolos para formar respectivamente los nombres y los símbolos de los múltiplos y submúltiplos de las unidades del SI. Ejemplo: centímetro – cm.

- No deben combinarse nombres y símbolos al expresar el nombre de una unidad derivada. Ejemplo: metro/s – lo correcto es m/s o metros/segundos

- Cada unidad y cada prefijo tiene un solo símbolo y éste no puede ser alterado de ninguna forma. No deben usarse abreviaturas. Ejemplo:

Correcto	Incorrecto
20 cm^3	20 cc
10 kg	10 kgrs
15 m	15 mts
50 t	50 TON

- Todos los símbolos de las unidades del SI se escriben con letras minúsculas del alfabeto latino, con excepción del ohm (Ω), letra mayúscula mega del alfabeto griego. Aquellos que provienen del nombre de científicos se deben escribir con mayúscula.

Símbolos en minúscula	Símbolos en mayúscula
gramos (g)	Amperios (A)
metros (m)	Kelvin (K)
kilogramos (kg)	Celsius (C)
candela (cd)	Ohm (Ω)

- Los símbolos no se pluralizan, siempre se deben escribir en singular, independientemente del valor numérico que los acompaña. El símbolo representa a la unidad. Ejemplo:

Correcto	Incorrecto
200 m	200 mts
10 kg	10 kgrs
15 m	15 mts
15 cm	15 cmts
10 mm	10 mmts

- Después de un símbolo no se debe escribir ningún signo de puntuación, salvo por regla de puntuación gramatical, dejando un espacio de separación entre el símbolo y el signo de puntuación. Ejemplo: 25,1 cm .
- Los símbolos se escriben a la derecha de los valores numéricos separados por un espacio en blanco. Éste se eliminará cuando se trate de los símbolos de las unidades sexagesimales del ángulo plano. Ejemplo:

Correcto	Incorrecto
50 A	50A
30 m	30m
270 K	270K
40° 25' 30"	40 ° 25 ' 30 "s

- Todo valor numérico debe expresarse con su unidad, incluso cuando se repite o cuando se especifica tolerancia. Ejemplo:

Correcto	Incorrecto
10 m × 20 m × 50 m	10 × 20 × 50 m
De 10 g a 500 g	De 10 a 500 g
De las 15 h a las 20 h	De las 15 a las 20 h
(30,5 ± 0,01) m	30,5 ± 0,01 m
1,23 mA	0,001 23 mA

La coma (,) como marcador decimal

- La coma es reconocida por la Organización Internacional de Normalización (ISO) (alrededor de 90 países de todo el mundo), como único signo ortográfico en la escritura de los números, utilizado en documentos y normas técnicas.

- La importancia de la coma para separar la parte entera del decimal es enorme. Esto se debe a la esencia misma del sistema métrico decimal. Por eso debe ser visible y se debe evitar que se pierda durante el proceso de ampliación o reducción de documentos.
- La grafía de la coma se identifica y distingue mucho más fácilmente que la del punto.
- La coma es una grafía que, por tener forma propia, demanda del escritor la intención de escribirla; el punto puede ser accidental.
- El punto facilita el fraude, puede ser transformado en coma pero no viceversa.

5.1.2 Uso del nombre de las unidades

- El nombre completo de las unidades del sistema internacional (SI) se debe escribir con letra minúscula, con la única excepción de grados Celsius, salvo en el caso de comenzar la frase o luego de un punto. Ejemplo:

Correcto	Incorrecto
metro	Metro
kilogramo	Kilogramo
newton	Newton
watt	Vatio
gramo	Gramo

- Las unidades, los múltiplos y submúltiplos sólo podrán designarse por sus nombres completos o sus símbolos correspondientes reconocidos internacionalmente. No está permitido el uso de cualquier otro. Ejemplo:

Correcto	Incorrecto
m (metro)	mts, mt, Mt, M
kg (kilogramo)	kgs, kgr, kilo, KG
g (gramos)	gr, grs, Grs, g.
l o L (litro)	lts, lt, Lt
K (kelvin)	k, kelv
cm^3 (centímetro cúbico)	cc, cmc, c.c.
km/h (kilómetro por hora)	kph, kmh, km × h

- Las unidades cuyos nombres son de científicos no se deben traducir, deben escribirse tal como en el idioma de origen. Ejemplo:

Correcto	Incorrecto
newton	niutonio
sievert	sievertio
joule	Julio
ampere	amperio

5.1.3 Escritura de números en documentos

- En números de muchas cifras, éstas se agrupan de tres en tres, a partir de la coma, tanto para la parte entera como para la decimal. En cada grupo se debe dejar un espacio en blanco, igual o menor al ocupado por una cifra, pero mayor al dejado normalmente entre las cifras. Ejemplo: 2 425 856,035 25.
- En la escritura de un número que tiene parte decimal se emplea la coma para separar la entera de la decimal. Ejemplo:

4,50 m – 0,578 5 kg – 25,20 A – 1.325.658,453 45 s

- Para el orden de numeración grande, se sigue la -regla 6N- (potencia de 10 múltiplos de 6), que establece las siguientes equivalencias:

1 millón	10^6
1 billón	10^{12}
1 trillón	10^{18}
1 cuatrillón	10^{24}
1 quintillón	10^{30}

- La primera cifra a la izquierda de la coma decimal tiene, como valor posicional, el de la unidad en la que se expresa el número. Ejemplo:

34,50 m	La cifra 4 indica metros
0,25 N	La cifra 0 indica newton
1,18 m	La cifra 1 indica metros

El símbolo de la unidad en la que se expresa el número debe ser escrito luego del valor numérico completo, dejando un espacio.

- Si un símbolo que contiene un prefijo está afectado por un exponente, éste afecta toda la unidad.

$1\ cm^2 = (0{,}01m)^2 = 0{,}0001\ m^2$
$1\ \mu s^{-1} = (10^{-6}s)^{-1} = 10^6 s^{-1}$

5.1.4 Uso de los prefijos

- Todos los nombres de los prefijos del SI se deben escribir con letra minúscula. Ejemplo: kilo mega mili micro.
- Los símbolos de los prefijos para formar múltiplos se escriben con letra latina mayúscula, salvo el prefijo kilo, que por convención se escribe con letra (k) en minúscula. Ejemplo:

Prefijo	Símbolo
exa	E
giga	G
mega	M
Kilo	k

- Los símbolos de los prefijos para formar los submúltiplos se escriben con letra latina minúscula, salvo el símbolo del prefijo micro, para el que se usa la letra griega mu minúscula (μ).

Prefijo	Símbolo
Mili	m
micro	μ
nano	n
pico	p

- Los múltiplos y submúltiplos de las unidades de medida se forman anteponiendo, sin dejar espacio, los nombres o símbolos de los prefijos a los nombres o símbolos de las unidades. La excepción es la unidad de masa. Ejemplo:

Unidad	Símbolo
kilómetro	km
miliampère	mA
megavolt	MV

- Los múltiplos y submúltiplos de medida de masa se forman anteponiendo los nombres o símbolos de los prefijos a la palabra gramo. Ejemplo:

Unidad	Símbolo
megagramo	Mg
kilogramo (unidad de base)	kg
gramo	g
Miligramo	mg
microgramo	μg

No se usarán dos o más prefijos delante del símbolo o nombre de una unidad de medida. Ejemplo:

Correcto	Incorrecto
μm	mmm
nA	mmA
MW	kkW

- Los múltiplos y submúltiplos de las unidades de medida deben ser escogidos de modo que los valores numéricos estén entre 1 y 1000. Ejemplo:

Correcto	Incorrecto
750 km	750.000 m

- Está permitido el uso de los prefijos hecto, deca, deci y centi cuando se trata de unidades de área (m^2) o de volumen (m^3). Para otras magnitudes físicas deben usarse solamente los prefijos preferidos. Ejemplo: 10 dm^3.

5.1.5 Representación del tiempo

El día está dividido en 24 horas, por lo que las horas deben denominarse desde las 00 hasta las 24. El tiempo debe expresarse utilizando dos cifras para los valores numéricos de las horas, los minutos y los segundos, separados de los símbolos de estas unidades mediante espacios en blanco y de acuerdo con el siguiente orden: hora, minuto, segundo. Ejemplo:

12 h 05 min 30 s
00 h 30 min 05 s
18 h 00 min 45 s

Correcto	Incorrecto
13 h 00	1 pm, 1 de la tarde
06 h 00	6 am, VI de la tarde
10 h 45	10 y 45 am o 15 para las 11
3 h 30	3 y 30 am o 3 y media de la mañana

5.1.6 Representación de la fecha en forma numérica

Para expresar el año se deben utilizar cuatro cifras, las cuales se escriben en bloque. Cuando no exista riesgo de confusión podrán usarse sólo dos cifras. Ejemplo:

1998 o 98
1999 o 99

Se utilizarán dos cifras para representar los días y los meses. Al escribir la fecha completa se representará el orden siguiente: año, mes, día y se usará un guion para separarlos:

15 de octubre de 1995	1995-10-15 o 95-10-15
2 de junio de 1998	1998-06-02 o 98-06-02
24 de mayo de 2007	2007-05-24 o 07-05-24

La tabla 5.13 resume la evolución del SI en la promulgación de las unidades fundamentales de las magnitudes de medida, por parte de la Conferencia General de Pesas y Medidas (CGPM) y del Comité Internacional de Pesas y Medidas (CIPM).

Tabla 5.13
Evolución del sistema internacional de unidades

Año	Evento	Unidades
1875	Convención del metro	
1889	1.a CGPM	Prototipos del metro y del kilogramo; segundo astronómico
1948	9.a CGPM	ampère y candela
1954	10.a CGPM	Kelvin
1956	CIPM	segundo: s
1960	11.a CGPM	Promulgación del SI
1971	14.a CGPM	Mole

Las definiciones de las unidades fundamentales se han revisado durante estos 50 años para corresponder a los desarrollos de las bases experimentales de la metrología y asegurar su coherencia. En el momento se desarrollan planes activos para revisar las definiciones de cuatro de las siete unidades fundamentales del sistema internacional de unidades SI: el kilogramo, el ampère, el kelvin y el mole (kg, A, K, mol).

Éste será conocido como el "nuevo SI", con la particularidad de que estas cuatro nuevas unidades fundamentales se definirán en función de constantes universales de la naturaleza, tales como la constante de Planck, la carga del electrón, la constante de Boltzmann y la constante de Avogadro: *h, e, k* y *NA,* respectivamente.

Los institutos nacionales de metrología realizan esfuerzos coordinados mundialmente por la Oficina Internacional de Pesas y Medidas (BIPM) con el fin de presentar el nuevo SI.

En el caso del mole resulta muy especial que su actual definición incluya una dependencia con otra unidad fundamental, el kilogramo (kg): "El mole es la cantidad de sustancia en un sistema que contiene tantas unidades básicas como átomos en 0,012 kg de carbón 12". Así, la definición del mole implica determinar la masa o "pesar" 0,012 kg de carbón.

El camino elegido para la redefinición del mole es el de establecer el valor de la constante de Avogadro: "El mole es la cantidad de sustancia de un sistema que contiene 6,022 141 5 × 1023 unidades elementales". Así se pasaría a un problema distinto, el de la determinación exacta de la constante de Avogadro y sus respectivas objeciones, como la de que ésta no tiene mayor significado físico y simplemente se toma como unidad conveniente de uso, pero también sus respectivas defensas: que es realmente una constante de la naturaleza y sólo su valor numérico está elegido arbitrariamente, lo que es justamente el tema de los actuales proyectos de investigación a escala mundial. Con ello se gana en una definición clara y "directa": el mole es un número.

La separación del mole del kilogramo está en concordancia con las actuales tendencias y desarrollos de la química analítica moderna, que constituyen los fundamentos de la metrología química.

En química analítica, el proceso de medición involucra dos operaciones: identificar y contar. Inicialmente, identificar el mensurando (la magnitud que se desea medir), y después determinar cuántas veces está en el compuesto de interés. El proceso de contar se realiza por la comparación numérica con un patrón o un material de referencia.

La metrología química es clave en el desarrollo de campos de investigación de gran impacto como la microbiología, las ciencias forenses, la nanotecnología, los análisis clínico-biológicos usados para la determinación de efectos fisiológicos de múltiples compuestos como en el caso de la polución medioambiental.

La Superintendencia de Industria y Comercio (SIC) no es ajena a todos estos desarrollos y está actualizando permanentemente la formación de sus funcionarios y estableciendo planes de crecimiento en nuevas áreas de la medición como la metrología química. De tal forma, se prepara para prestar un mejor servicio al país en el campo de la metrología científica, industrial y legal, y servir de puente a la innovación y la competitividad nacional.

5.2 Metrología legal en Colombia

Con el Decreto 2269 de 1993[18] se organizó el Sistema Nacional de Normalización, Certificación y Metrología como el Subsistema Na-

18. Decreto 2269 de 1993 (16 de noviembre), *Diario Oficial,* N.° 41.110.

cional de la Calidad en Colombia, mediante el cual se especificaban los lineamientos para desarrollar las actividades de "expedición de reglamentos técnicos, normalización, acreditación, designación, evaluación de la conformidad y metrología".

El 5 de agosto del 2014, el Ministerio de Comercio, Industria y Turismo emitió el Decreto 1471, por el cual se reorganiza el Subsistema Nacional de la Calidad y se modifica el Decreto 2269 de 1993, especificando claramente la importancia en el país de garantizar los procesos de medición, promover en los mercados la seguridad, calidad, confianza, innovación, productividad y competitividad de los sectores productivos e importadores de productos, proteger los intereses de los consumidores, facilitar el acceso a mercados y el intercambio comercial, proteger la salud y la vida de las personas, al igual que los animales y la preservación de los vegetales, proteger el medio ambiente y la seguridad nacional y prevenir las prácticas que puedan inducir a error al consumidor.

El 5 de agosto de 2015, el Ministerio de Comercio, Industria y Turismo emitió el Decreto 1595, por el cual se dictan normas relativas al Subsistema Nacional de Calidad, destacando igualmente la importancia de unos lineamientos claros de una Política Nacional de Calidad para los procesos de medición en el país.

La metrología legal debe ejercer su acción para asegurar el acceso a patrones adecuados para las unidades de base, verificar que los equipos usados en el comercio diario y los procedimientos de medición en uso sean correctos, y comprobar resultados de medición cuando esté en juego el interés público. La metrología legal se hace sentir en el comercio y la protección al consumidor, la salud y la seguridad de las personas, la conservación del medio ambiente y en el actuar de las empresas productoras de bienes y servicios. Sus acciones pueden ser ejecutadas directamente por una entidad de metrología legal o ser parcialmente delegadas dentro del sistema nacional de metrología.

La medición es la operación por medio de la cual se establece cuántas veces una magnitud contiene a otra de las mismas características, denominadas unidad. Pero para darle validez a la medición es necesario que esta unidad tenga reconocimiento legal.

En la sección 14. "Metrología legal" del Decreto 1595 de 2015, en el artículo 2.2.1.7.14.1. "Autoridades de control metrológico", se contempla que la Superintendencia de Industria y Comercio es la entidad competente para instruir y expedir reglamentos técnicos metrológicos para instrumentos de medición sujetos a control metrológico.

Además, contempla que la Superintendencia de Industria y Comercio y las alcaldías municipales ejercerán control metrológico directamente o con apoyo de organismos autorizados de verificación metrológica u organismos evaluadores de la conformidad, en el territorio de su jurisdicción. Así mismo, cuando la Superintendencia de Industria y Comercio determine realizar campañas de control metrológico en determinada región del país, coordinara con las autoridades locales las verificaciones e inspecciones que se estimen más convenientes.

El artículo 2.2.1.7.14.3 contiene los instrumentos sometidos a control metrológico. Éstos son: los usados para realizar transacciones comerciales o determinar el precio de servicios; para remunerar o estimar en cualquier forma labores profesionales; los requeridos para prestar servicios públicos domiciliarios; para realizar actividades que puedan afectar la vida, la salud o la integridad física, la seguridad nacional o el medio ambiente; para ejecutar actos de naturaleza pericial, judicial o administrativa; para evaluar la conformidad de productos y de instalaciones y los usados para determinar cuantitativamente los componentes de un producto cuyo precio o calidad dependan de esos componentes.

5.2.1 Estructura general de la metrología legal

Es fundamental estructurar la metrología legal como un sistema completo; la práctica ha sido solucionar problemas del diario acontecer. La globalización es un proceso de cambio espacial y temporal que ha modificado las relaciones humanas entre los estados, las regiones y las organizaciones, afectando todas las esferas de la actividad humana, económica, política, militar, cultural, tecnológica, entre otras. La globalización avanza de la mano del reconocimiento del papel de la ciencia, la tecnología y la innovación en la competitividad y desarrollo de las naciones.

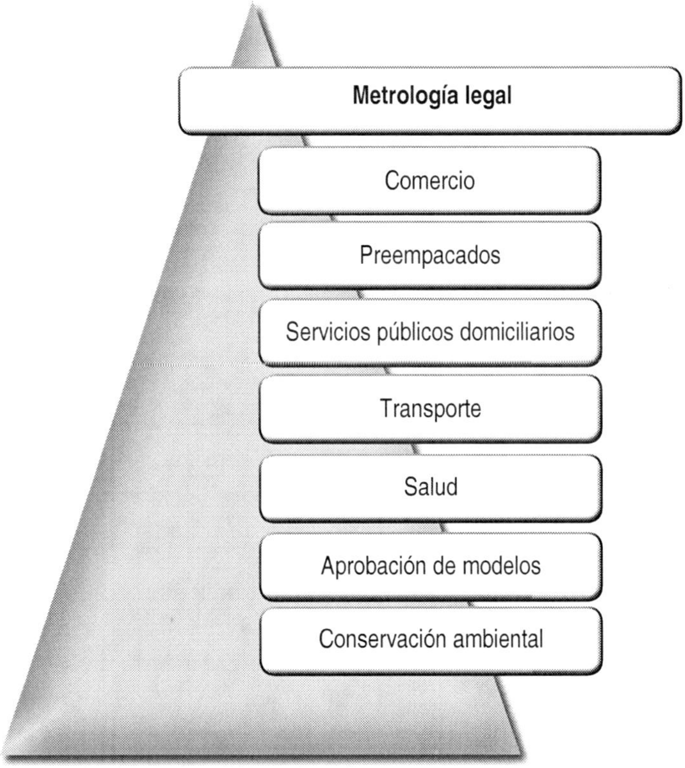

Figura 5.1. Estructura de la metrología legal.

Algunos beneficios son:

- Promover el desarrollo de un sistema armonizado de medidas y análisis de ensayos exactos, necesarios para que la industria sea competitiva.
- Facilitar a la industria las herramientas de medida necesarias para la investigación y desarrollo de campos determinados, con el fin de definir y controlar la calidad de los productos.
- Perfeccionar los métodos y medios de medición.
- Facilitar el intercambio de información científica y técnica.
- Posibilitar la normalización internacional.

La utilización de los sistemas de unidades en Colombia la impone el gobierno, tal como se ilustra en el siguiente organigrama:

5.2.2 Desarrollo de la metrología legal en Colombia

En Colombia, por la Ley 1.ª del 8 de junio de 1853, se adoptó el sistema métrico decimal francés para todos los actos y efectos oficiales, pero se dejó a los particulares la facultad de emplear en sus transacciones las pesas y medidas que considerarán más convenientes.

En abril de 1906, mediante la Ley 33, se estableció con carácter obligatorio el uso del sistema métrico decimal francés en los asuntos oficiales y comerciales y en todos los contratos que tuvieren lugar en el territorio nacional.

Para facilitar el uso común de las pesas y medidas, la Ley 33 de 1906 les permitió a los particulares usar otras medidas con denominaciones especiales tales como la tonelada, el quintal, la libra, la vara, la yarda, la legua, la fanegada y el almud, y estableció al mismo tiempo las equivalencias de las mismas.

La política de permitir la utilización simultánea de medidas métricas y no métricas dio como resultado que en algunos sectores continuara arraigándose el uso de unidades ajenas al sistema métrico. Entre estos sectores se pueden anotar, como ejemplo, los relacionados con la comercialización de bienes raíces, textiles, lubricantes y combustibles.

Para solucionar esta situación, en 1967 se expidió el Decreto 1731, mediante el cual se adoptó como obligatorio el sistema métrico y facultó al entonces Ministerio de Fomento para reglamentar la implantación.

Con base en lo anterior, con decretos reglamentarios se estableció el uso del sistema métrico en diversas actividades comerciales como las transacciones de bienes raíces y textiles. En este último se logró la implantación total del sistema.

Para facilitar la utilización correcta del sistema internacional de unidades (SI), el Instituto Colombiano de Normas Técnicas y Certificación (Icontec) adoptó en 1974 la norma internacional ISO 1000 como colombiana.

Algunas fechas que han marcado el desarrollo del sistema internacional de unidades son:

- En 1853 se da la adopción del sistema decimal francés para efectos oficiales.
- Ley 33 de 1905: "El sistema legal de unidades es el sistema métrico decimal francés".
- En 1906 se implanta el uso obligatorio del sistema decimal francés para asuntos oficiales y comerciales.
- En 1931 se fijan las regulaciones para aspectos complementarios como tolerancias para patrones y equivalencias.
- En 1967 se establece el sistema internacional de unidades.
- Decreto 1731 de 1967 y Decreto 3464 de 1980: el sistema legal de unidades en Colombia es el sistema internacional de unidades.
- En 1974 se adopta la norma ISO 1000.
- En 1993, el Decreto 2269 hace referencia al Sistema Nacional de Normalización, Certificación y Metrología.
- En 1995, mediante la Ley 005 se hace de uso obligatorio el SI en todo el territorio colombiano.
- En agosto de 2015 se emite el Decreto 1595, por el cual se dictan normas relativas al Subsistema Nacional de Calidad.

6 | GESTIÓN METROLÓGICA

La gestión es conocida como la acción de administrar. La gestión metrológica consiste en la administración eficiente y eficaz de las medidas requeridas en los procesos, productos o servicios de cualquier empresa productora.

Algunos pasos importantes para tener presentes en la gestión metrológica en la empresa se ven expresados en el siguiente flujograma (figura 6.1).

Cuando los procesos de la gestión metrológica son llevados a cabo en forma eficiente garantizan:

- Realizar las medidas críticas e importantes en cada etapa del proceso productivo de la organización.
- Identificar los equipos de medición y control adecuados.
- Contar con un sistema operador-instrumento apropiado.
- Conocer los errores aleatorios y sistemáticos.
- Lograr que el riesgo del consumidor sea conocido y controlado.
- Brindar confianza e información sobre la variabilidad del proceso de producción.
- Asegurar la continuidad y el autocontrol de un sistema de gestión de las mediciones.

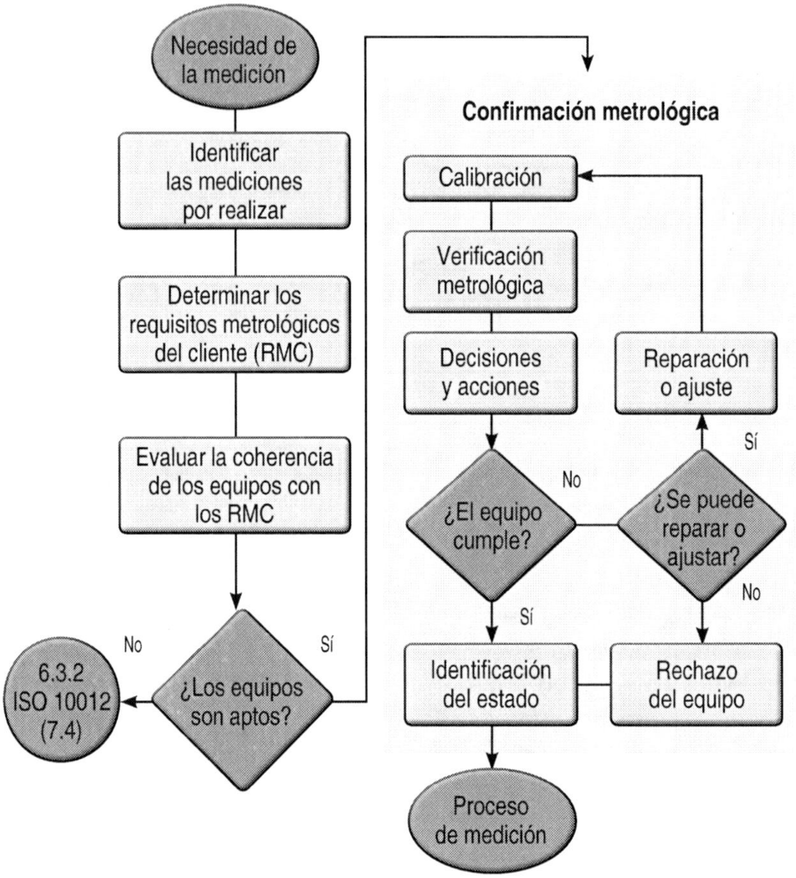

Figura 6.1. Confirmación metrológica.

Fuente: Memorias de pasantías en metrología SIC.

Dentro de la gestión con los procesos, productos o servicios de cualquier empresa, es importante estar seguros de que los equipos de medición y control con los cuales se toman las medidas estén en óptimas condiciones. Allí surge la importancia de implementar la gestión metrológica. En la norma NTC-ISO 10012 se presenta de forma clara y precisa la confirmación metrológica en tres procesos fundamentales: calibración, verificación metrológica, decisiones y acciones por tomar (figura 6.2).

El sistema de medición de una empresa son los ojos por medio de los cuales se observa la calidad. Si no se cuenta con un sistema de

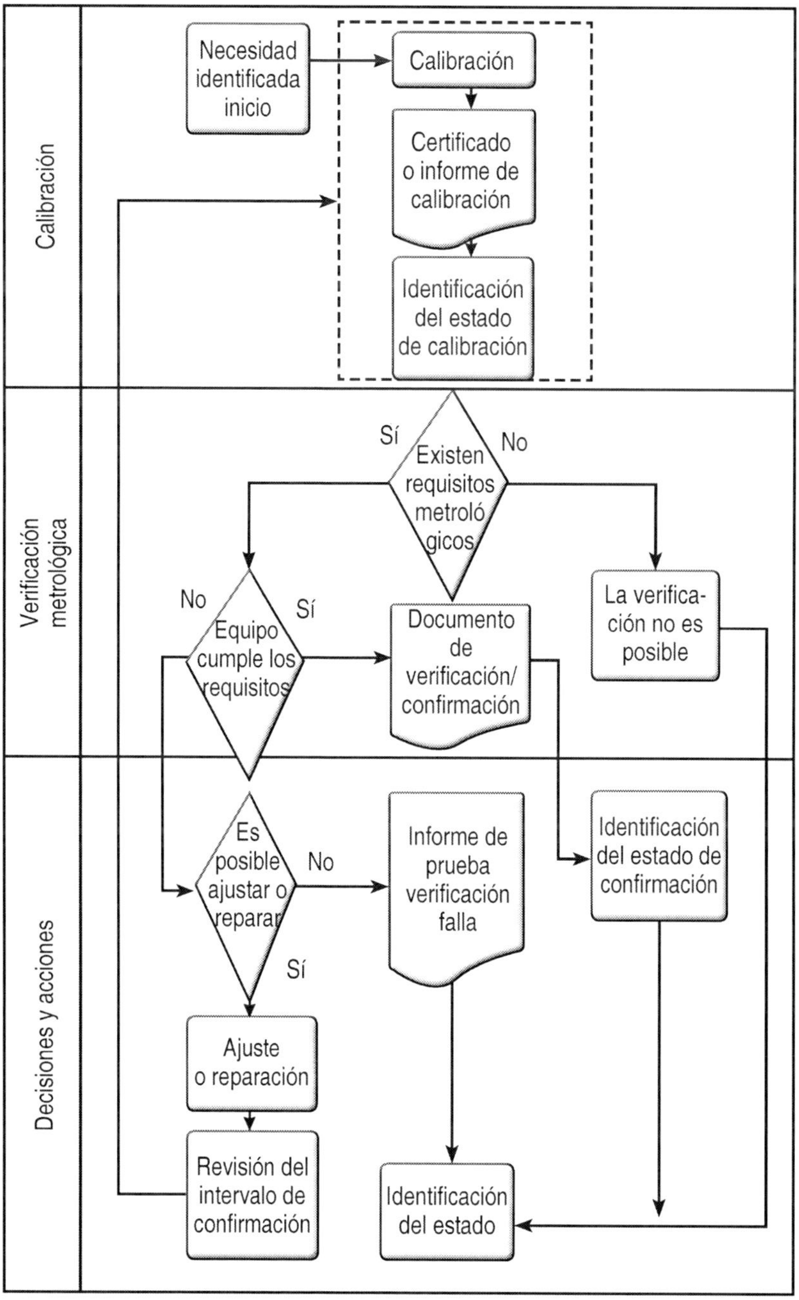

Figura 6.2. Proceso de la confirmación metrológica.

Fuente: Norma NTC-ISO 10 012: 2003.

medición confiable, nunca se podrá saber si se produce con calidad hasta que el cliente rechace el producto. Un concepto global de la medición se puede representar como se muestra en la figura 6.3.

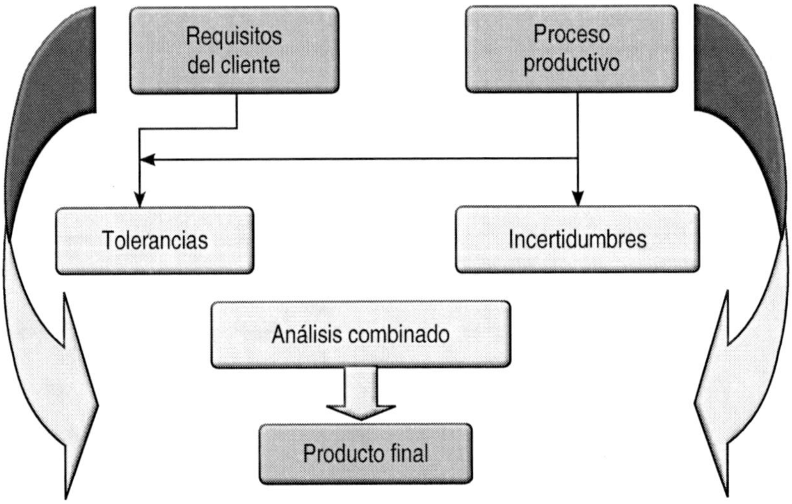

Figura 6.3. Concepto global de la medición.

6.1 Etapas básicas de la gestión metrológica

El análisis de necesidades se basa en seis preguntas fundamentales:

1. ¿Cuáles son las necesidades industriales?

¿Qué se debe medir y con qué exactitud?

Se debe tener claridad sobre las especificaciones requeridas del proceso o producto, cuáles son las necesidades requeridas por el cliente y cuáles las de la industria; qué se debe medir y con qué, con qué frecuencia y exactitud.

2. ¿Cómo satisfacer esas necesidades?

¿Cuáles son los medios de medida posibles?

La empresa debe determinar las mediciones por hacer y el grado de exactitud que requieren; seleccionar adecuadamente los medios de medición más confiables que le permitan dar con certeza la cantidad requerida por el cliente.

3. ¿Qué método emplear?

¿Cuáles serán los métodos y principios adoptados?

La empresa debe tener métodos diseñados, evaluados, documentados y validados que le permitan realizar las mediciones que aseguren la calidad del producto.

4. ¿Cuáles son los equipos de medición y control adecuados?

¿Qué instrumento se van a utilizar?

Se debe hacer un buen diagnóstico para saber cuál es la instrumentación adecuada, su manejo, su calidad y el mantenimiento requerido, con el fin de realizar las mediciones en forma correcta y segura.

5. ¿Cómo utilizar esos equipos?

¿Qué procedimiento se utilizará?

La empresa debe determinar y validar los métodos adecuados para realizar las mediciones de forma tal que no se vea afectado el producto. Estos métodos deben ser claros, precisos y seguros.

6. ¿Cómo se van a garantizar las mediciones?

¿Qué competencias debe tener el personal involucrado y cuáles serán las condiciones óptimas para realizarlas?

Las mediciones se deben garantizar teniendo los equipos de medición y control adecuados, el personal capacitado y competente para realizar las mediciones; los métodos claros para garantizar todos los procesos de medición y las condiciones ambientales óptimas y requeridas que no alteren las mediciones finales de los procesos o productos.

6.2 Requerimientos según normas

Las normas que fijan los requisitos para la implementación e implantación de sistemas como los de gestión de la calidad, administración ambiental y de seguridad y salud ocupacional, contemplan las obligaciones por cumplir en lo referente a la gestión metrológica en la empresa.

Norma NTC-ISO 9001: 2015

Numeral 7.1.5 Recursos de seguimiento y medición

En este numeral, esta nueva versión de la norma contiene para el equipo de medición lo siguiente:

7.1.5.1 Generalidades

La organización debe determinar y proporcionar los recursos necesarios para asegurar la validez y fiabilidad de los resultados cuando se realice el seguimiento o la medición para verificar la conformidad de los productos y servicios con los requisitos.

La organización debe encargarse de que los recursos proporcionados:

- Sean apropiados para el tipo específico de actividades de seguimiento y medición realizadas.
- Se mantengan, de modo que se asegure de la idoneidad continua para su propósito.

La organización debe conservar la información documentada apropiada como evidencia de que los recursos de seguimiento y medición son idóneos para su propósito; y debe mantener registros de los resultados de la calibración y la verificación.

7.1.5.2 Trazabilidad de las mediciones

Cuando la trazabilidad de las mediciones es un requisito, o es considerada por la organización como parte esencial para proporcionar confianza en la validez de los resultados, el equipo de medición debe:

- Calibrarse o verificarse, o ambas, a intervalos especificados, o antes de su utilización, contra patrones de medición trazables a patrones de medición internacionales o nacionales; cuando no existan tales patrones, debe conservarse como información documentada la base utilizada para la calibración o la verificación.
- Identificarse para determinar su estado.
- Protegerse de ajustes, daño o deterioro que pudieran invalidar el estado de la calibración y los posteriores resultados de la medición.

La organización debe determinar si la validez de los resultados de medición previstos se ha visto afectada de manera adversa cuando el equipo de medición se considere no apto para su propósito previsto, y tomar las acciones adecuadas cuando sea necesario.

Norma NTC-ISO 10 012:2003

Esta norma puede ser consultada a modo de orientación, con el fin de complementar la gestión metrológica de la empresa.

Esta norma internacional especifica requisitos genéricos y proporciona orientación para la gestión de los procesos de medición y confirmación metrológica del equipo de medición utilizado para apoyar y demostrar el cumplimiento de requisitos metrológicos. Especifica los requisitos de gestión de la calidad que pueden ser utilizados por una organización como parte de su sistema de gestión global, y para asegurar que se cumplen los requisitos metrológicos.

Norma NTC-ISO-IEC 17 025:2005

Esta norma especifica los requisitos generales de competencia para llevar a cabo ensayos o calibraciones, incluyendo el muestreo. Cubre la ejecución de ensayo y calibración empleando métodos normalizados, métodos no normalizados y métodos desarrollados por el laboratorio.

Esta norma es aplicable a todas las organizaciones que realizan ensayos o calibraciones. Éstas incluyen, por ejemplo, los laboratorios de primera, segunda y tercera parte, y aquellos en los que el ensayo o la calibración forman parte de la inspección y certificación del producto. Es aplicable a todos, sin importar el número de personas o la extensión del alcance de las actividades de ensayo o calibración. Cuando un laboratorio no desempeña una o más de las actividades que cubre esta norma, tales como muestreo y diseño o desarrollo de nuevos métodos, los requisitos de esos numerales no se aplican.

La norma NTC-ISO-IEC 17025 la usan los laboratorios en el desarrollo de sus sistemas de calidad, administrativo y técnico que rige sus operaciones. De igual manera, los clientes de los laboratorios, las autoridades regulatorias y los organismos de acreditación pueden utilizarla con el fin de confirmar o reconocer la competencia de los laboratorios.

Si los laboratorios de ensayo y calibración cumplen con los requisitos establecidos en esta norma, podrán operar un sistema de calidad para sus actividades de ensayo y calibración. También cumplen con los requisitos de la norma NTC-ISO 9001 cuando se comprometen con el diseño y desarrollo de nuevos métodos o desarrollan programas de ensayo combinando métodos de ensayo y calibración normalizados y no normalizados.

Equipo de medición: el numeral 5.5 de la norma NTC-ISO-IEC 17025 contempla los siguientes aspectos con respecto al equipo de medición:

El laboratorio debe equiparse con todos los elementos de muestreo, equipo de medición y ensayos requeridos para el correcto funcionamiento de los ensayos o calibraciones (incluyendo el muestreo, preparación de elementos de ensayo o calibración, procedimiento y análisis de datos de ensayo o calibración). En aquellos casos en los que el laboratorio requiera emplear equipo fuera de su control permanente, deberá asegurar que se cumplan los requisitos de la NTC-ISO- IEC 17025.

El equipo y su software para ensayo, calibración y muestreo debe ser capaz de alcanzar la exactitud requerida y cumplir con las especificaciones pertinentes a los ensayos o calibraciones en cuestión. Se deben establecer programas de calibración para cantidades o valores de los instrumentos claves en los cuales dichas propiedades tengan un efecto significativo sobre los resultados. Antes de ponerlo en servicio, se debe calibrar o revisar el equipo (incluyendo el empleado para muestreo), a fin de establecer si reúne los requisitos de las especificaciones del laboratorio y si cumple las especificaciones normalizadas pertinentes.

Personal

Los equipos deben ser operados por personal autorizado. Las instrucciones actualizadas sobre su uso y mantenimiento del equipo (incluyendo cualquier manual pertinente suministrado por el fabricante), deben encontrarse fácilmente disponibles para el personal del laboratorio.

Calibración

Se debe calibrar todo equipo empleado para ensayos o calibraciones, incluyendo el de mediciones secundarias (por ejemplo, para condiciones ambientales), que tengan un efecto significativo sobre la exactitud o validez del resultado del ensayo, calibración o muestreo, antes de ponerlo en servicio. El laboratorio debe tener establecido un programa y procedimiento para la calibración de estos equipos.

Trazabilidad

Las calibraciones deben realizarse contra patrones trazables a escala nacional o internacional.

Norma NTC 18001:2007

En la nueva versión de la norma de 2007, el numeral que contiene lo relacionado con el equipo de medición es el 4.5.1

Norma NTC – ISO 14001:2015

El numeral 9.1 Seguimiento, medición, análisis y evaluación, contiene lo relacionado con el equipo de medición.

7 ETAPAS BÁSICAS DEL ASEGURAMIENTO METROLÓGICO

7.1 Determinación de las mediciones críticas e importantes

Es necesario conocer el proceso productivo y el impacto que tiene cada fase del proceso, producto o servicio que recibe el cliente. Las mediciones críticas están asociadas a los equipos con los cuales se toman medidas, y no a los que realizan procesos.

Ejemplo

En un proceso de preparación de pinturas los equipos utilizados pueden ser agitadores o mezcladores de insumos. Los equipos requeridos para el control de las variables críticas serían:

- Balanza para controlar peso por litro.
- Termómetro para verificar temperatura.
- Viscosímetro para medir la viscosidad del fluido.
- Tamiz para determinar el porcentaje de residuos o granulometría del producto.

Estos últimos serán los equipos de control metrológico según estudio previo a cada variable identificada. En la determinación de la criticidad de la variable es importante contemplar aspectos como:

- Importancia de la medición, incidencia de ésta para el resultado final.
- Rangos de medición o de control.
- Intervalos de tolerancia permisibles.
- Errores máximos permisibles.
- Incertidumbres de la medición.
- Condiciones ambientales del lugar donde se realiza la medición.
- Equipos de medición utilizados.
- Frecuencias de uso de los equipos.
- Rango de los equipos de medición (capacidad máxima).
- Resolución de los equipos de medición.
- Nivel de apreciación.
- Competencias del personal involucrado con la medición.
- Condiciones requeridas de operación de los equipos.
- Severidad de uso de los equipos.
- Información técnica como: marca, serie o modelo del equipo (si se requiere).

Un sistema de aseguramiento metrológico se diseña para garantizar la reproducibilidad de las mediciones, y su objetivo fundamental es dar a la administración la garantía de que se están realizando mediciones confiables, soportadas por un control de los equipos de medición; la aptitud del operario para la toma de medidas y el empleo de un método apropiado. Como resultado de esta estructura se obtiene un valor de una característica bien definida y conocida como la magnitud que será medida.

En el proceso productivo se encuentra gran cantidad de magnitudes susceptibles de ser cuantificadas y que, según los resultados obtenidos, implicarán la toma de decisiones. Así, pues, se observa que durante el proceso productivo algunas variables tienen un efecto más trascendental que otras. Es aquí donde un sistema de aseguramiento metrológico sugiere una evaluación exhaustiva, puesto que su definición es el punto de partida para tareas como la selección del equipo de medida, la definición del método de medición y la capacitación del operario.

Existen variables cuyo nivel de criticidad es obvio; otras hacen que se presenten dudas sobre si deben ser medidas. Definir si una variable es crítica o no es una tarea que debe ser resuelta conjuntamente entre las personas que participaron en el diseño del producto, los metrólogos y los operarios. En algunas ocasiones la criticidad no es lo suficientemente clara y su definición se hace por ensayo y error en el proceso; lo recomendable es tratar de no llegar a estas situaciones.

Lo común en el medio es encontrar organizaciones en las que el proceso productivo carece de la documentación formal de variables críticas y las mediciones se hacen por sugerencia del departamento de diseño y por necesidades que han surgido en la fase productiva.

Actualmente, las exigencias del cumplimiento de normas internacionales como las ISO 9000 hacen que se reflexione sobre estas "no conformidades". Los numerales correspondientes a la metrología enfatizan en la selección de variables y equipos que dicen: El proveedor debe determinar las mediciones por hacer y la precisión requerida, seleccionar el equipo adecuado de medición, inspección y ensayo, capaz de dar la exactitud y precisión necesarias.

Una primera etapa de decisión de si una variable es crítica o no se hace formulándose preguntas como las siguientes.

- ¿Debe medirse esta variable todo el tiempo?
- Si no se controla esta variable, ¿se ve afectada la calidad del producto o el proceso productivo?
- ¿Las condiciones fuera de tolerancia obligan a reprocesar?
- ¿Las condiciones fuera de tolerancia ponen en peligro la integridad de las personas, de la planta o de los equipos?

Respuestas afirmativas en alguna de estas preguntas dan idea de que ésta es una variable a la que hay que prestarle atención y debe garantizarse su evaluación con una frecuencia que ha de ser definida y documentada.

Un método más elaborado define ponderaciones a los criterios de evaluación y una calificación como respuesta a cada una de ellas. La sumatoria de los productos de la ponderación y la calificación es una medida del grado de criticidad de la variable.

Tabla 7.1
Variables críticas

Variable por controlar: Longitud (diámetro interno de una galga) Ref.: 05 Código: 005			
Ponderación	**Criterios de evaluación**	**Calificación**	**Total**
5	Exigencia de diseño	5	25
10	Afecta la calidad del producto	1	10
7	La especificaciones fuera de tolerancia afectan el proceso	0	0
6	Las especificaciones fuera de tolerancia pueden ser destructivas	0	0
9	Las especificaciones fuera de tolerancia afectan el desempeño del producto	3	27
3	La medición no es tan relevante	5	15
	Grado de criticidad		77

Para la tabla 7.1, considerando como nota máxima cinco, se tendría una escala del grado de criticidad como la siguiente:

0 a 25	No requiere ser medida
26 a 70	Puede ser medida
71 a 140	Debe medirse empleando técnicas de muestreo
141 a 200	Debe medirse siempre

Es posible diseñar métodos de evaluación de la criticidad de las variables que permitan sugerir la implementación de controles estadísticos, si se tiene en cuenta la eficiencia del procedimiento de medida.

La evaluación de la determinación de las mediciones por hacer conduce a la creación de un listado de requerimientos de medición para cada producto que debe contener, como mínimo, la siguiente información:

- Nombre y código del producto o parte de él.
- Identificación (nombre) y código de la variable a medir.
- Tipo de equipo de medición requerido para cada variable.
- Identificación y código del equipo de medida de cada variable.
- Identificación y nombre de quien elabora la lista maestra.

Ejemplo:

Tabla 7.2
Variable: longitud - producto: galga para espesores

Código de la variable	Detalle por controlar	Especificación por controlar	Equipo requerido	Código del equipo
L-01	Diámetro interno	8 mm ± 0,5 mm	Micrómetro	M-L001
L-02	Diámetro externo	15,5 mm ± 0,8 mm	Pie de rey	M-L002
L-03	Altura total	30 mm ± 1 mm	Pie de rey	M-L001

La lista anterior puede ser elaborada por el departamento de diseño o producción, o por el responsable del proceso, y debe ser complementada por el metrólogo para que la empleen los operadores de los equipos durante el proceso productivo. Los operadores están obligados a emplear el instrumento asignado, debidamente identificado, para evitar que las mediciones de las variables seleccionadas se hagan con instrumentos no apropiados.

7.2 Proceso de medición

En la práctica, la medición de un objeto consiste en realizar una secuencia de pasos u operaciones que dan como resultado un valor numérico que representa la cantidad de cierta propiedad del objeto medido, o mesurado. La medida es, por lo general, una operación repetitiva, por lo que puede considerarse como un proceso de producción en el cual el producto está conformado por los números asignados al objeto medido (figura 7.1).

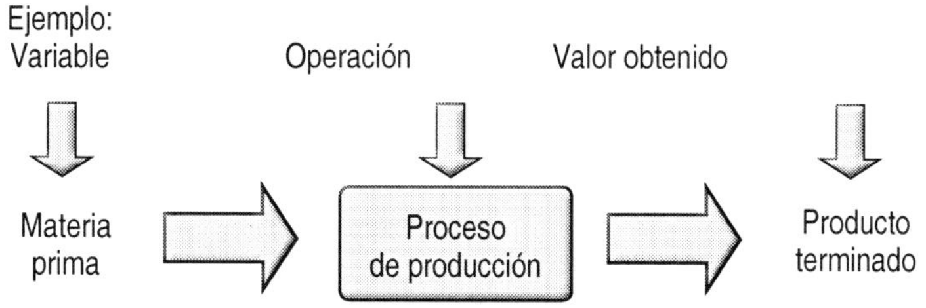

Figura 7.1. Proceso de medición.

Un método o procedimiento de medición está definido por un conjunto de instrucciones que especifica los equipos y accesorios que deben utilizarse, las operaciones y secuencia en que éstas deben llevarse a cabo, y las condiciones en las cuales debe desarrollarse este método.

Un proceso de medición es la realización de un método de medición en términos de equipos y aparatos particulares, condiciones especiales y operadores.

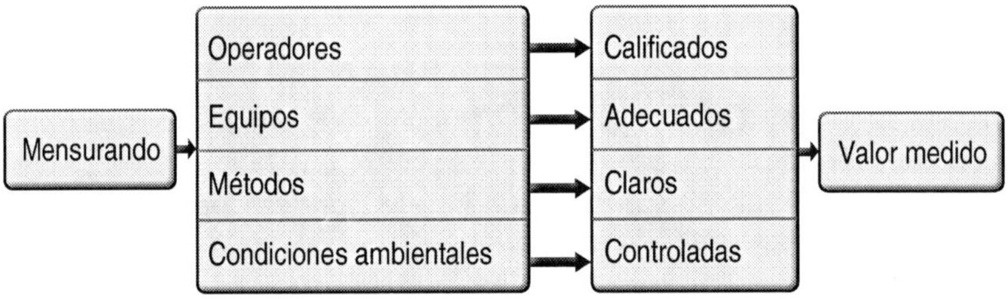

Figura 7.2. Ejemplo de proceso de medición.

La medición informa sobre una propiedad de algo. Puede dar información sobre qué tan largo es un objeto, así como qué tan caliente o pesado es. La medición proporciona una cantidad o valor de la magnitud que se está sometiendo a medición y se puede expresar numéricamente.

La medición siempre se realiza utilizando algún equipo de medición, no debe suponerse, imaginarse o inventarse. Debe realizarse seriamente el proceso de medición y utilizar los equipos correspondientes según la magnitud por medir, como calibradores, pie de rey, comparadores de carátula, micrómetros, balanzas o básculas, termómetros, viscosímetros, etc. Existen algunos procesos que parecen ser mediciones pero no lo son. Comparar dos pedazos de tela para determinar cuál es más largo no constituye realmente una medición. Los ensayos no siempre son una medición; normalmente, originan una respuesta "sí o no" o un resultado "aprobó o falló". No obstante, la medición puede formar parte del proceso que lleva al resultado del ensayo.

7.3 Teoría de errores

Error de medición. Algunas veces la palabra error se asocia con una equivocación. Sin embargo, cuando se utiliza en mediciones, el error es la diferencia entre el valor medido y el valor verdadero de la magnitud concerniente, y se le conoce como error absoluto de medición.

El valor verdadero de una magnitud es un proceso ideal y, en general, no puede ser conocido exactamente. En su lugar se toma el valor convencionalmente verdadero, considerado como el más cercano al valor verdadero, puesto que la diferencia con respecto a éste no es significativa para el propósito particular.

El valor absoluto está definido de acuerdo con la siguiente ecuación:

$$E_{absoluto} = V_{medio} - V_{verdadero}$$

De acuerdo con sus propiedades, el error en la medición está clasificado en sistemático, que proviene de una fuente constante y siempre presente, y aleatorio, que proviene de una fuente en constante fluctuación.

Error sistemático. Es un componente del error de medición que permanece constante o varía en forma previsible y regular durante cierto número de mediciones de la misma cantidad, es decir, está presente en el proceso de medición. El error sistemático observado y estimado puede ser eliminado de la medición por medio de una corrección. No obstante, es imposible eliminarlo totalmente y siempre queda un remanente en el resultado de la medición.

Error aleatorio. Para definirlo, supóngase que se mide la variable de longitud varias veces en la misma cantidad. Si existen diferencias en los resultados de estas mediciones y no se puede predecir la magnitud de éstas o no se encuentra ninguna regularidad en su comportamiento, entonces se tiene presente un error aleatorio.

El error aleatorio es la diferencia entre el valor medido y la medida de un determinado número de mediciones del mismo objeto, llevadas a cabo en las mismas condiciones. El error aleatorio es único y no puede ser duplicado ya que las condiciones de medición no pueden ser duplicadas exactamente.

En otras palabras, se puede decir que el error aleatorio proviene de variaciones impredecibles o estocásticas, espaciales y temporales de algunos factores de influencia.

- El error aleatorio es la diferencia entre un valor y otro.
- El error sistemático es la diferencia entre el error y el promedio de los errores.
- El error sistemático se puede compensar.
- El error aleatorio no se puede compensar.

El error aleatorio se puede identificar realizando mediciones repetidas de la misma cantidad en las mismas condiciones.

El error sistemático se puede valorizar comparando el resultado obtenido con la medición de la misma cantidad, realizada con un método diferente, o utilizando un instrumento de medición más exacto. Sin embargo, el error sistemático generalmente se estima a partir de un análisis teórico de las condiciones de medición, basado en la experiencia y los conocimientos previos del proceso de medición.

La importancia de clasificar el error en estas dos clases estriba en que estos componentes del error de medición se manifiestan de manera diferente y pueden, por lo tanto, ser estimados con diversos métodos.

7.4 Selección de los equipos de medición

En la selección de los equipos para el control de cada variable se deben tener en cuenta los siguientes aspectos:

- Conocer el rango de medición en cada proceso o producto que se controla.
- Conocer los intervalos de tolerancia permitidos.
- Límites de error permisibles.
- Incertidumbre de la medición.
- Frecuencia de medición.
- Posible severidad de uso del equipo.
- Condiciones ambientales donde será operado el equipo.
- Competencias del personal requerido que lo utilizará.

- Condiciones de instalación y operación requeridas.
- Nivel de precisión: entendida como la cercanía del acuerdo entre los resultados independientes, obtenidos en condiciones estipuladas.
- Nivel de exactitud: entendida como la concordancia que existe entre una medición y el valor verdadero convencional.
- Capacidad de trabajo deseada.

7.5 Determinación del rango o escala máxima del equipo de medición

Se debe conocer con precisión cuál es el rango de medición máximo de la variable, con el fin de determinar el rango o capacidad máxima que debe tener el equipo de medición. Por recomendación de los fabricantes, un equipo debe, en la medida de lo posible, tener el doble de capacidad con respecto al rango de medición de la variable. Esto quiere decir que si se requiere controlar la variable peso en un rango de 250 g, el rango del equipo debería ser de 500 g.

Esto no significa que con el equipo seleccionado no puedan medirse otros valores por encima o por debajo del 50 % de su capacidad. Las mediciones más precisas pueden estar cuando se mide entre el 10 y el 90 % de la capacidad máxima del equipo, si éste es de indicación digital, y entre el 25 % y el 75 % cuando el equipo es de indicación analógica.

Una medición realizada en cualquier punto de la escala del equipo, requiere que se haga con equipos debidamente calibrados hasta el 100 % de su escala, incluyendo el punto cero de éste.

7.6 Determinación de la resolución

Para determinar cuál debe ser la resolución apropiada del equipo, o sea su mínima división de escala de medición, se debe conocer cuál es el intervalo de tolerancia permisible en el proceso de medición. Con el propósito de cumplir con los requisitos metrológicos del proceso de medición, se recomienda que la resolución del equipo sea mínimo cuatro (4) y máximo diez veces (10) mejor que la tolerancia permitida en el proceso.

Ejemplo. Si se desean medir 250 g con un intervalo de tolerancia de ± 0,5 g, entonces la resolución ideal del equipo estaría dada por la siguiente ecuación:

$$R = \frac{T}{K}$$

Donde:

R = resolución deseada en el equipo
T = tolerancia del proceso de medición
K = constante (4-10)

La expresión de la medición está dada de la siguiente forma:

250 g ± 0,5 g

Donde la tolerancia es 0,5 g

249,5 g a 250,5 g

El intervalo de tolerancia total es 1,0 g

Resolución del equipo requerido:

$$R = \frac{0{,}5g}{40(k)} = 0{,}1\ g$$

Con esta información, entonces se pueden definir las especificaciones metrológicas del equipo por seleccionar, así:

Equipo: Balanza
Rango: 0-500 g
Resolución: 0,1 g

7.7 Evaluación de la incertidumbre teórica del equipo

La incertidumbre teórica evalúa que la resolución del instrumento de medición es suficientes veces menor que la tolerancia o precisión requerida, para asegurar que el instrumento es capaz de medir el valor que permite establecer la conformidad de la especificación.

La incertidumbre teórica está dada mediante la siguiente ecuación:

$$IT = \frac{T}{R}$$

Donde:

IT = incertidumbre teórica

T = tolerancia del proceso de medición

R = resolución del equipo

Para el ejemplo dado, esto sería:

$$IT = \frac{0,5\cancel{g}}{0,1\cancel{g}} = 5$$

El valor esperado debe encontrarse entre tres (3) y diez (10); una incertidumbre teórica de cinco (5) es viable para el proceso de medición con el equipo. Si el valor supera el diez (10), quiere decir que el equipo seleccionado es de mejor resolución; ello no impide el proceso de medición, pero resulta más costoso su aseguramiento metrológico.

7.8 Evaluación de la capacidad de trabajo como criterio de selección de los equipos de medición nuevos

La capacidad de trabajo de los equipos de medición se debe conocer para saber qué tan apto es el equipo que interviene en el control de la variable que se está midiendo; esto indica la amplitud del equipo de medición en lo referente a precisión y exactitud que debe tener.

La capacidad de trabajo (CT) se determina mediante la siguiente ecuación:

$$CT = 5 \leq \frac{IT}{R} \leq 50$$

Donde:

$$CT = \frac{1\cancel{g}}{0,1\cancel{g}} = 10$$

CT = capacidad de trabajo

IT = intervalo de tolerancia del proceso

R = resolución del equipo

Este análisis de capacidad de trabajo aplica para la selección de equipos nuevos, requeridos para el control de las variables críticas en los procesos productivos.

La capacidad de trabajo para el equipo que se use para medir:

$$250\ \text{g} \pm 0{,}5\ \text{g}$$

$$249{,}5\ \text{g a } 250{,}5\ \text{g}$$

$$0{,}5\ \text{g} + 0{,}5\ \text{g} = 1{,}0\ \text{g}$$

1,0 = intervalo de tolerancia

Lo que significa que el equipo seleccionado cumple con su capacidad de trabajo para el proceso de medición.

La relación mayor o igual a cinco (5), menor o igual a 50 define parámetros para no adquirir equipos de baja precisión cuando el resultado es menor de cinco (5), y para no adquirir equipos muy costosos cuando es mayor de 50; una capacidad de trabajo superior a 50 indica que es un equipo de alta resolución en un proceso que no lo requiere. Esto implica costos altos para la empresa en la compra de equipos y en el aseguramiento metrológico que debe realizarse.

Otro método para determinar la capacidad de trabajo lo propuso Alfredo Elizondo Decanini en su libro *Manual de aseguramiento metrológico industrial,* basado en QS.9000. Capítulo 2. Selección del equipo.

Todo equipo de inspección, medición y prueba, así como los patrones utilizados para su calibración deben ser seleccionados con base en los siguientes aspectos, recordando que no siempre lo mejor o más caro es lo apropiado:

- Capacidad.
- Costo.
- Condiciones críticas de funcionamiento (límites).
- Uso, operación, necesidades de mantenimiento y capacitación al operador.
- Relación de incertidumbre.

El aspecto crítico de los anteriores, afirma Elizondo Decanini, es la definición de la relación de incertidumbre. Se ha establecido por acuerdo internacional que una relación de incertidumbres entre diez (10) y cuatro (4) es apropiada para asegurar, hasta cierto punto, la confiabilidad en las mediciones.

$$4 \leq R \leq 10, \text{ siendo } R = \text{relación de incertidumbre} = Uc / Up$$

Uc = incertidumbre o exactitud de la unidad de medida

Up = incertidumbre del patrón

Para determinar la capacidad de trabajo de los equipos utilizados se debe conocer la incertidumbre de éstos, la cual debe ser reportada por el laboratorio de metrología que realice las calibraciones. Esta capacidad de trabajo podrá determinarse mediante la siguiente ecuación, similar a la propuesta por Elizondo Decanini, pero teniendo en cuenta la incertidumbre del equipo con el cual se realiza la medición, la tolerancia del proceso y una relación de ≤ 3 CP ≤ 10 siendo CT = capacidad de trabajo del equipo.

7.9 Evaluación de la capacidad de trabajo para equipos en uso

Se evalúa la capacidad de trabajo de los equipos en uso después de cada calibración, con el fin de determinar si éste continúa siendo apto para operar en el proceso de medición.

La capacidad de trabajo de un equipo en uso se realiza mediante la siguiente ecuación:

$$CT = 3 \leq \frac{T}{\mu} \leq 10$$

Donde:

CT = capacidad de trabajo

T = tolerancia del proceso

μ = incertidumbre de medición de equipo en su última calibración

Ejemplo:

$$CT = \frac{0{,}5\not{g}}{0{,}102\not{g}} = 5$$

La relación debería dar de 3 ≤ CP ≤ 10, cuando supera en diez (10), entonces significa que la incertidumbre del equipo es más baja; cuando es menor de tres (3) significa que la incertidumbre de medición del equipo ha superado los límites permitidos. Para el ejemplo, el equipo continúa siendo apto para el proceso ya que su capacidad de trabajo se encuentra en cinco (5).

Esta ecuación aplica para determinar la amplitud o capacidad de trabajo de los equipos de medición utilizados en el control de las variables críticas del proceso. La capacidad de trabajo de un equipo en uso se debe calcular después de cada calibración, razón por la cual debe conocerse la incertidumbre de medición del patrón utilizado en la calibración de un equipo de medida.

Se utiliza como criterio de aceptación basado en la relación de la tolerancia (T) de la variable por medir y la incertidumbre (U) del sistema de medida o del equipo patrón utilizado en la calibración.

8 ANÁLISIS DE INCERTIDUMBRE DE LA MEDICIÓN

El mensurando

El propósito de una medición es determinar el valor de una magnitud, llamada mensurando, y que de acuerdo con el vocabulario internacional de metrología (VIM) [2], "es el atributo sujeto a medición de un fenómeno, cuerpo o sustancia que puede ser distinguido cualitativamente y determinado cuantitativamente". La definición del mensurando es vital para obtener buenos resultados de la medición. En no pocas ocasiones se mide algo distinto al propósito original.

La imperfección natural de la realización de las mediciones hace imposible conocer con certeza absoluta el valor verdadero de una magnitud: toda medición lleva implícita una incertidumbre que, de acuerdo con el VIM, es un parámetro que caracteriza la dispersión de los valores que pueden ser atribuidos razonablemente al mensurando. Una definición completa del mensurando incluye especificaciones sobre las magnitudes de entrada relevantes.

El resultado de una medición[19] incluye la mejor estimación del valor del mensurando y una estimación de la incertidumbre sobre ese

19. Centro Nacional de Metrología (Cenam). *Guía para estimar la incertidumbre de medición.* Rev. 1 / Cenam / W. Schmid y R. Lazos / febrero de 2004.

valor. La incertidumbre se compone de contribuciones de diversas fuentes, unas de ellas descritas por las magnitudes de entrada respectivas. Algunas contribuciones son inevitables por la definición del propio mensurando, mientras otras pueden depender del principio de medición, del método y del procedimiento seleccionados para hacerla.

El principio de medición es el fundamento científico usado para realizar una medición. El conocimiento del principio de medición le permite al metrólogo dominar la medición, esto es: modificarla, diseñar otra, evaluar su conveniencia, etc. Además, es indispensable para estimar la incertidumbre de la medición.

El método y el procedimiento de medición son descripciones de la manera de llevar a cabo la medición; la primera es genérica, la segunda específica.

El principio, el método y el procedimiento de medición son determinantes en el valor de la incertidumbre de la medición. Un conocimiento insuficiente de ellos probablemente conduzca a una estimación equivocada o incompleta de la incertidumbre de la medición.

Para la aplicación del procedimiento de medición, se supondrá que el principio, el método y el procedimiento han sido previamente determinados.

La definición del mensurando usualmente alude, de manera implícita, a una estimación de la incertidumbre que se requiere. Es notable el alto riesgo que se corre cuando la definición del mensurando no está acorde con la estimación de la incertidumbre requerida[20].

La incertidumbre de medición son los límites dentro de los cuales se espera que deba encontrarse el valor verdadero de lo que se está midiendo. La incertidumbre de medición es producida por varias causas, tales como:

---

20. *Ibid.*

- Método de medición.
- Errores del observador.
- Influencia de las condiciones ambientales.
- Resolución de los equipos de medición.
- Exactitud de los patrones de referencia utilizados para la calibración.
- Falta de conocimiento del mensurando.

La incertidumbre de la medición es la duda que existe acerca del resultado de cualquier medición. Se podría pensar que equipos de medición bien fabricados como relojes, tornillos micrométricos, cintas métricas, termómetros, reglas, deberían ser confiables y dar respuestas correctas. Para cada medición, aun aquella que se tome con el mayor de los cuidados, siempre existirá un margen de duda.

8.1 Expresión de la incertidumbre de una medición

Siempre existe un margen de duda en toda medición; es necesario conocer qué tan grande es el margen y qué tan mala la duda. Se necesitan dos cantidades para cuantificar la incertidumbre. La primera es el ancho del margen o intervalo, la otra es el nivel de confianza que establece la seguridad de que el valor verdadero está dentro de ese margen.

Ejemplo:

Se tiene una varilla con una longitud de 50 mm más o menos.

1 mm, en un nivel de confianza de 95 %, que se podría expresar así:

50 mm ± 1mm, en un nivel de confianza de 95 %

La declaración afirma que se está un 95 % seguro de que la longitud de la varilla se encuentra entre 49 y 51 mm.

El error con respecto a la incertidumbre.

Es importante no confundir los términos "error" e "incertidumbre".

El error es la diferencia entre el valor medido y el "valor verdadero" del objeto que se está midiendo. La incertidumbre es una cuantificación de la duda que se tiene acerca del resultado de una medición

En la medida de lo posible, se intenta corregir el error, por ejemplo, aplicando correcciones a las indicaciones a partir de los certificados de calibración. Pero un error cuyo valor no se conoce es una fuente de incertidumbre, y ésta debe ser estimada como los valores en los cuales podría estar la medición realizada.

8.1.1 Importancia de la incertidumbre de medición

Se puede estar interesado en la incertidumbre de una medición, simplemente porque se desea hacerla con buena calidad y entender los resultados. Existen, sin embargo, otras razones particulares para considerar la incertidumbre de una medición.

Se pueden realizar mediciones como parte de:

- Una calibración, en la que es necesario reportar la incertidumbre de medición en el respectivo certificado.
- Un ensayo, para determinar la incertidumbre de medición y aprobarlo o fallarlo.
- Una serie de mediciones para determinar el valor promedio de cualquier objeto medido y su posible desviación de los valores obtenidos.

Antes de decidir si se satisface o no la tolerancia, es necesario conocer la incertidumbre.

8.2 Estadística básica en conjunto de números

Medir tres veces. Esto significa que se puede reducir el riesgo de cometer un error en la medición revisando la medición dos o tres veces antes de proseguir. Es prudente repetir toda medición al menos dos veces. Hacer sólo una implica que el error podría pasar completamente inadvertido. Si se realizan dos mediciones y no concuerdan, aún no se sabrá qué anda mal. Pero si de tres, dos concuerdan, y la tercera es muy diferente, entonces se puede sospechar de ésta.

Así, como salvaguarda contra errores grandes o error de operador, es sensato realizar mínimo tres intentos en toda medición. Pero la incertidumbre de una medición realmente no se relaciona con el error del operador. En ocasiones pueden existir otras razones para repetir las mediciones.

8.2.1 Cálculo de estadística básica

Se puede incrementar la información que se obtiene de las mediciones tomando una cantidad de lecturas y llevando a cabo algunos cálculos de estadística básica. Los dos cálculos estadísticos más importantes son el promedio o media aritmética y la desviación estándar para un conjunto de número.

8.3 Obtención del estimado óptimo tomando el promedio de varias lecturas

Al realizar mediciones repetidas se pueden obtener respuestas diferentes, lo cual no quiere decir que se esté haciendo algo incorrecto. Ello se puede deber a las variaciones naturales en lo que está sucediendo (por ejemplo, si se mide la velocidad del viento al aire libre, a menudo, no existirá un valor estable). También puede ser que el instrumento de medición no se comporte de forma estable (por ejemplo, las cintas métricas se pueden estirar y dar resultados diferentes).

Cuando se presenta variación en las lecturas, cuando ellas se repiten, es mejor tomar varias lecturas y obtener un promedio, que proporciona un estimado del valor verdadero.

Cuantas más mediciones se realicen, mejor es el valor estimado que se obtendrá. Lo ideal sería encontrar el valor medio a partir de un conjunto infinito de valores. Si se usan más resultados, más cerca se estará del estimado ideal del valor medio. Utilizar varias mediciones exige un esfuerzo adicional y produce una disminución de la retribución. Tomar diez (10) valores es una elección popular porque facilita la aritmética. Tomar 20 daría un estimado ligeramente mejor que diez (10). Tomar 50 sería sólo ligeramente mejor que 20. Usualmente, es suficiente como método práctico tomar entre cuatro (4) y diez (10) valores.

Algunas veces es suficiente conocer el rango entre los valores máximos y mínimos, pero para un conjunto pequeño de valores puede que esto no brinde información útil acerca de la dispersión de las lecturas entre la máxima y la mínima. Por ejemplo, una gran dispersión se podría originar porque una sola lectura es muy diferente de las demás.

La forma usual de cuantificar la dispersión es la desviación estándar. La desviación estándar de un conjunto de mediciones informa qué tan diferentes son las lecturas individuales con respecto al promedio del conjunto.

Como método práctico, grosso modo, dos tercios de todas las lecturas estarán entre más o menos (±) una desviación estándar del promedio. En términos generales, el 95 % de todas las lecturas estarán entre dos desviaciones estándar. Este método se aplica ampliamente aunque, de ningún modo, es universal.

El valor verdadero para la desviación estándar solamente se puede hallar a partir de un conjunto muy grande (infinito) de lecturas. Partiendo de una cantidad moderada de valores, únicamente se puede obtener un estimado de la desviación estándar. Comúnmente, se usa el símbolo S para la desviación estándar estimada.

Cálculo de la desviación estándar estimada (s)

Como ejemplo, se tiene un conjunto de valores obtenidos en una medición de longitud:

12	14	11	15	16	10	12	13	15	12
Promedio						13			

Diferencia entre cada lectura con respecto al promedio

–1	+1	–2	+2	+3	–3	–1	0	+2	–1

Cuadrado de cada uno de los valores

1	1	4	4	9	9	1	0	4	1

Total dividido por n–1 (en este caso n = 10 de modo que n – 1=9)

$$\frac{(1+1+4+4+9+9+1+0+4+1)}{9}=\frac{34}{9}=3{,}77\ mm$$

La desviación estándar estimada se obtiene tomando la raíz cuadrada del total, así:

$$S=\sqrt{3{,}77}=\pm 1{,}94\ mm$$

El proceso completo para el cálculo de la desviación estándar estimada para una serie de n mediciones se puede expresar matemáticamente, como se describe a continuación en el cálculo de la incertidumbre tipo A.

$$S=\sqrt{\frac{\sum_{i=1}^{n}(x-\bar{x})^2}{(n-1)}}$$

8.4 ORIGEN DE LOS ERRORES Y LAS INCERTIDUMBRES

Muchos factores pueden alterar una medición. Los errores en la medición pueden ser visibles o invisibles. Debido a que las mediciones reales nunca se realizan en condiciones perfectas, los errores y las incertidumbres se pueden originar en:

- *El instrumento de medición.* Los instrumentos pueden sufrir por errores de sesgo, defectos de fabricación, cambios por el paso del tiempo, desgaste, alteraciones en las condiciones ambientales (temperatura, humedad, ruido, vibraciones, etc.)
- *El elemento que se está midiendo.* Éste puede no ser estable. Realizar, por ejemplo, la medición de viscosidad de una arcilla o la medición de un cubo de hielo en un ambiente cálido.
- *El método de medición.* La medición puede ser difícil de realizar. Por ejemplo, la medición del peso de animales pequeños y vivos presenta dificultades particulares, al igual que las mediciones en plantas, donde el acceso para realizarlas se dificulta.
- *Operadores.* Muchas mediciones dependen de las destrezas y del juicio del operador. Una persona puede ser mejor que otra en la delicada labor de ajustar una medición o en la lectura de detalles

finos a simple vista. El uso de un instrumento, como un cronómetro, depende del tiempo de reacción del operador. Los errores grandes son un asunto diferente y no cuentan como incertidumbre. Las mediciones también se verán afectadas por el operador a causa de múltiples situaciones que éste puede tener. Ejemplo: su agudeza visual, su estado de ánimo, sus condiciones de trabajo, etc.

- *Incertidumbres "importadas".* La calibración del instrumento tiene una incertidumbre que luego se incorpora a la incertidumbre de la medición que se realiza. La incertidumbre de medición debida a la falta de calibración será peor.
- *Condiciones ambientales.* La temperatura, la presión del aire, la humedad y muchas otras condiciones pueden afectar el instrumento de medición o el objeto que se está midiendo. Para garantizar la calidad en las mediciones es necesario controlar o monitorear las condiciones ambientales con el fin de asegurar la reproducibilidad en los resultados obtenidos.

Los efectos que origina la incertidumbre de la medición pueden ser aleatorios o sistemáticos.

Aleatorios. Se presentan cuando las mediciones dan un resultado fortuitamente diferente. Si esto ocurre, realizar más mediciones y calcular el promedio o media aritmética permitirá obtener un mejor resultado.

Sistemáticos. Cuando la misma influencia afecta el resultado para cada una de las mediciones repetidas, hay otros métodos para estimar las incertidumbres ocasionadas por los efectos sistemáticos, por ejemplo, realizar más mediciones o cálculos.

Distribución

La distribución en estadística se define como la distribución de probabilidad. En análisis matemático, se refiere a la teoría de distribuciones o funciones generalizadas.

La forma de los errores. La dispersión de un conjunto de valores puede tomar formas o distribuciones de probabilidad diferentes.

- *Distribución normal.* Es una distribución de datos continuos (no discretos) que produce una curva simétrica en forma de campana.
- *Distribución uniforme o rectangular.* Cuando las mediciones se distribuyen uniformemente entre los valores máximo y mínimo, se genera una distribución rectangular o uniforme. Esto se vería si se examina la forma en que la lluvia cae sobre un cable recto y delgado, por ejemplo, tendría la misma probabilidad de caer en una u otra parte.

8.5 Cálculo de la incertidumbre de medición

Incertidumbre de medición tipo A. Estimados de la incertidumbre usando estadística (usualmente a partir de lecturas repetidas).

La incertidumbre tipo A se relaciona con fuentes de error aleatorias y puede ser calculada estadísticamente sobre series de mediciones. De acuerdo con el teorema del límite central, si el número de mediciones es menor de 10, se corrige con el factor t de Student.

La incertidumbre tipo A se calcula mediante la siguiente ecuación:

$$S = \sqrt{\frac{\sum_{i=1}^{n}(x - x)^2}{(n-1)}}$$

Donde x_1 es el resultado de la medición y x es la media aritmética de n resultados considerados.

En una calculadora es más fácil usar la tecla de la función para obtener la desviación estándar estimada. Se introducen las lecturas en la memoria de la calculadora, siguiendo las instrucciones según el modelo que se esté usando, luego se usa la tecla de desviación estándar estimada que puede aparecer así: (s o σ_{n-1}) "sigma n menos uno".

Ejemplo. Se tienen los siguientes resultados en la calibración de un Pie de rey con un bloque patrón de 50 mm.

50,00	50,02	50,00	50,01	50,00	50,02	50,00	50,03	50,02	50,00
Promedio		50,01							

Diferencia entre cada lectura con respecto al promedio:

-0,01	+0,01	-0,01	0	-0,01	+0,01	-0,01	+0,02	+0,01	-0,01

Cuadrado de cada uno de los valores:

0,0001	0,0001	0,0001	0	0,0001	0,0001	0,0001	0,0004	0,0001	0,0001

Total dividido por $n - 1$ (en este caso $n = 10$ de modo que $n - 1 = 9$)

$$0{,}0001 + 0{,}0001 + 0{,}0001 + 0 + 0{,}0001 + 0{,}0001 + 0{,}0001$$

$$+ 0{,}0004 + 0{,}0001 + 0{,}0001 \; \frac{0{,}0012}{9} = 0{,}0013 \; mm$$

La desviación estándar estimada se obtiene tomando la raíz cuadrada del total, así:

$$S = \sqrt{0{,}00013 = \pm 0{,}011 \; mm}$$

La incertidumbre tipo A sería: $\mu = \pm\ 0{,}011$ mm

Incertidumbre de medición tipo B. Estimados de la incertidumbre a partir de otra información. No se determina por medios estadísticos, está asociada a los errores de tipo sistemático; se estima a partir de datos del fabricante del equipo de medición, especificaciones, certificados de calibración y, en general, datos subjetivos.

Estimulación de la incertidumbre tipo B a partir de la resolución del equipo:

Ecuación

para equipos analógicos $\longrightarrow \mu B = \frac{a}{\sqrt{3}}$ para equipos digitales $\longrightarrow \mu B = \frac{a}{\sqrt{12}}$

a = límite de error o exactitud especificada por el fabricante del equipo (Accuracy)

Ejemplo: La incertidumbre tipo B se puede calcular suponiendo un nivel de exactitud del equipo de ± 0,02 mm, así (resolución analógica):

$$\mu B = \frac{0{,}02}{\sqrt{3}} = \pm 0{,}011 \; mm$$

La incertidumbre tipo B sería:

$$\mu B = \pm 0,011\ mm$$

Incertidumbre de medición tipo C (incertidumbre combinada). Para determinarla se utiliza la ley de propagación de errores. La incertidumbre de medición combinada es la suma cuadrática de las incertidumbres tipo A, tipo B, y si se conoce la incertidumbre de medición del equipo patrón que debe ser reportada en el certificado de calibración, debe tenerse en cuenta.

Ecuación

$$\mu C - \sqrt{(\mu A)^2 + (\mu B)^2 + (\mu P)^2}$$

Ejemplo: Se calcula la incertidumbre combinada asumiendo una incertidumbre para el patrón de ± 0,008 mm

$$\mu C = \sqrt{(0,011)^2 + (0,011)^2 + (0,008)^2}$$

$$\mu C = \pm 0,011\ mm$$

Incertidumbre de medición expandida: Cuando por razones de seguridad o salud es necesario expresar la incertidumbre con un alto nivel de confianza, se multiplica la incertidumbre combinada por un factor de cobertura *K*, que puede ser:

K = 1 para un nivel de confianza aproximado de 68 %

***K* = 2 para un nivel de confianza aproximado de 95,5 %**

K = 3 para un nivel de confianza aproximado de 99,7 %

Internacionalmente se utiliza el valor de 2 como práctica estándar para un nivel de confianza aproximado de 95,5 %

Ejemplo: La incertidumbre de medición expandida sería:

$$\mu E = \mu - C * k(2)$$

$$\mu c = 0,011\ mm * 2 = \pm 0,022\ mm$$

$$\mu E = \pm 0,022\ mm$$

9 ANÁLISIS DE LA REPETIBILIDAD Y REPRODUCIBILIDAD (R&R)[21]

Repetibilidad. Cercanía entre los resultados de las mediciones sucesivas de la misma magnitud efectuadas en iguales condiciones de medición. La repetibilidad dará la variación producida por el instrumento y se deben cumplir los siguientes aspectos:

- El mismo procedimiento de medición.
- El mismo observador.
- El mismo instrumento de medición.
- El mismo lugar.
- Las mismas condiciones ambientales.
- Repetición en un corto periodo de tiempo.

Reproducibilidad. Ésta dará la variación producida por el operador. Se entiende como la capacidad de mantener o reproducir un valor haciendo variar los aspectos que debe conservar la repetibilidad.

21. Capítulo tomado del libro *Manual de aseguramiento metrológico industrial,* basado en los requerimientos de calidad de la norma QS-9000, de Alfredo Elizondo Decanini (con corrección en los resultados presentados por el autor).

El objetivo de un análisis de R&R es conocer y controlar la variación en los resultados arrojados por el sistema de medición empleado y el operador del instrumento. Este análisis proporciona las bases para aprobar un nuevo instrumento o un nuevo sistema de medición; también aporta información confiable para establecer el control estadístico del proceso.

Condiciones para el análisis de R&R

- El análisis de R&R se hará con los operadores que efectúan las mediciones en forma rutinaria.
- Se recomienda realizar el análisis de R&R con tres operadores.
- Se debe hacer el análisis de R&R con un instrumento cuya calibración esté comprobada antes de efectuar el análisis.
- El instrumento debe tener la capacidad de medir, por lo menos, un cuarto de la tolerancia especificada para la característica que será medida (*capacidad de trabajo*).
- El producto por medir no debe afectarse por la propia medición o por la repetición de las medidas.
- Se recomienda medir por lo menos cinco objetos debidamente identificados.
- Las mediciones se deben realizar al azar.
- Cada medición debe efectuarse de modo tal que los operadores no conozcan los valores con anterioridad ni los obtenidos por otros. Así ninguna medición se verá influenciada por resultados previos.

Procedimiento para el análisis de R&R

- Se toman e identifican diez objetos por medir.
- Cada operador debe efectuar la medición de los objetos tomados al azar y registrar la información.
- Se repiten las series de mediciones por lo menos tres veces con cada operador hasta obtener 30.
- Se calcula el promedio de cada serie de medición realizada por cada operador, (X 1), (X 2), (X 3).

- Se obtiene el promedio de los promedios de cada serie y de cada operador.
- Se obtiene el rango de (X1), (X2), (X3).
- Se obtiene el rango de las mediciones de las tres series para cada objeto y por cada operador.
- Calcular el promedio de los rangos de cada operador, (R 1), (R 2), (R 3).
- Se obtiene el promedio de los promedios de los rangos de todos los operadores.

El valor de repetibilidad se obtiene multiplicando el rango R por 3,54; esta constante es un factor de cobertura que acerca el resultado al 99,73 % del valor verdadero, cuando se toman para el análisis tres operadores. Luego se divide entre la tolerancia especificada de la característica medida en el objeto, y al multiplicarse por 100 dará el índice de repetibilidad en porcentaje (%).

El valor de reproducibilidad se obtiene con la siguiente ecuación:

$$Reproductividad = \frac{100}{Tolerancia}\left[\sqrt{(3,14x-1)^2} - \frac{(3,54R)^2}{N.^\circ\ de\ mediciones\ por\ operador}\right]$$

Constante	Número de operadores (2)	Número de operadores (3)	Número de pruebas
K1	4,56	3,05	3
K2	3,65	2,70	3

Donde:

n = número de mediciones totales por operador (30)

K1 = número de ensayos o intentos realizados por cada operador

K2 = número de operadores

La combinación de los dos factores calculados da al final, en porcentaje, el valor de R&R (repetibilidad y reproducibilidad)

$$R\ \&\ R = \sqrt{(Repetibilidad^2 + Reproducibilidad^2)}$$

Ejemplo

En el siguiente ejercicio se muestra el análisis de R&R realizado a tres operadores, utilizando un micrómetro analógico de 0 a 25 mm, con una resolución de 0,01mm, que controla un intervalo de tolerancia en el proceso de ± 0,027 mm (tabla 9.1).

Tabla 9.1

Análisis de repetibilidad y reproducibilidad

ANÁLISIS DE REPETIBILIDAD Y REPRODUCIBILIDAD - R & R

FECHA:	25/05/2011
EQUIPO:	Micrómetro analógico
CÓDIGO	ITM-001
MARCA:	MITUTOYO
RANGO DEL EQUIPO:	0 a 25 mm
RESOLUCIÓN:	0,01 mm
RANGO DEL EQUIPO:	0,767 mm
VARIABLE:	Longitud
TOLERANCIA:	0,027 mm

K1	3,54	#Pruebas realizadas
K2	3,14	#Operadores

ELABORADO POR
JAIME RESTREPO DÍAZ

N.° de muestra	Operador 1:		Fredy Patiño		Operador 2:		Geovany Alzate		Operador 3:		Jaime Restrepo	
	Ensayo				Ensayo				Ensayo			
	1	2	3	Intervalo R	1	2	3	Intervalo R	1	2	3	Intervalo R
1	0,767	0,766	0,767	0,001	0,768	0,768	0,766	0,002	0,768	0,768	0,768	0,002
2	0,767	0,766	0,767	0,001	0,767	0,769	0,768	0,002	0,768	0,769	0,769	0,001
3	0,768	0,768	0,768	0,000	0,768	0,768	0,768	0,000	0,768	0,768	0,769	0,001
4	0,768	0,768	0,766	0,002	0,767	0,767	0,766	0,001	0,767	0,768	0,768	0,001
6	0,766	0,766	0,765	0,001	0,765	0,768	0,766	0,003	0,768	0,767	0,767	0,001
7	0,767	0,766	0,767	0,001	0,768	0,768	0,766	0,002	0,768	0,767	0,768	0,001
8	0,767	0,768	0,875	0,003	0,768	0,768	0,767	0,001	0,768	0,768	0,767	0,001
9	0,767	0,766	0,766	0,001	0,765	0,768	0,767	0,003	0,767	0,767	0,769	0,002
10	0,766	0,767	0,768	0,766	0,001	0,765	0,768	0,001	0,768	0,768	0,768	0,000
$\bar{x}$ =	0,7669	0,7668	0,7667	0,0013	0,767	0,768	0,767	0,0018	0,768	0,7678	0,7631	0,0008
	$\bar{\bar{x}}$ =	0,7668				0,7672				0,7679		

Intervalo de los promedios de B1, B2, B3	x_r =	0,0011
Promedio de los intervalos	$\bar{R}$ =	0,0013
Número de mediciones por operador	n =	30

Cumple	
SÍ	NO
	X

Repetibilidad	17,48 %	
Reproducibilidad	15,2 %	
RR % =	23,1 %	

Valores constantes		
	2	3
K1	4,56	3,54
K2	3,65	3,141

Desarrollo:

$$Reproducibilidad = \frac{100}{0,027}\left[\sqrt{(3,14 * 0,001)^2} - \frac{(3,54 * 0,0013)^2}{30} = 15,2\ \%\right]$$

La combinación de los dos valores calculados de repetibilidad y reproducibilidad da en resultado final de R&R:

$$R \,\&\, R = \sqrt{(17,48^2 + 15,2^2)} = 23,1\%$$

Con el análisis del R&R se concluye lo siguiente:

- Cuando el valor R&R es igual o inferior al 15 %, se dice que el sistema operador-instrumento es apropiado para la aplicación diseñada.
- Cuando el valor R&R se encuentra entre el 15 % y el 25 %, el sistema en general requiere mejoras; sin embargo, puede ser utilizado de manera temporal.
- Cuando el valor R&R es superior al 25 %, el sistema no es aceptable.
- Si el valor de reproducibilidad es mayor con respecto al de repetibilidad, es necesario capacitar al operador del instrumento, ya sea en la utilización del instrumento o en la forma de tomar las lecturas.
- Si el valor de repetibilidad es mayor con respecto al de reproducibilidad, entonces el instrumento requiere mantenimiento o calibración, o simplemente no es el adecuado para esa aplicación.

10 | CONTROL METROLÓGICO

Los equipos de medición y control utilizados para realizar las mediciones de las variables críticas identificadas por la organización, que afectan la calidad del proceso o producto, deben ser controlados, calibrados y mantenidos de forma tal que se asegure la trazabilidad de las mediciones a patrones nacionales o internacionales.

EL MODELO PLANEAR, HACER, VERIFICAR Y ACTUAR (PHVA) Y LAS NORMAS ISO

Este modelo es apropiado para la implantación del control metrológico industrial en cualquier organización, bien sea para un laboratorio industrial certificado con la norma NTC-ISO 9001 o el Sistema de Gestión de las Mediciones con la NTC-ISO 10 012; además, aplica para laboratorios de calibración o ensayo acreditados con la NTC-ISO/IEC 17 025: 2005.

El PHVA forma parte del Kaizen, nombre que popularizó Masaaki Imai, sobre el milagro japonés de los setenta y que en la versión americana corresponde al control total de la calidad TCQ de Armand Feingembaun.

Ejemplo según modelo con la norma NTC-ISO 9001: 2015.

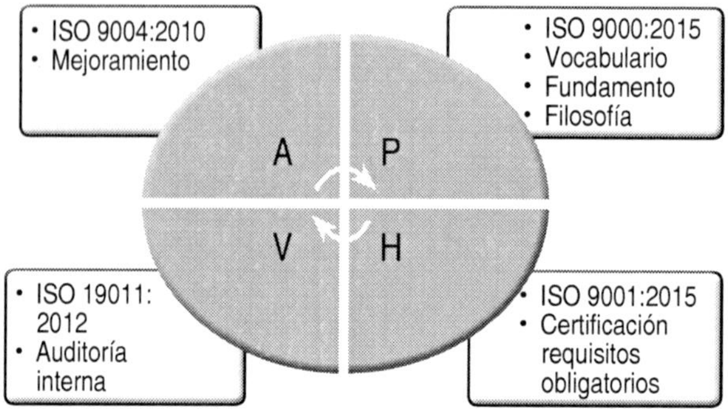

Figura 10.1. Modelo de sistema de gestión de la calidad según NTC-ISO 9001: 2015.

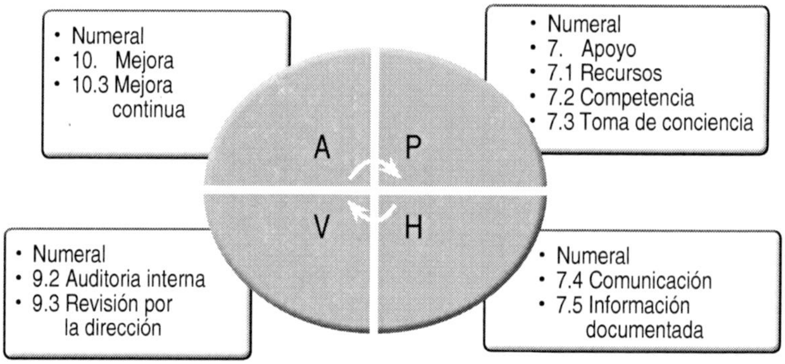

Figura 10.2. Modelo de sistema de gestión de las mediciones según la norma NTC-ISO 9001: 2015.

En los modelos de gestión de la calidad se encuentran requisitos de la confirmación metrológica cuya importancia es mayor o menor según la complejidad de los procesos de medida de la empresa. En el esquema de la confirmación metrológica se consideran algunos pasos fundamentales como:

- *La verificación.* Se entiende como una comprobación inicial que debe realizarse a un equipo antes de someterlo a la calibración. El proceso de verificación es fundamental para evitar el traslado a laboratorios externos de equipos que en una revisión inicial presentan alguna falla. La verificación se conoce, además, como el conjunto de operaciones efectuadas por una entidad metrológica, legalmente autorizada, con el fin de comprobar y afirmar que un instrumento de medición satisface enteramente las exigencias o reglamentaciones correspondientes.

- *La calibración.* Es el conjunto de operaciones que establecen la relación entre la indicación de un instrumento de medición y los valores correspondientes de la magnitud, realizados por los patrones, con el fin de conocer su error.
- *La verificación.* Se realiza una nueva verificación con el fin de confirmar, con el aporte de evidencias objetivas que se han cumplido los requisitos especificados (según norma) durante toda el desarrollo de la calibración. La verificación comprende: el método, el equipo, la calibración, los errores, la incertidumbre de la medición, las condiciones ambientales, los patrones utilizados y la competencia del metrólogo.
- *Aprobación.* Se da cuando, al realizar toda la confirmación metrológica, el equipo satisface enteramente los requisitos metrológicos establecidos por las normas o procedimientos de calibración aplicados, y después de verificar y comprobar que la incertidumbre de medición y los errores presentados por el instrumento cumplen con los límites de incertidumbres y errores permitidos. Luego de este análisis, el equipo se pone nuevamente en servicio para comenzar su operación y control metrológico establecido (seguimiento periódico hasta su siguiente calibración, según frecuencias establecidas por la empresa).
- *El rechazo.* Ocurre cuando el equipo no cumple con los parámetros metrológicos establecidos por normas o procedimientos de calibración establecidos y aplicados por la empresa. Se evalúan las causas del rechazo del equipo y se determinan algunas condiciones como:
- *Ajuste.* Operación destinada a llevar un aparato de medición a un funcionamiento y una exactitud convenientes para su utilización. Un equipo ajustado debe nuevamente someterse al proceso de confirmación metrológica.
- *Preparación.* Consiste en corregir el funcionamiento de un equipo mediante la intervención de su mecanismo de funcionamiento. Un equipo reparado debe someterse, nuevamente, al proceso de confirmación metrológica.

- *Cambio.* Se da cuando el equipo ya no satisface los requisitos metrológicos previstos para el proceso en el que se opera. El cambio de un equipo puede dar pie a una reubicación de éste en un proceso en el que sus actuales características metrológicas puedan aplicarse. Si se solicita el remplazo del equipo, éste debe ser sometido a la confirmación metrológica completa.

Todo equipo nuevo debe ser verificado y calibrado antes de su puesta en servicio. Los reportes de fábrica no son documentos válidos como soporte metrológico. Los certificados de calibración deben estar actualizados.

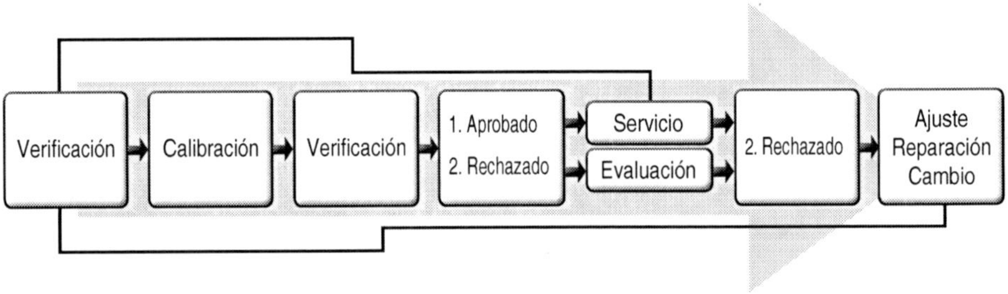

Figura 10.3. Pasos claves en la confirmación metrológica.

Trazabilidad

Según el vocabulario internacional de metrología, la trazabilidad es la propiedad del resultado de una medición o del valor de un patrón, en virtud de la cual dicho resultado se puede relacionar con referencias estipuladas, generalmente patrones nacionales o internacionales, por medio de una cadena ininterrumpida de comparaciones que tengan todas las incertidumbres determinadas.

Ejemplo: Trazabilidad a escala nacional teniendo como referencia un patrón internacional para Colombia.

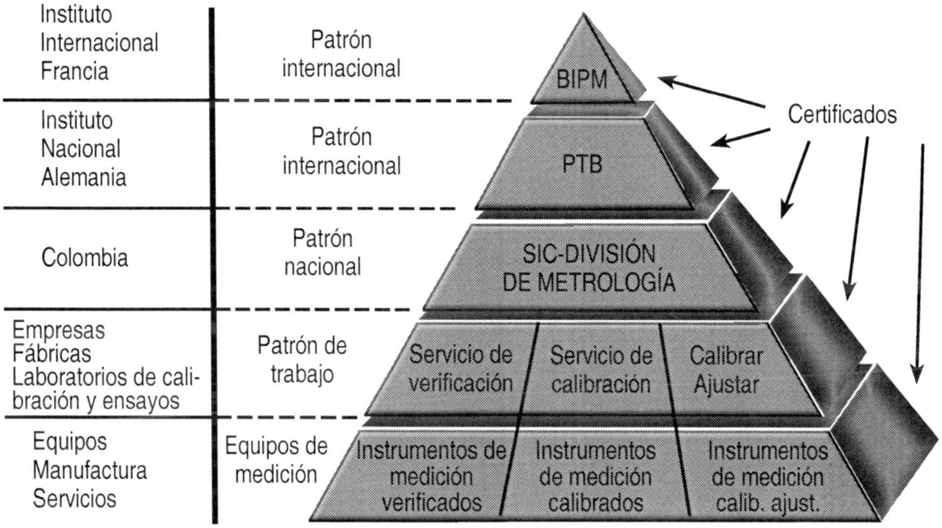

Figura 10.4. Trazabilidad internacional.

Fuente: Memoria curso - Metrología básica - ITM.

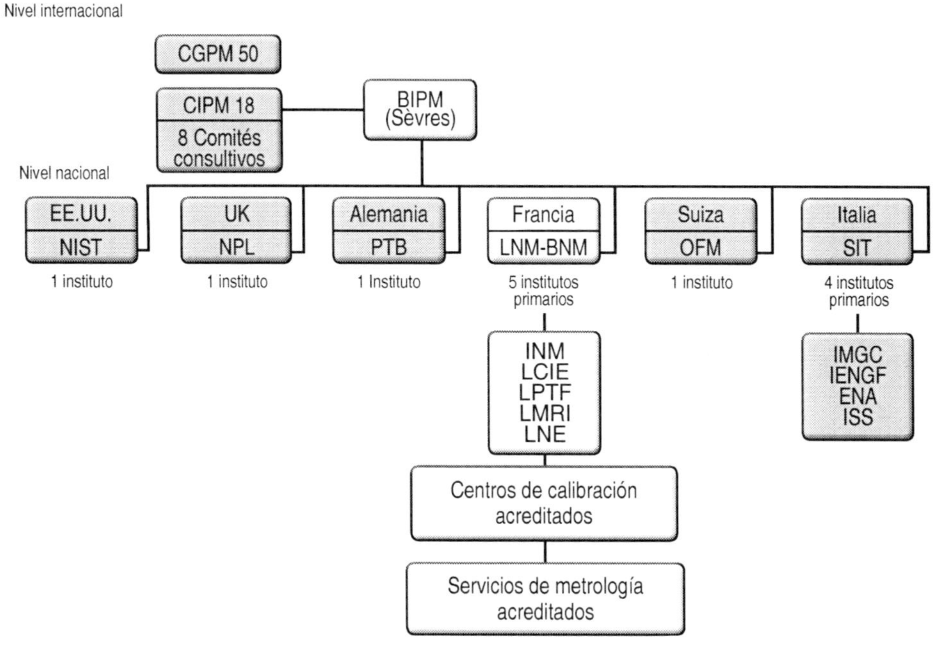

Figura 10.5. Trazabilidad.

- Los documentos de calibración deben permitir conocer la trazabilidad con los patrones nacionales y establecer la incertidumbre de los resultados.
- El objetivo del enlace con los patrones nacionales es asegurar que una medida obtenida en un punto del globo terrestre sea comparable con otra medición en otro punto de la Tierra, en condiciones semejantes.
- La trazabilidad de todas las mediciones que influyen en la calidad (producto o servicio) debe ser establecida y mantenida.
- Esta trazabilidad se debe efectuar por medio de una cadena continua e ininterrumpida de comparaciones.

10.1 Calibración

Es el conjunto de operaciones que establecen, en condiciones específicas, la relación entre valores indicados mediante un instrumento y un sistema de medición, los valores representados por una medida materializada o un material de referencia y los valores correspondientes, determinados por medio de los patrones. Todo ello con el fin de establecer los errores de los equipos de medición.

Una herramienta fundamental para asegurar la trazabilidad de una medida es la calibración del equipo, por cuanto determina las características metrológicas de éste y se utilizan como patrón de medición. Los patrones de referencia y la calibración realizada en condiciones normalizadas determinan si los equipos mantienen o no las características metrológicas.

Esto se logra mediante la comparación directa con patrones de medida o materiales de referencia certificados. Se emite un certificado de calibración y, en la mayoría de los casos, se adhiere una etiqueta que indica el estado del equipo calibrado.

Existen tres razones principales para tener calibrado un equipo de medición:

1. Asegurar que las lecturas del equipo son consistentes con otras medidas.
2. Determinar la exactitud de las lecturas del equipo de medición.

3. Establecer la fiabilidad del equipo de medición.
4. Documentos de referencia

Los procedimientos de referencia pueden definirse como de ensayo, de medida o análisis, de calibración y verificación, integralmente caracterizados, aprobados y bajo control, que están destinados al aseguramiento de la calidad de otros procesos para tareas comparables. También incluyen la caracterización de materiales de referencia, incluidos objetos de referencia, o a la determinación de valores de referencia.

La incertidumbre de los resultados de un procedimiento de referencia debe estimarse adecuadamente y ser apropiada al uso que se destine.

De acuerdo con lo anterior, los procedimientos de referencia pueden usarse para:

- Validar otros procedimientos de medida o ensayo que se utilicen para tareas similares y para determinar su incertidumbre
- Establecer valores de referencia de las propiedades materiales que puedan ser incluidos en manuales o bases de datos, o valores de referencia que sean incorporados por un material u objeto de referencia.

Para las calibraciones se deben seleccionar patrones de referencia que cumplan con el nivel de exactitud requerido. Un patrón de referencia debe ser, en la medida de lo posible, diez veces más preciso que el equipo que se va a calibrar. Cuando esto no es posible, se debe asegurar la base para realizar una buena calibración y garantizar la confiabilidad de los resultados.

Al realizar calibraciones se deben tener en cuenta las condiciones ambientales y las condiciones óptimas de adecuación del laboratorio o lugar donde se realizan, con el fin de asegurar la calidad de los servicios de calibración y prueba. Es necesario controlar y monitorear las condiciones ambientales que garanticen la reproducibilidad en los resultados obtenidos.

Cuando se llevan a cabo calibraciones o pruebas de medición fuera del laboratorio de metrología (calibración o prueba *in situ*) es importante que quien esté a cargo cuente con equipos para monitorear,

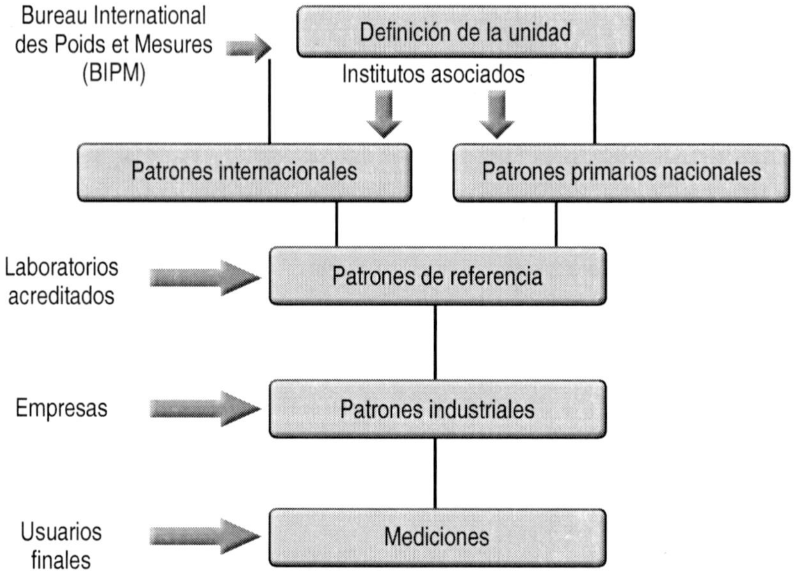

Figura 10.6. Selección de patrones.

Fuente: Memorias metrología básica ITM 2005.

medir y registrar las condiciones ambientales u otras magnitudes influyentes durante el proceso de calibración o prueba.

En el certificado de calibración se deben reportar las condiciones ambientales en las que se realizó la calibración e indicar las condiciones ambientales iniciales y las finales, o un promedio de ambas, sin que se excedan los límites permitidos.

Para garantizar que los equipos por calibrar y los patrones de referencia por utilizar se ambienten en las mismas condiciones requeridas para la calibración, antes de iniciar la prueba de calibración es importante dejarlos en el laboratorio un tiempo no inferior a 30 minutos. Cuando la calibración se realiza *in situ,* los patrones de referencia deben ser retirados de las condiciones ambientales del laboratorio e instalados donde se realiza la calibración, mínimo 30 minutos antes de empezar las pruebas.

Para el caso de la humedad relativa; el propósito de mantenerla en valores bajos es minimizar la corrosión de los equipos y evitar los efectos higroscópicos de algunos materiales.

Documentos de validación

Son aquellos que tienen información y demuestran que una actividad se ha realizado. Pueden ser:

- Certificado de calibración.
- Informe de verificación.
- Informe de medición.
- Informe de ensayo.

Contenido

Los documentos emitidos por un laboratorio de metrología deben contener, como mínimo, la siguiente información:

- Identificación del proveedor.
- Información del cliente.
- Información del equipo o prueba realizada.
- Fecha de recepción del servicio.
- Norma o método utilizado.
- Número de documento.
- Fecha de realización.
- Condiciones ambientales.
- Resultados de la prueba.
- Incertidumbre de medición.
- Cálculo de errores.
- Límites de error permitido con respecto a normas.
- Trazabilidad de las mediciones.
- Observaciones generales.
- Número de páginas.
- Firma de quien realiza la prueba.
- Firma de quien revisa y verifica.

Estado

Se valida el estado de calibración o verificación de un equipo asignando un rótulo de identificación que contenga información como:

- Identificación de la empresa
- Número de marcador igual al número del documento
- Leyenda: calibrado, aprobado, validado, verificado, conforme, si la prueba es favorable.
- Leyenda: rechazado, no conforme, no cumple, si la prueba ha fallado.
- Fecha de realización.
- Fecha de próxima intervención.
- Error máximo.
- Incertidumbre de la medición.

Clasificación de los laboratorios según norma ISO-RP52.1-1975

Nivel 1

Laboratorios nacionales (custodia o resguardo de los patrones nacionales)

En Colombia, la Superintendencia de Industria y Comercio

Nivel 2

- Laboratorios de referencia y secundarios.
- Laboratorios públicos.
- Laboratorios privados.
- Laboratorios de universidades.
- Laboratorios militares.

Nivel 3

Laboratorios industriales

Actividades como calibración de equipos en producción o en línea, inspección de pruebas, ensayos, mantenimientos, ajustes, reparaciones y operación de equipos.

Tabla 10.1
Condiciones ambientales para laboratorios

Laboratorio	Nivel	Temperatura (°C)	Humedad (%)	Ruido (dB)	Iluminación (Lux)
Dimensional	I y II	20 ± 1	40 %	45 dB	1000 Lux
Dimensional	III	20 ± 2	40 % a 60 %	45 dB	1000 Lux
Presión	I	23 ± 1	35 % a 55 %	45 dB	1000 Lux
Presión	II	23 ± 1,5	20 % a 55 %	45 dB	1000 Lux
Presión	III	23 ± 1,5	40 % a 60 %	45 dB	1000 Lux
Masas	I	23	35 % a 55 %	45 dB	1000 Lux
Masas	II	23	20 % a 55 %	45 dB	1000 Lux
Fuerza	I y II	10 a 35 ±2	N/A	N/A	N/A
Temperatura	I	23 ± 1	40 % a 60 %	45 dB	1000 Lux
Temperatura	II	23 ± 1,5	40 % a 60 %	45 dB	1000 Lux
Temperatura	I	23 ± 1	40 % a 60 %	45 dB	1000 Lux
Temperatura	II	23 ± 1,5	40 % a 60 %	45 dB	1000 Lux
Volumetría	I y II	20 ± 1	40 % a 60 %	45 dB	1000 Lux
Higrometría	I y II	20 ± 1	40 % a 60 %	45 dB	1000 Lux

Fuente: Memorias del Curso de Metrología Básica 2005.

Criterios de aceptación

Los criterios de aceptabilidad de los equipos de medición pueden ser:

- Errores de los equipos de medición determinados en la calibración vs. límites de error permitidos.
- Incertidumbre de medición estimada.
- Capacidad de trabajo del equipo en uso.
- Criterios del metrólogo.

Asignación de frecuencias de calibración y verificación

La calibración de los equipos de medición y la confirmación metrológica en la empresa deben efectuarse comparativamente con equipos de medición de la mejor precisión; certificados y con trazabilidad de las mediciones a escala nacional o internacional. La frecuencia de calibración puede ser establecida para cada una de las variables o unidad de medición.

Para la asignación de frecuencias de calibración o intervención de un equipo de medición se deben tener presente los siguientes parámetros:

- Frecuencia de uso de los equipos de medición.
- Severidad de uso.
- Condiciones ambientales en las que operan los equipos.
- Importancia de las mediciones que se realizan.
- Capacidad de trabajo de los equipos.
- Historia de las calibraciones o intervenciones realizadas.
- Calidad de los equipos de medición.
- Exigencias de los clientes.
- Recomendaciones de los fabricantes.
- Solicitud de los usuarios.

Los intervalos entre calibraciones periódicas deben ser establecidos de manera que se conserven los niveles aceptables de confianza, y que el equipo de medición y control opere dentro de sus límites de tolerancia especificada.

Para seleccionar el intervalo entre calibraciones se deben tener presentes los siguientes aspectos:

- El intervalo o periodo de calibración debe ser tal que asegure con un alto nivel de confianza que durante ese periodo el proceso, producto o magnitud medida tendrá la calidad requerida.
- El costo de la operación de la calibración.

Cuando se trata de un equipo nuevo pero conocido, ya sea porque se cuenta con uno similar en su desempeño, sistema de medición y calidad, se pueden copiar o adoptar los intervalos utilizados en dichos equipos.

Cuando se trate de un equipo del cual no se conoce su desempeño anterior y no se cuenta con experiencia en algo similar, se deben establecer periodos cortos de manera que se acumulen suficientes datos.

Con esta información y al cabo de ocho (8)[22] calibraciones sucesivas, se pueden determinar los periodos apropiados de calibración.

- El método para determinar el periodo entre calibración y calibración llamado, periodo reactivo, consiste en incrementar el intervalo en un 10 % del periodo inicial, si el equipo se encuentra en su calibración dentro de tolerancia. Si está fuera de tolerancia se decrementa en un 30 %.

Ejemplo

1. Calibración	Dentro de tolerancia	Periodo inicial: 40 días
2. Calibración	Dentro de tolerancia	Periodo ajustado: 45 días
3. Calibración	Dentro de tolerancia	Periodo ajustado: 50 días
4. Calibración	Dentro de tolerancia	Periodo ajustado: 55 días
5. Calibración	Dentro de tolerancia	Periodo ajustado: 61 días
6. Calibración	Dentro de tolerancia	Periodo ajustado: 43 días
7. Calibración	Dentro de tolerancia	Periodo ajustado: 48 días
8. Calibración	Dentro de tolerancia	Periodo ajustado: 53 días

El periodo de 53 días proporciona un nivel de confianza que asegura que el equipo estará dentro de tolerancia en ese periodo de 87,5 %.

Nivel de confianza = N.° de calibraciones dentro del total dividido N.° de calibraciones × 100.

$$\frac{7}{8} \times 100 = 87{,}5\%$$

El nivel de confianza debe ser determinado de acuerdo con las características medidas, su importancia e impacto en el cliente. Este análisis puede basarse en el análisis de modo y efecto de las mediciones (MEM)[23].

22. Alfredo Elizondo Decanini (*s.f.*). *Manual de aseguramiento metrológico industrial. Basado en los requerimientos de la calidad de la normativa QS-9000.*
23. Alfredo Elizondo Decanini (1996). *Manual de aseguramiento metrológico industrial.* México: Ediciones Castillo.

Equipos que no requieren calibración

Existe en la empresa una gran cantidad de equipos utilizados para realizar operaciones de control que no afectan las características ni la calidad del proceso o producto; éstos pueden ser:

- Equipos que no realizan mediciones.
- Equipos cuya falla es evidente para el operador.
- Equipos cuyo resultado es monitoreado por otro equipo.
- Equipos cuyo resultado es usado como indicador de una operación y no provee un valor numérico.

Características de la calibración

La confianza que el fabricante quiere imprimirle a su producto para mostrarle al cliente que su sistema de gestión de las mediciones y la confirmación metrológica son eficientes, depende en gran medida de su modelo de aseguramiento de la calidad.

El objetivo de un manual metrológico es mostrar los pasos por seguir en el diseño e implantación de un sistema de aseguramiento metrológico industrial.

La calibración de los equipos de medida debe ser el garante de que los resultados satisfacen los requisitos metrológicos del cliente. Las características de calidad y magnitudes por medir, determinadas con base en un análisis de modo como efecto de las mediciones, son realmente críticas e importantes. Los equipos son los adecuados, en cuanto cumplan las condiciones de exactitud, repetibilidad, reproducibilidad, estabilidad y linealidad y el sistema operador del instrumento sea el adecuado, es decir, que el metrólogo tenga la habilidad necesaria para calibrar y usar el instrumento correcto al realizar una medición o calibración en particular.

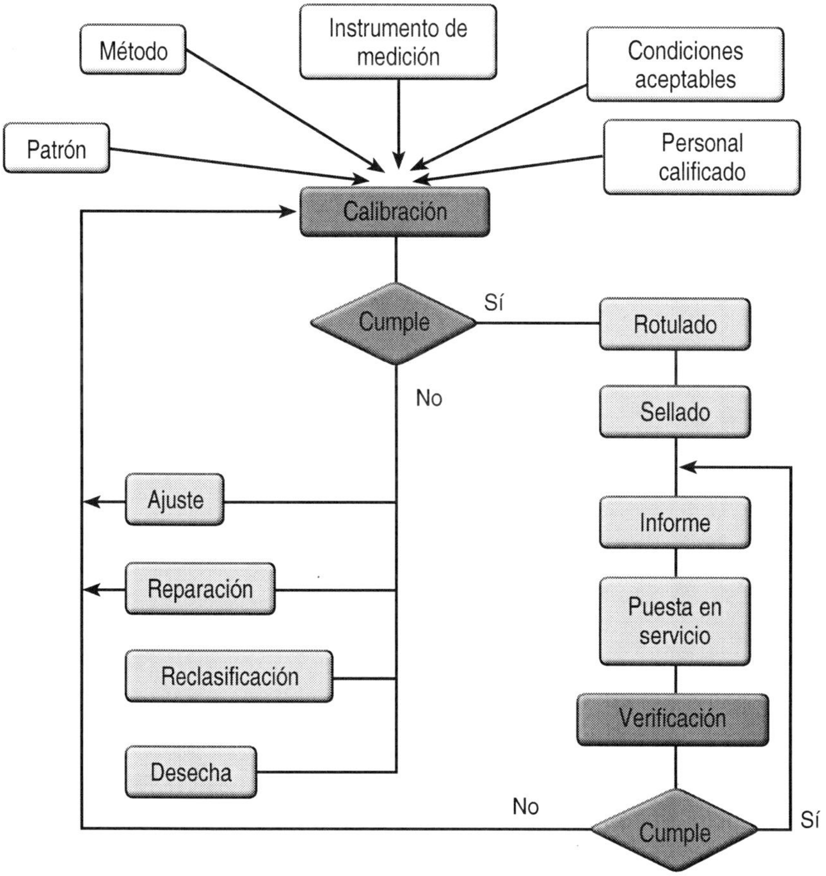

Figura 10.7. Calibración de equipos.

10.2 MEJORA CONTINUA EN EL SISTEMA DE GESTIÓN METROLÓGICA

Las funciones básicas de toda administración con respecto a la calidad del proceso son:

- *Mantenimiento.* Consiste en conservar todos los niveles de calidad y confianza estandarizados y alcanzados.
- *Mejoramiento continuo.* Entrar en un ciclo o rutina de trabajo basada en la ruta de la calidad que provea un incremento sostenido en los niveles de calidad.
- *Innovación tecnológica.* Proveer al proceso los medios tecnológicos para alcanzar los niveles de calidad deseados.

El área de la metrología es cambiante y flexible. La tecnología aplicable se desarrolla rápidamente y sus cambios e innovaciones tecnológicas permiten obtener resultados y efectos positivos en el corto plazo. Lo realmente significativo es no perder de vista que existe una responsabilidad inherente a los puestos de una organización para mantener, mejorar e innovar.

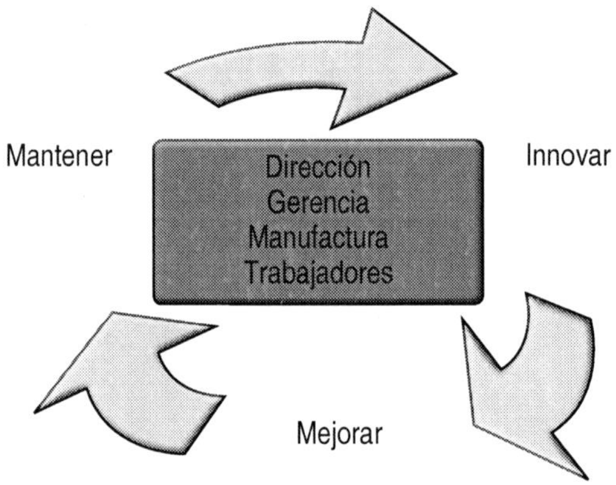

Figura 10.8. Matriz de responsabilidades.

Según se acceda a los diferentes niveles de la organización, la responsabilidad compartida cambia. Esto es:

Un trabajador debe tener una rutina de trabajo en la que el 90 % del tiempo lo ocupe haciendo tareas rutinarias; para ello es necesario que cuente con los estándares de operación documentados, accesibles, entendibles y sencillos que lo lleven a hacer o reproducir el mismo efecto.

El otro 10 % del trabajo productivo debe ser canalizado a pensar, planear y ejecutar las mejoras en sus procesos, y una vez determinadas y probadas deben ser estandarizadas, entrando con esto en el ciclo de mejora continua.

Las gerencias y direcciones deben dedicarse en un 50 % de su tiempo a planear y ejecutar las mejoras e innovaciones necesarias para permanecer en los mercados actuales.

10.2.1 Mantenimiento del sistema de gestión metrológica

La ruta de calidad contiene los elementos para hacer del sistema de gestión metrológica un proceso de mejora continua.

- *Planeación.* Todo proceso debe basarse en la satisfacción del cliente. Para lograr esto, el análisis de modo y efecto de las mediciones AMEM es una herramienta de planeación eficiente, la cual, coordinada con un estudio de mercadotecnia y de despliegue de la función de calidad, muestra sus mejores resultados.
- *Ejecución.* Con los datos del AMEM se seleccionan los equipos, los métodos, el personal y su proceso de entrenamiento, necesarios para ejecutar las mediciones según los resultados de los análisis de exactitud y la relación de incertidumbres, linealidad y estabilidad.
- *Verificación.* El análisis de incertidumbre y los análisis R&R son las herramientas para constatar que las mediciones se efectúan correctamente y son confiables, y que el personal las entiende y ejecuta eficientemente.
- *Corrección.* Se deben analizar los resultados de las verificaciones para mejorarlos. El ciclo de mejora continua se cierra cuando la actitud hacia la calidad se demuestra desde la dirección pasando por todos los niveles hasta el personal de planta (ver ruta de la calidad).

10.2.1 Inventario de los equipos de medición

La tabla 10.2 es un ejemplo de cómo se puede realizar un inventario de equipos de medición y las variables que se controlan en una empresa, teniendo en cuenta aspectos como:

- Identificación interna del equipo.
- Nombre.
- Marca.
- Modelo.
- Serie.
- Rango.
- Resolución.
- Apreciación.

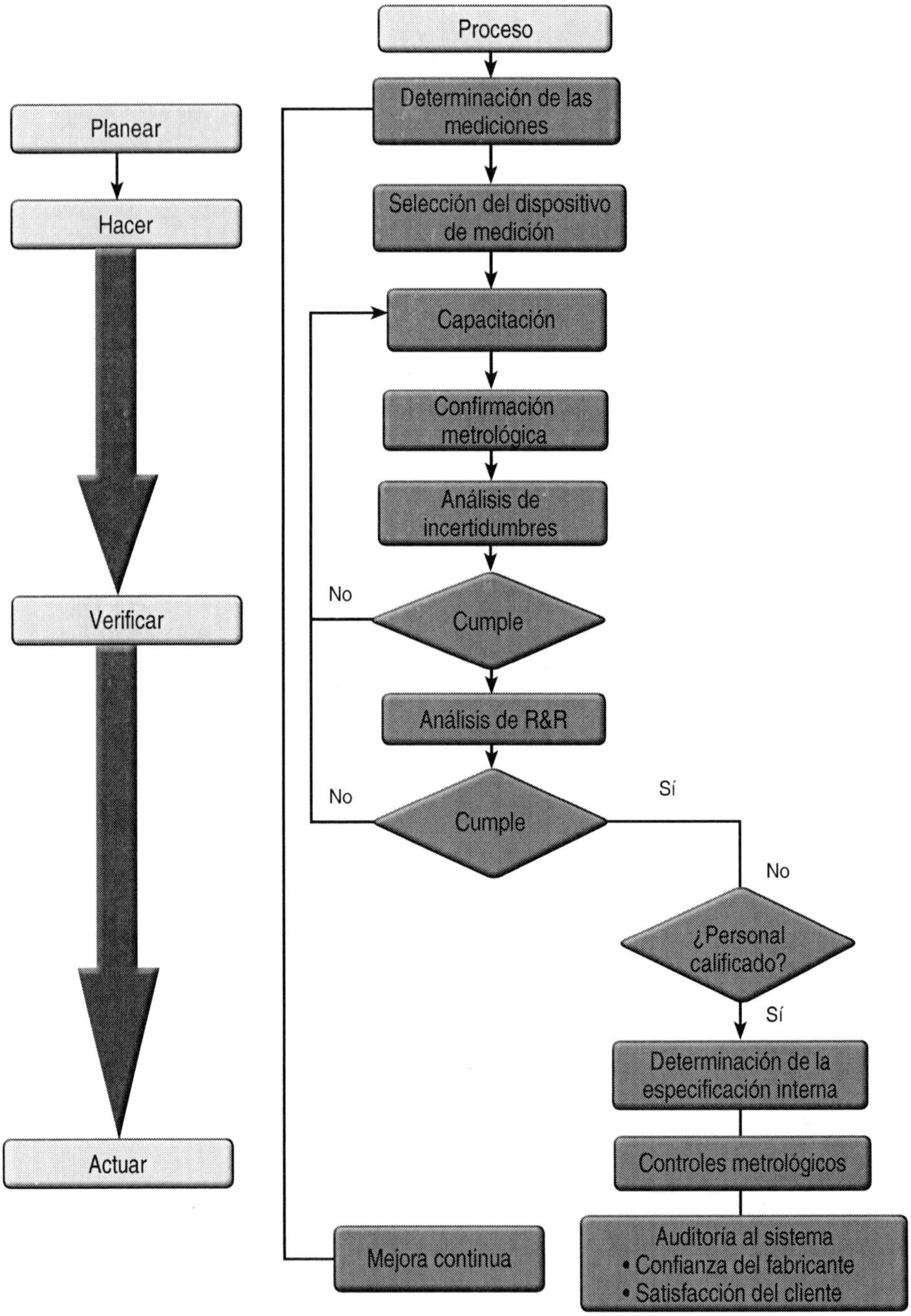

Figura 10.9. Ruta de la calidad.

Fuente: Memorias del Curso de Calidad – Yudi Amparo Marín 2010.

- Unidad de medida.
- Rango máximo de la variable que controla.
- Intervalo de tolerancia mínimo que debe controlar.
- Capacidad de trabajo (amplitud).
- Cumplimiento de capacidad de trabajo de los equipos.

Nota: Los equipos de medición que posean una capacidad de trabajo inferior a cinco (5) no se deben utilizar en el proceso; deben seleccionarse nuevos equipos para el control de las mediciones.

Tabla 10.2
Inventario de equipos de medición

Fecha	2007-05-20	Responsable: Juan Díaz
Variable:	Longitud	Área: Laminado

Identificación	Nombre	Marca	Modelo	Serie	Rango	Resolución	Apreciación	Unidad de medida	Rango de la variable	Intervalo de tolerancia	Capacidad de trabajo	¿Cumple para el proceso?
P-T025	Micrómetro	JRD	L-2007	M5656	25 a 50	0,01	0,002	mm	28	± 0,08	16	Sí
P-T026	Micrómetro	JRD	L-2007	M-5657	25 a 50	0,01	0,002	mm	35	± 0,5	500	Sí
P-T027	Micrómetro	RDJ	P0082	K-5658	0 a 25	0,01	0,002	mm	5	± 0,05	10	Sí
P-T028	Micrómetro	DRJ	K-1003	L-5659	50 a 75	0,01	0,002	mm	70	± 0,06	12	Sí
P-T029	Mcirómetro	JRD	L-2007	L-5660	25 a 50	0,01	0,002	mm	35	± 0,02	4	No
P-T031	Comparador	DJK	CC-2003	C-C203	0 a 10	0,01	0,002	mm	5	± 0,05	10	Sí
P-T032	Comparador	DJK	CC-2003	C-C203	0 a 10	0,01	0,002	mm	3	± 0,005	1	No
P-T033	Pie de rey	DJK	PR-2005	PPR005	0 a 150	0,05	0,025	mm	105	± 0,5	20	Sí
P-T034	Pie de rey	DJK	PR-2005	PPR005	0 a 150	0,05	0,025	mm	105	± 0,5	20	Sí
P-T035	Pie de rey	DJK	PR-2005	PPR006	0 a 200	0,02	0	mm	125	± 0,05	5	Sí
P-T036	Pie de rey	DJK	PR-2006	PPR008	0 a 150	0,01	0	mm	85	± 0,03	6	Si
P-T037	Cinta	STAN	CCM-03	KKK205	0 a 3000	1	0,1	mm	2500	± 0,5	1	No
P-T038	Regla	KAJIM	RG2005	R4556	0 a 1000	0,5	0,25	mm	500	± 2	8	Sí

11 DESIGNACIÓN DE PERSONAL COMPETENTE PARA LA GESTIÓN METROLÓGICA

En la actualidad, las organizaciones afrontan cambios acelerados, lo que incluye mercados globalizados, clientes más exigentes y nuevas tecnologías. Todo esto conduce a una competencia más dura y la clave para mantenerse no es otra que entregar productos que satisfagan las necesidades y expectativas de los clientes con precios competitivos. Por tal razón, los procesos que se ejecutan para lograr esos productos o servicios deben garantizar que se trabaje siempre bien. La idea clave está en que la calidad es fundamental en todos los pasos del proceso; así se considera en todo el mundo.

La organización debe asegurar la competencia de todo el personal que opera los equipos de medición, tanto los que realizan ensayos, calibraciones, verificaciones y seguimientos como los operadores que evalúan los resultados y firman los informes de ensayos, reportes de verificación, certificados de calibración y registros de seguimiento.

Si la organización cuenta con personal en formación, debe asegurarse de proveer una adecuada supervisión. Igualmente, el personal que realice tareas específicas debe estar calificado sobre la base de una educación, formación, experiencia o habilidades demostradas, según se requiera, y ser capaz de:

- Proporcionar los conceptos, métodos y técnicas que permitan llevar a cabo la gestión metrológica asociada a los procesos de la empresa, de manera coherente con los requisitos del cliente y las partes interesadas.
- Conocer los conceptos relacionados con la gestión metrológica en un sistema de gestión de las mediciones.
- Identificar el alcance del sistema de gestión de la medición basado en la normativa vigente.
- Presentar la metodología para identificar el seguimiento y medición por realizar según los requisitos metrológicos del cliente, y evaluar la capacidad de la organización para cumplirlos.
- Conocer la metodología y aplicar los conceptos y herramientas para la confirmación metrológica.

El metrólogo debe ser competente para diseñar metodologías que le permitan implementar un sistema de aseguramiento metrológico en cualquier tipo de organización donde se realicen mediciones que afecten la calidad del proceso o producto. Debe ser una persona capaz de identificar las variables críticas, seleccionar adecuadamente los equipos requeridos, aplicar la normativa vigente, crear cultura metrológica en la empresa y documentar el sistema de aseguramiento metrológico, de forma tal que permita garantizar el control adecuado de cada equipo de medición que interviene en la variable crítica identificada. Además, debe realizar calibraciones y verificaciones a los equipos de medición según instructivos, recomendaciones del fabricante o normas existentes para cada variable.

11.1 Validación de resultados y acciones

Cuando se calibra un equipo de medición, el resultado final tiene dos opciones:

Que el equipo de medición calibrado sea aprobado

Un equipo puede ser puesto en servicio y operado a satisfacción cuando cumpla con los parámetros de precisión y exactitud establecidos; los límites de error calculados en la calibración no superen los límites de error permitidos por las normas; la incertidumbre de medición sea conocida y esté dentro de los parámetros establecidos según los criterios metrológicos.

Que el equipo de medición calibrado sea rechazado

Un equipo de medición que no cumpla con los parámetros exigidos y que durante su calibración se determine que no es apto para realizar mediciones, puede dar lugar a una de las siguientes decisiones:

- Ajuste.
- Reparación.
- Reclasificación.
- Reubicación.
- Cambio definitivo.

Se debe tener en cuenta que después de las actividades de ajuste y reparación el equipo debe ser recalibrado (ver flujograma de la gestión metrológica).

Criterios

La incertidumbre de la medición: son los límites dentro de los cuales se espera encontrar el valor verdadero de lo que se está midiendo. Ésta es producida por diferentes causas.

- Método de medición.
- Errores del observador.
- Influencia de los factores ambientales.
- Resolución de los instrumentos de medida.
- Exactitud de los patrones de medición.
- Falta de conocimiento o pericia del operador.

En una serie de lecturas sobre una misma dimensión constante, la inexactitud o incertidumbre es la diferencia entre los valores máximo y mínimo obtenidos.

Incertidumbre = valor máximo - valor mínimo. Éste es un criterio que puede tenerse en cuenta para determinar la incertidumbre de medición.

Error absoluto. Es la diferencia entre el valor leído y el valor convencionalmente verdadero correspondiente.

Error absoluto = valor leído - valor convencionalmente verdadero.

Error relativo: es la razón del error absoluto y el valor convencionalmente verdadero.

Error relativo = Error absoluto / valor convencionalmente verdadero

Como el error absoluto es igual a la lectura menos el valor convencionalmente verdadero, entonces:

Error relativo = (valor leído – valor real) / valor real

Con frecuencia, el error relativo se expresa como un porcentaje de error, multiplicándolo por cien:

Porcentaje de error = error relativo • 100 %

Ejemplo de la medida de un error

Sea, por ejemplo, un remache cuya longitud es de 5,4 mm, se mide cinco veces sucesivas y se obtienen las siguientes lecturas:

5,5 mm; 5,6 mm; 5,5 mm; 5,6 mm; 5,3 mm

Incertidumbre = 5,6-5,3 = 0,3 mm

Los errores absolutos de cada lectura serían:

5,5 – 5,4 = 0,1 mm

5,6 – 5,4 = 0,2 mm

5,5 – 5,4 = 0,1 mm

5,6 – 5,4 = 0,2 mm

5,3 – 5,4 = –0,1 mm

El signo indica si la lectura es mayor (signo +) o si es menor (signo –) que el valor convencionalmente verdadero. El error absoluto tiene las mismas unidades de la lectura.

El error relativo y el porcentaje de error para cada lectura serían:

0,1 / 5,4 = 0,0185 = 1,85 %

$0,2 / 5,4 = 0,037 = 3,7\ \%$

$0,1 / 5,4 = 0,0185 = 1,85\ \%$

$0,2 / 5,4 = 0,037 = 3,7\ \%$

$-0,1 / 5,4 = 0,0185 = -1,85\ \%$

11.2 Identificación de variables críticas

Variable crítica. Aquella que interviene y afecta la calidad de un producto o proceso. La variable crítica tiene fuerte influencia en la calidad, en los costos de fabricación y de seguridad.

Variable de influencia. Aquella que no es la de control directo en el producto o proceso, pero influye en el resultado final de la medición que se realiza.

La identificación y selección de las variables críticas debe realizarse teniendo en cuenta otros aspectos como:

- Importancia de la medición por realizar.
- Frecuencia de medición.
- Condiciones ambientales en las que se realizan las mediciones.
- Equipos utilizados.
- Calidad de los equipos de medición.
- Rango y resolución de los equipos.
- Severidad de uso de los equipos utilizados.
- Rango de medición de la variable.
- Intervalos de tolerancia.
- Capacidad de trabajo de los equipos de medición.
- Competencia de los operadores involucrados en las mediciones.
- Requisitos del cliente.

11.3 Frecuencias de calibración

La frecuencia de calibración la define el usuario del equipo o el metrólogo, y no la entidad externa que presta el servicio. El intervalo o periodo de recalibración debe ser aproximadamente de un año. Con el fin de determinar periodos razonables de calibración, se deben tener en cuenta los siguientes criterios:

- **Intervalo de calibración recomendado por el fabricante.** Las especificaciones de los fabricantes indican la frecuencia con que deben calibrarse los equipos, pero es posible que las mediciones críticas requieran diferentes intervalos.
- **Antes de realizar una medición crítica importante.** Suponga que lleva una planta a control y hacen falta mediciones de alta precisión. Decida cuáles serán los instrumentos por utilizar en esa comprobación. Envíelos a calibrar y luego guárdelos "bajo llave" para evitar que se utilicen antes de un control.
- **Después de un proyecto de medición crítica importante.** Si reservó instrumentos de control calibrados para una operación en particular, envíelos para calibración después del control. Cuando reciba los resultados podrá saber si ese control está completo y es confiable.
- **Después de un evento.** Si el instrumento sufrió un golpe –algo pegó contra la sobrecarga interna y la dejó inactiva o la unidad recibió un impacto muy fuerte– envíelo a calibrar y controlar su seguridad.
- **Por requisito particular.** Algunas mediciones requieren equipos de control calibrados y certificados. Sin importar la magnitud del proyecto, revisar las especificaciones antes de realizar un control. Es posible que este requisito no esté claramente expresado sino que simplemente se da por sentado.
- **Mensual, trimestral o semestral.** Si realiza mediciones críticas con frecuencia, las calibraciones seguidas aseguran una menor posibilidad de resultados poco confiables.
- **Anual.** Si realiza una combinación de mediciones críticas y simples, las calibraciones anuales suelen ser el mejor equilibrio entre prudencia y costos.
- **Semestral.** Si rara vez realiza mediciones críticas y su medidor no está expuesto a riesgos, un control poco frecuente resulta económicamente conveniente.
- **Nunca.** Si en su trabajo sólo requiere controles de voltaje alto (por ejemplo, "Sí, esos son '480V"), la calibración parece un exceso. Pero ¿qué pasaría si el instrumento sufriera un accidente? La calibración permite utilizarlo con confianza.

Todo lo relacionado con la gestión metrológica de la empresa debe estar escrito en el documento *Manual de aseguramiento metrológico,* que contiene los lineamientos claros y concretos sobre el desarrollo del aseguramiento metrológico.

11.4 Pasos importantes para la elaboración del *Manual de aseguramiento metrológico*

- Objetivo general.
- Objetivos específicos.
- Campo de aplicación.
- Alcance.
- Definición de términos.

Desarrollo del manual

- Insumos.
- Determinación de variables críticas.
- Selección de equipos.
- Recepción.
- Clasificación.
- Identificación (codificación).
- Rotulado.
- Calibración.
- Verificación.
- Seguimiento.
- Criterios de aceptación o rechazo.
- Solicitud de servicios externos.
- Almacenaje.
- Tratamiento de equipos (aprobados, rechazados, pendientes, extraviados y sin uso).
- Documentos del sistema.
- Control de los documentos.
- Archivo.

Anexos

- Registros de calibración.
- Certificado de calibración.
- Inventario de equipos de medición.
- Rótulos para la identificación del estado de los equipos.
- Reporte de equipos rechazados.
- Reporte de equipos vencidos.
- Reporte de equipos pendientes.
- Reporte de equipos extraviados.
- Solicitud de servicios externos.
- Normas referencias para calibraciones.
- Manuales del fabricante de los equipos de medición.
- Procedimientos internos de calibración, verificación y seguimiento.

Presentación

- Laboratorio de metrología.
- Servicios internos.
- Servicios externos.
- Referencia normativa, alcance
- Objetivo del aseguramiento metrológico.

Procesos operacionales del Sistema de gestión del aseguramiento metrológico

- Gerencia.
- Suministros.
- Mantenimiento.
- Informática.
- Producción.

La organización administrativa de la gestión metrológica difiere entre las organizaciones; sin embargo, la normativa vigente aplica de igual forma para cada sistema de gestión de las mediciones implantado.

El establecimiento de las frecuencias de calibración, verificación y seguimiento son criterios de cada empresa. La elaboración y desarrollo de los documentos, los procedimientos adoptados, los instructivos y demás documentos del sistema son diseñados, elaborados y evaluados según criterios de cada sistema de gestión de la calidad implantado en la empresa y acorde con la normativa vigente adoptada.

12 | METROLOGÍA APLICADA

La *metrología* es considerada como el proceso o la ciencia de la medición. No obstante, existen consideraciones externas sobre la medición que la afectarán; es el caso de la selección del equipo que se va a utilizar y la implicación que tienen sus costos[24].

La mejor compra, a largo plazo, es posible cuando todos los factores significativos de costo beneficio se suman.

El coordinador del laboratorio deberá determinar las capacidades y especificaciones que realmente se necesitan, los costos reales para la compañía y los riesgos de comprar un determinado instrumento.

Cuando se selecciona un equipo con propósitos de patrón de referencia, una de las más importantes acciones es determinar cuán exacto debe ser y saber a ciencia cierta si puede servir para calibrar otros instrumentos apropiadamente; se deben definir requerimientos de exactitud y precisión, trazabilidad y estabilidad, y establecer el nivel de incertidumbre que se debe obtener.

---

24. Costos asociados a todo lo que implica la gestión metrológica en la organización y que se determinan desde la selección de un equipo de medición hasta la puesta en servicio y su mantenimiento preventivo durante su vida útil.

Cuando se selecciona un equipo para calibración o medición, una regla esencial es seleccionar el equipo adecuado para satisfacer las necesidades particulares. Sin embargo, identificarlas no siempre resulta obvio. Se deben tener en cuenta las relacionadas con las condiciones ambientales: altura, temperatura, humedad relativa, ruido, vibraciones, polvo, entre otras.

Las técnicas metrológicas requieren circunstancias adicionales en el equipo, al igual que el nivel del operador. Además, se debe saber si son claras las especificaciones del manual y si se requieren conocimientos especiales de *software,* idioma, tiempo de operación, vida útil del equipo, etcétera.

Los precios originales de compra no son el costo más significativo asociado con el nivel de exactitud del instrumento[25]. El primer factor es el retorno de la inversión: ¿Puede el equipo mejorar las capacidades del laboratorio que justifiquen su costo?, ¿puede manejar la carga de trabajo?, ¿incrementaría la eficiencia? y ¿puede con accesorios complementar otras funciones?

La confianza en el equipo es una consideración fundamental por cuanto implica que el trabajo se realice correctamente. Si se ponen en duda las mediciones de un equipo, se perderá la medición y se aplicará el rigor metrológico. La repetibilidad de una medida y el desempeño de una marca especial generan credibilidad.

12.1 Funciones de un sistema de aseguramiento metrológico (SAM)

Las funciones del Sistema de Aseguramiento Metrológico (SAM) son asegurar física y documentalmente que los resultados de cada una de las mediciones tengan la fiabilidad, representatividad, utilidad y exactitud suficientes para su uso y para la toma de decisiones a que haya lugar.

Por otra parte, las funciones de los comités técnicos consisten en diseñar la estructura de los grupos de trabajo y de tarea, definiendo la calidad y temas de estudio de cada uno de ellos.

25. Exactitud: hace referencia a la resolución que debe tener el equipo de medida, la cual corresponde a la capacidad mínima de lectura de instrumento.

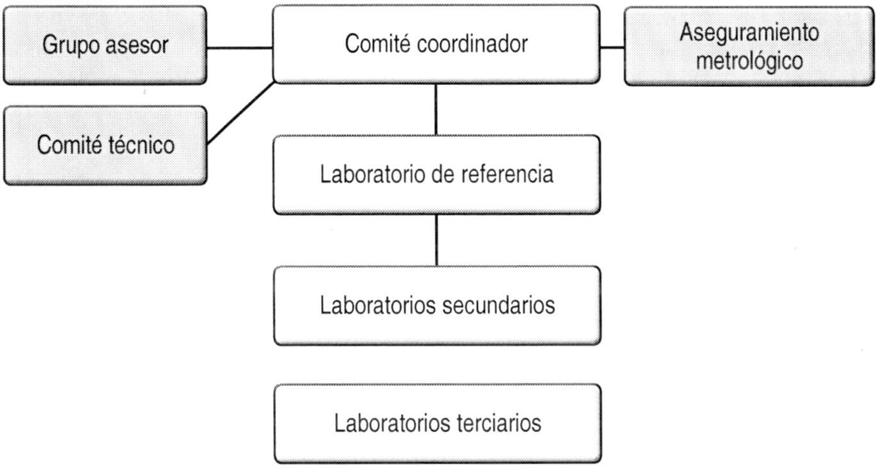

Figura 12.1. Ejemplo de una estructura funcional.

Fuente: Memorias curso metrología básica TTM 2010.

12.2 Objetivos de un sistema de aseguramiento metrológico (SAM)[26]

1. Asegurar la transferencia y el mantenimiento de la exactitud de las mediciones mediante la cadena de trazabilidad correspondiente a escala nacional o internacional.
2. Estructurar el sistema de laboratorios de metrología en concordancia con las necesidades de las áreas a que pertenecen.
3. Normalizar los sistemas de gestión metrológica.
4. Aprovechar los conocimientos, experiencias y prácticas en medición e incentivar su desarrollo.
5. Fomentar, promover y desarrollar la cultura metrológica en la organización.

26. Universidad del Valle. Grupo de Investigación en Alta Tensión: Memorias del "Seminario sobre metrología aplicada a la industria". Santiago de Cali, abril 16 y 17 de 1998.

12.3 COSTOS DEL SISTEMA DE ASEGURAMIENTO METROLÓGICO (SAM)

Los costos de mantener el equipo calibrado deben considerar la facilidad de la calibración y los instrumentos necesarios para realizarla, y determinar si es necesario enviar el equipo fuera del laboratorio o fuera del país.

La determinación del costo durante el periodo de vida de los equipos se puede dividir en los cinco (5) grupos de costos que se ilustran en el figura 12.2.

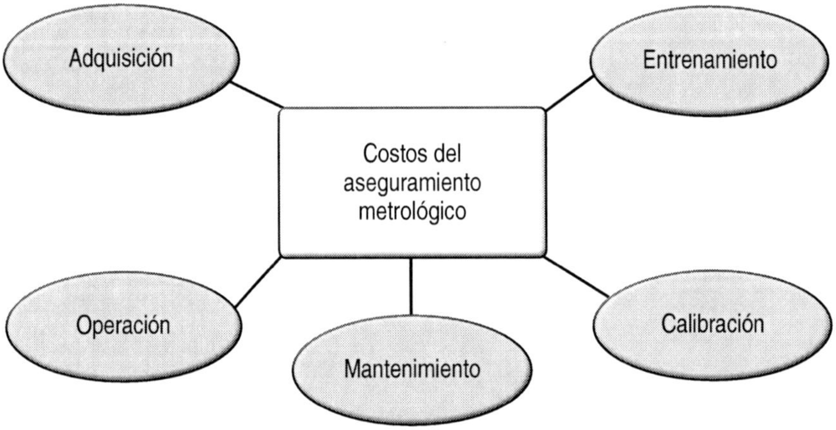

Figura 12.2. Estructura de los costos.

Costos de adquisición

Se definen los costos iniciales de despacho de los equipos y sus costos asociados, como la sumatoria de los de:

- Consecución.
- Evaluación.
- Precio.
- Arranque.
- Flete.
- Tiempo de despacho.

Consecución. Costos de la determinación de especificaciones y requerimientos técnicos de los equipos de medición.

Evaluación. Costos de análisis de los equipos de medición representados en tiempo, viajes, visitas a los fabricantes, demostraciones, etcétera.

Precio. El valor real del equipo de medición por comprar.

Arranque. Costos de colocar el equipo de medición en el laboratorio (lugar especial, tomas especiales, instalaciones eléctricas nuevas, entre otros).

Fletes. Costos de los fletes de envío del equipo de medición.

Tiempo de despacho. Costo causado por el retardo en la entrega, dependiendo del lugar donde se compra y fabrica, el distribuidor, el país, etcétera.

Costos de entrenamiento

El entrenamiento es reconocido como necesario y fundamental en el proceso de la instrumentación. Debe ser considerado como parte integral del instrumento, antes de encontrar problemas por causa de una mala instrucción. Los costos del entrenamiento siempre son importantes cuando se trata de personal nuevo.

Cuando los costos de un entrenamiento no están disponibles, ya sea por problemas técnicos o geográficos, pueden tener una alta incidencia en el costo final.

A continuación se definen los costos de entrenamiento:

Entrenamiento de operación. Comprende todo lo concerniente a operación de las funciones del equipo de medición, programas o programación, generación de procedimientos, documentación de resultados y reportes.

Entrenamiento de calibración. Cuando se usa un instrumento como patrón, la calibración del mismo y los requerimientos especiales para lograrlos son de suma importancia. Muchas veces el procedimiento no está disponible sino en fábrica, o en condiciones altamente especializadas, y sus costos o procedimientos resultan tanto o más costosos que el mismo instrumento.

Entrenamiento de mantenimiento. Muchos equipos de medición requieren mantenimiento periódico. Si el mantenimiento tiene que realizarse fuera del laboratorio, los costos se considerarán más adelante.

Entrenamiento del instructor. En algunas situaciones se requiere considerar la disponibilidad de un instructor.

Costos de operación

Éstos pueden ser los costos más complejos de evaluar. Cada tipo de instrumento tiene diferentes grupos de elementos que comprometen la operación.

Los costos por operación se pueden clasificar así:

Costos flotantes. Cuando el equipo de medición no está disponible por ser un instrumento transitorio o que requiere moverse, se dice que son unidades flotantes.

Costos de operación compleja. Cuando la operación del equipo de medición es de alto riesgo, los costos de entrenamiento más complejos son necesarios.

Costos perdonables. La sensibilidad de un equipo de medición a los errores del operador pueden tener impacto en los costos de operación.

Costos de automatización. Los equipos de medición que incluyen procesos u operaciones automáticas reducen los costos de operación favorablemente.

Costos de documentación. Desarrollar procedimientos, guías de operación, de calibración, verificación y seguimiento, por ejemplo, representa un costo obligatorio en la gestión metrológica.

Costos de especificaciones. De qué tan bien está realizando un equipo de medición su trabajo, depende la posibilidad de evaluarlo.

Los costos de falta de confianza en las mediciones de un instrumento pueden, además del riesgo, introducir costos de trabajo adicionales. Aunque el papel aguante todo, la ausencia de un manual con todas las especificaciones claras convierte el instrumento por medir en uno imposible de calibrar.

Costos de expandibilidad. Si el instrumento permite una futura expansión de sus capacidades, el comprador debe prever las necesidades futuras y la posibilidad de obtenerlas en un futuro.

Costos de calibración

Los costos de mantener la calibración de un equipo de medición son significativos. Éstos varían como una función de la filosofía y estrategia de la calibración[27].

Los factores que afectan los costos de la calibración son:

Frecuencia de calibración. Número de veces en el año que el equipo de medición debe ser calibrado.

Tiempo de calibración. Qué tan largo puede ser el periodo en que se mantiene la calibración, depende tanto del tipo de instrumento como de los procedimientos y equipos de laboratorio. Un gran número de puntos de ajuste y aplicación de constantes incrementa el costo. ¿Puede la calibración realizarse en un sitio o es necesario su envío a fábrica? ¿En cuánto tiempo lo regresan?

Costos de transporte. Tienen que ser incluidos si el laboratorio de calibración no es local.

Costos de portabilidad. Se refiere a qué tan fácil es el envío del equipo de medición por calibrar y cuál es su influencia en los costos de empaque y personal especializado requerido.

Costos por requerimientos de patrones de calibración. Evaluar si están los patrones requeridos para la calibración local, si se requiere un patrón especial único.

27. Las calibraciones se realizan según el plan establecido por la organización e involucran los costos de seguimiento del equipo durante su frecuencia establecida.

Costos de mantenimiento

La mayoría de los instrumentos electrónicos tienen costos asociados con la reparación o fallas, mantenimiento preventivo y garantías tales como:

Costos por fallas. Uno de los muchos factores que afectan este ítem es el número de veces que falla el instrumento. Obviamente, mientras más ocurra, más altos serán los costos. Cuando se presenta una falla, qué tan fácil y costoso es reparar el instrumento localmente y con qué recursos cuenta para diagnosticarla. Otros costos asociados pueden deberse a que se requieran equipos de prueba especiales para la detección de la falla y como si es necesario incluir costos de transporte de carga especiales y de manejo.

Rutinas de mantenimiento. El número de rutinas de mantenimiento se reduce en el caso de la instrumentación electrónica; pero el costo aplica en elementos mecánicos.

Aprovisionamiento. Módulos y partes claves varían, dependiendo de la filosofía de soporte de la instrumentación.

Periodos de garantía. Las fallas pueden ocurrir durante el periodo de garantía y los costos pueden ser asumidos por el fabricante. La competencia y seriedad del fabricante puede marcar la diferencia en este costo.

13 LABORATORIO DE METROLOGÍA

13.1 Establecimiento y operación

El laboratorio de metrología es el lugar equipado con diversos equipos de medida, materiales y patrones de referencia donde se realizan mediciones de piezas, calibraciones o verificaciones de instrumentos de medida de uso industrial o investigaciones diversas según la rama de la ciencia a la que se dedique[28].

Su importancia, sea en mediciones, calibraciones o verificaciones, o a escala industrial, y en cualquiera de sus especialidades (química, volumétrica, dimensional, electricidad, manométrica, etcétera), radica en el hecho de que las condiciones ambientales deben ser controladas y normalizadas, de modo que:

- Se puede asegurar que no se producen influencias extrañas (a las conocidas o previstas) que alteren el resultado de la medición, la calibración, la verificación o la medición: control.
- Se garantiza que la actividad metrológica realizada sea repetible, es decir, cualquier otro laboratorio podría llevar a cabo el proceso y obtener el mismo resultado: normalización.

28. Laboratorios de metrología industrial, laboratorios de metrología privados, laboratorios de metrología de carácter público (acreditados, certificados o con trazabilidad en sus medidas nacional o internacionalmente).

Implementación

En la implementación de un laboratorio de metrología se debe contemplar el establecimiento y la ejecución de un sistema de calibración y verificación que certifique los equipos de medición.

El laboratorio debe establecer y mantener la documentación necesaria que detalle la operación del sistema: la selección de los equipos requeridos, la consecución, la recepción, la identificación, la puesta en servicio, la calibración, la verificación y sus respectivas frecuencias, las competencias del personal y el tratamiento y mantenimiento de los equipos patrón.

Delegación

El laboratorio de metrología puede delegar a otras partes la función de mantener y ejecutar el sistema de calibración, la cual debe estar debidamente documentada. Para delegar el sistema de calibraciones a terceros se deben tener en cuenta los siguientes aspectos:

- Demostrada trazabilidad.
- Cumplimiento de las condiciones ambientales requeridas.
- Patrones de medición adecuados y de exactitud exigida.
- Personal calificado y competente para realizar las calibraciones.
- Procedimientos debidamente documentados, revisados y actualizados.
- Infraestructura adecuada que garantice los requisitos metrológicos del cliente.

Documentación

Todos los aspectos del sistema de calibración y del plan anual de calibración deben estar formalizados en documentos, escritos en forma detallada, revisados y aprobados. El laboratorio debe proporcionar evidencias objetivas de la operación del sistema y de su concordancia con el plan anual de calibraciones a la organización o a cualquier entidad contratante.

Entrenamiento

El laboratorio debe establecer un nivel de capacitación y entrenamiento en la documentación del Sistema de Aseguramiento Metrológico. Este entrenamiento se debe documentar de forma específica y mantenerlo disponible para cualquier revisión o inspección.

Descripción del sistema de calibración

Se debe establecer y mantener la documentación necesaria que detalle la operación del sistema. Ésta debe describir los intervalos de recalibración y la identificación de cada equipo de medición utilizado o calibrado.

Selección y uso del equipo

En el laboratorio de metrología se debe utilizar únicamente patrones con calibraciones vigentes y, además, asegurarse de que cumplan con las tolerancias y resoluciones necesarias para la calibración.

Para la selección de un equipo patrón se debe tener en cuenta que éste, en la medida de lo posible, debería ser ser diez veces más preciso que el equipo por calibrar. Como no siempre es posible para la empresa, bien sea por costos o porque no se encuentra el nivel de exactitud requerido, se debe garantizar una buena base para efectuar la calibración y el seguimiento de los equipos de medición.

Controles ambientales

Para mantener la exactitud de los equipos, el laboratorio debe calibrarlos en las condiciones ambientales controladas, que se deben tener en cuenta para todas las variables.

Laboratorio de primer nivel (I)

Es el laboratorio primario a escala nacional. En él se custodian los patrones nacionales de referencia para cada país. Por ejemplo, en México es el Centro Nacional de Metrología (Cenam); en Estados Unidos, el Instituto Nacional de Patrones y Tecnología (NIST); en Canadá, el Consejo Nacional de Investigación (NRC), y en Colombia, la División de Metrología de la Superintendencia de Industria y Comercio (SIC)[29].

29. Superintendencia de Industria y Comercio: organismo de carácter técnico orientado a fortalecer los procesos de desarrollo empresarial y los niveles de satisfacción del consumidor y, además, a organizar y administrar el Sistema Nacional de Normalización, Certificación y Metrología.

Laboratorios de segundo nivel (II)

Son laboratorios secundarios. Sus patrones se calibran por comparación contra patrones de laboratorios primarios nacionales o internacionales. Por ejemplo, el Laboratorio de Pruebas de Equipos y Materiales de CFE (Lapem), la Comisión Federal de Telecomunicaciones (Confetel) y la Central Nuclear Laguna Verde (CNLV).

En algunos casos, el laboratorio de nivel II se subdivide en laboratorios tipo I y tipo II, en los que el laboratorio tipo I presta servicios de calibración al de tipo II.

Laboratorios de tercer nivel (III)

En este nivel se tienen los equipos que generalmente se calibran antes de usarse o que se verifican en los mantenimientos propios de los procesos. Algunos ejemplos de laboratorio terciarios son los de control de calidad en las líneas de producción, los departamentos de instrumentación y control, los talleres de reparación y ajuste y los de calibración.

Ejemplo

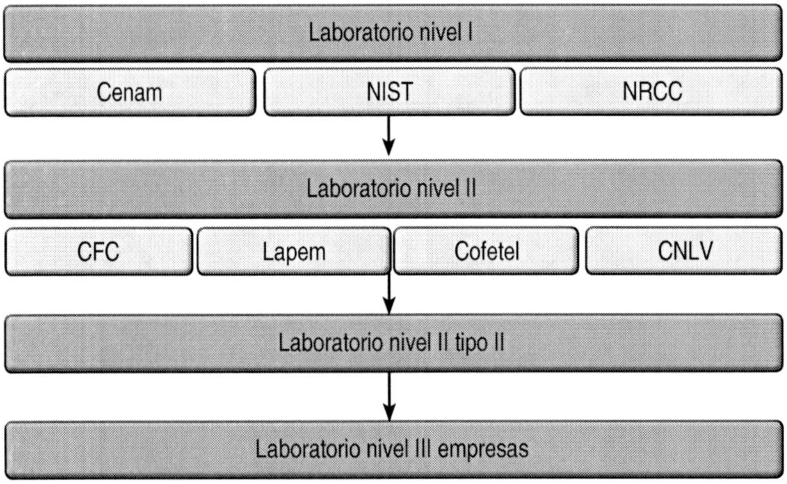

Figura 13.1. Laboratorios de tercer nivel

Fuente: Memorias de la pasantía en metrología - SIC 2001.

Tabla 13.1
Condiciones ambientales para laboratorios

Laboratorio	Nivel	Temperatura (°C)	Humedad (%)	Ruido (db)	Iluminación (lux)
Dimensional	I y II	20 ± 1	40 %	45 dB	1000 lux
Dimensional	III	20 ± 2	40 a 60 %	45 dB	1000 lux
Presión	I	23 ± 1	35 a 55 %	45 dB	1000 lux
Presión	II	23 ± 1,5	20 a 55 %	45 dB	1000 lux
Presión	III	23 ± 1,5	40 a 60 %	45 dB	1000 lux
Masas	I	23	35 a 55 %	45 dB	1000 lux
Masas	II	23	20 a 55 %	45 dB	1000 lux
Fuerza	I y II	10 a 35 ±2	N/A	N/A	N/A
Temperatura	I	23 ± 1	40 a 60 %	45 dB	1000 lux
Temperatura	II	23 ± 1,5	40 a 60 %	45 dB	1000 lux
Temperatura	I	23 ± 1	40 a 60 %	45 dB	1000 lux
Temperatura	II	23 ± 1,5	40 a 60 %	45 dB	1000 lux
Volumetría	I y II	20 ± 1	40 a 60 %	45 dB	1000 lux
Higrometría	I y II	20 ± 1	40 a 60 %	45 dB	1000 lux

Fuente: www.sc.ehu.es/sbweb/fisica/unidades/unidades/unidades.htm.

Tabla 13.2
Recomendaciones importantes sobre otras variables influyentes en las actividades metrológicas en laboratorios eléctricos

Variable	Especificación
Ruido acústico	Máximo 45 dB
Partículas de polvo	Menos de 7 × 106 partículas mayores de 1μm por m^3 menos de 4 × 107 partículas mayores de 0,5 μm por m^3; sin partículas mayores de 50 μm
Campos magnéticos y eléctricos	Máximo campo de radiación de 100 μV/m; máxima resistencia de la tierra CD a tierra de 2Ω; máxima resistencia de tierra CA a tierra de 5Ω
Presión del aire	Presión positiva de 10 pascales (0,1 milibar)
Iluminación	1000 lux al nivel de la mesa de trabajo
Humedad relativa	Tipo I 35 – 55 % @ 23 C; TIPO II 20 – 55 % @ 23 C
Temperatura	Tipo I 23 C ± 1 C; tipo II 23 C ± 1,5 C
Vibración	No aplica para laboratorios eléctricos
Regulación de tensión de línea	Cambio máximo de la tensión promedio de 0,1 % manteniendo los transitorios al mínimo. El contenido total de armónicas no debe exceder el 5 % de la fundamental

Fuente: www.sc.ehu.es/sbweb/fisica/unidades/unidades/unidades.htm.

Periodicidad de la calibración

Cualquiera que sea el instrumento de medida, un proceso de comparación sistemático debe evitar toda degradación de la calidad de las medidas por efectuar y garantizar su credibilidad en el tiempo.

La calibración de los equipos debe efectuarse en intervalos programados[30] contra equipos patrón certificados, que tengan su trazabilidad con patrones nacionales o internacionales. Las frecuencias de la calibración pueden ser establecidas para cada unidad de medición. Algunos factores por considerar para establecer las frecuencias son:

Factores

- Severidad del medio ambiente.
- Severidad de uso.
- Frecuencia de uso.
- Calidad del equipo de medición.
- Exactitud requerida.
- Historia de las calibraciones.
- Importancia de las características por medir.

Los intervalos entre calibraciones periódicas se establecen de manera que se mantengan niveles aceptables de confianza y el equipo o instrumento opere dentro de sus límites o tolerancias especificadas.

Se debe establecer, documentar y cumplir con las frecuencias de calibración y de verificación y seguimiento, tanto de los patrones de referencia utilizados como de los equipos de medición de la organización que forman parte del sistema de aseguramiento metrológico.

Procedimientos de calibración, verificación y seguimiento

Se deben mantener procedimientos documentados y aprobados. Se pueden utilizar normas, manuales del fabricante debidamente do-

30. Los intervalos programados para la calibración de los equipos son responsabilidad del usuario y los metrólogos que conocen las condiciones de uso y operación de éstos.

cumentados y soportados por instructivos de calibración, verificación y seguimiento interno realizado en la organización.

Perfil del puesto

Las mediciones siempre han sido parte de la vida cotidiana del ser humano, pues existen evidencias de que se han usado desde hace muchos siglos. Actualmente se utilizan y desarrollan en diversas áreas de investigación, en las ciencias y en la industria en general, en las cuales existen numerosos requisitos de acuerdo con el campo de aplicación.

Las competencias en materia de mediciones involucran y ubican al individuo en campos y aprendizaje especial, que pueden estar inherentemente subdivididos o ser más estrechos, no necesariamente por ser menos importante, si no todo lo contrario, por requerir mayores conocimientos y especialización.

En la práctica, cualquier medición realizada nunca tendrá la exactitud perfecta, pero sí la requerida para los fines que se pretenden. La imperfección del conocimiento de dicha medición involucra equipo, conocimiento (persona), condiciones ambientales y métodos de medición, lo que implica grandes costos para la organización. Por esta razón se deben documentar todos los niveles de conocimiento y experiencia exigidos en cada función en el sistema de gestión de las mediciones.

Las necesidades de aplicación y uso de la metrología no son sólo un problema del presente sino del futuro, puesto que cada uno de los sectores industriales y tecnológicos específicos demanda un interés de desarrollo particular en áreas y magnitudes de la metrología acordes con sus procesos y, a la vez, los institutos nacionales de metrología, así como los laboratorios de referencia de cada país, tendrán que realizar sus estrategias de desarrollo de acuerdo con los sectores industriales y tecnológicos que existan en dicho país, con el objeto de sustentar tal avance.

No conformidades

Se debe establecer un método para notificar que un equipo utilizado para calibración está fuera de tolerancia. Un equipo está no conforme cuando:

- No cumple con los requisitos de exactitud en el momento de la calibración.
- Cuando se duda de su comportamiento en las mediciones o de sus lecturas.
- Cuando se ha vencido su vigencia de calibración.

Fuente de calibración

Se debe mantener una trazabilidad comparable a patrones primarios o secundarios en los niveles nacional o internacional.

Una buena calibración requiere, además, patrones de referencia trazables, procedimientos documentados y validados, personal competente, condiciones ambientales conocidas y controladas, equipos aptos para someterlos a calibración y una infraestructura de los laboratorios acorde con el alcance de la calibración.

Estatus de la calibración

El estatus que se les debe dar a los equipos de medición durante su gestión metrológica puede ser identificado mediante rótulos.

El tipo de rótulos es un sistema propio de cada empresa. A continuación se presentan algunos modelos para identificar los estados de los equipos de medición en un sistema de gestión metrológica en la organización.

Calibrado. Cuando el equipo cumple con todos los requisitos que implica la calibración, se debe rotular y elaborar un certificado de calibración en el que se dé constancia de que el equipo es apto para continuar realizando mediciones. El rótulo de calibrado indica que el equipo fue intervenido (comparativamente) con patrones y que su estado es ideal para realizar mediciones hasta su próxima calibración.

Modelo de un rótulo de calibración

<table>
<tr><td rowspan="6">
Metrología</td><td colspan="3">Código:</td></tr>
<tr><td colspan="3">Calibrado</td></tr>
<tr><td colspan="3">Certificado:</td></tr>
<tr><td colspan="3">Fecha de calibración</td></tr>
<tr><td>DD</td><td>MM</td><td>AAAA</td></tr>
<tr><td></td><td></td><td></td></tr>
</table>

Verificado. Cuando los equipos no pueden ser calibrados porque no existe un patrón para la calibración o se quiere comprobar que un equipo calibrado cumple y mantiene los límites de error calculados en la calibración, debe elaborarse un informe de verificación.

El rótulo de verificado indica que el equipo cumple y es apto para realizar mediciones. Se identifican los equipos que han sido verificados con sistemas propios de cada empresa, para los cuales no existe un patrón de referencia nacional o internacional que permita efectuar la calibración. Además, se puede utilizar para indicar el estado de verificación o seguimiento de los equipos de medición.

Modelo de un rótulo para identificar equipos verificados

<table>
<tr><td rowspan="6">
Metrología</td><td colspan="3">Código:</td></tr>
<tr><td colspan="3">Verificado</td></tr>
<tr><td colspan="3">Informe:</td></tr>
<tr><td colspan="3">Fecha de verificación</td></tr>
<tr><td>DD</td><td>MM</td><td>AAAA</td></tr>
<tr><td></td><td></td><td></td></tr>
</table>

Pendiente. Cuando un equipo de medición no se ha podido calibrar porque, por ejemplo, no hay disponibilidad para calibrarlo el día en el que está programado, el responsable del procedimiento no se encuentra disponible, no se cuenta con el patrón de referencia para efectuar la calibración o cualquier otro motivo que impida hacerla el día señalado, se debe identificar el equipo como pendiente y elaborar, si es del caso, un informe de equipo pendiente por calibración o verificación en el cual se detallen la razón y las acciones por tomar.

El rótulo de pendiente permite identificar los equipos de medición que por causas determinadas en la organización no ha sido calibrado. El equipo en este estado no debe ser utilizado hasta que no se realice la respectiva calibración o verificación.

Modelo de un rótulo para identificar equipos pendientes

	Código:		
	Pendiente		
	Informe:		
	Fecha de verificación		
	DD	MM	AAAA
Metrología			

Uso limitado. Cuando un equipo se destina sólo para una función específica debe identificarse para cuál y garantizar su buen uso. Es recomendable que exista un reporte de uso limitado de equipos.

Modelo de un rótulo para identificar equipos de uso limitado

	Código:		
	Uso limitado		
	Certificado:		
	Fecha de calibración		
	DD	MM	AAAA
Metrología			

Rechazado. Cuando el equipo no cumple con las características metrológicas que se deben tener en cuenta en la calibración, debe identificarse como rechazado y dejar como evidencia el respectivo informe.

El rótulo de rechazado permite identificar los equipos que han sido declarados no conformes por el laboratorio de metrología y que deben ser sometidos a un ajuste o una reparación o que deben ser retirados definitivamente del sistema de gestión metrológica de la organización. Un equipo rechazado por metrología no debe ser utilizado en ninguna circunstancia en la organización para realizar mediciones críticas que afecten la calidad de un producto o servicio.

Modelo de un rótulo para identificar equipos rechazados

<table>
<tr><td rowspan="6">
Metrología</td><td colspan="3">Código:</td></tr>
<tr><td colspan="3">Rechazado</td></tr>
<tr><td colspan="3">Certificado:</td></tr>
<tr><td colspan="3">Fecha de calibración</td></tr>
<tr><td>DD</td><td>MM</td><td>AAAA</td></tr>
<tr><td></td><td></td><td></td></tr>
</table>

Los anteriores modelos de rótulos aplican para cualquier equipo de medición y en cualquier variable metrológica controlada en la organización.

Certificado de calibración

Para cada calibración se debe emitir un certificado o informe de calibración en el que se especifique el estado en el que se encontró y cómo quedó después de la calibración. Dicho certificado debe tener, como mínimo, lo siguiente:

- Encabezado en el que aparezcan el nombre de la empresa y el logo.
- Número de certificado.
- Datos técnicos del equipo calibrado.
- Información sobre el solicitante de la calibración.
- Breve descripción del sistema de calibración empleado.

- Condiciones ambientales de la calibración.
- Trazabilidad de los patrones de referencia utilizados.
- Recomendaciones generales.
- Firma de quien elaboró y quien revisó.
- Anexo que consiste en el registro de calibración o resultados de la prueba.

Modelo de un certificado de calibración

Certificado de calibración
Certificate of Calibration

Número: ____________________
Number

INSTRUMENTO: *Apparatus*	
FABRICANTE: *Manufacturer*	
MODELO: *Model*	
NÚMERO DE SERIE: *Serial number*	
CÓDIGO:	
RANGO DE MEDICIÓN: *Measurement Range*	
RESOLUCIÓN: *Accuracy*	
SOLICITANTE: *Customer*	
DIRECCIÓN DEL SOLICITANTE: *Customer address*	
FECHA DE RECEPCIÓN: *Date of reception*	
FECHA DE CALIBRACIÓN: *Date of calibration*	

NÚMERO DE PÁGINAS: ______________________
Number of Pages

____

FIRMAS AUTORIZADAS:
Autorized Signatory

______________________ ______________________

CALIBRADO POR: REVISADO POR:
Calibrated by *Cheked by*

Observaciones generales

Los resultados contenidos en el presente certificado se refieren al momento y condiciones en que se realizaron las mediciones. El Laboratorio que lo emite no se responsabiliza de los perjuicios que puedan derivarse del uso inadecuado de los instrumentos calibrados.

This results of this certificate refer to the moment and condition in witch the measurements were made. The issuing Laboratory assumes no responsibility for damages ensuing of the calibrated instruments.

Este certificado expresa fielmente el resultado de las mediciones realizadas. No podrá ser reproducido total o parcialmente, excepto cuando se haya obtenido previamente permiso del laboratorio que lo emite.

This certificate is an accurate record of the results of measurements performer this certificate may not be total or parially reproduced, except with the prior writen permission of the laboratory.

Calibración contratada

La empresa debe asegurarse de que un subcontratista cumple con los requisitos necesarios para efectuar calibraciones o verificaciones. Algunos aspectos por tener en cuenta para la contratación de servicios en metrología son:

- Que el subcontratista tenga las competencias que implica la gestión metrológica.
- Que posea un espacio (laboratorio) con condiciones ambientales controladas para la custodia de sus patrones de referencia y la realización de servicios de calibración y verificación de equipos.
- Que tenga un grupo de patrones que garantice la precisión en las mediciones.

- Que demuestre la trazabilidad de sus medidas a patrones nacionales o internacionales.
- Que tenga establecido un plan de aseguramiento metrológico y cumplimiento de las frecuencias establecidas.
- Que aplique la normativa vigente o los procedimientos documentados y validados.

Almacenamiento, manejo y embarque

El laboratorio de metrología debe garantizar que el almacenamiento, manejo y embarque de los equipos no altere los resultados de la calibración.

14 | METROLOGÍA DIMENSIONAL

La metrología dimensional se encarga de estudiar las técnicas de medición que determinan correctamente las magnitudes lineales y angulares. La medida es la evaluación de una magnitud hecha según su relación con otra magnitud de la misma especie adoptada como unidad. Tomar la medida de una magnitud es compararla con la unidad de su misma especie, para determinar cuántas veces ésta se halla contenida en aquélla.

La medición se puede dividir en directa e indirecta o por comparación. Los instrumentos de la primera se ponen directamente sobre la pieza que se va a medir, como en el caso de un calibrador pie de rey o un micrómetro. En cuanto a la segunda, utiliza métodos ópticos, electrónicos, neumáticos para obtener la dimensión final de una pieza (figura 14.1).

Durante el proceso de medición se deben tener presentes las siguientes definiciones:

- **Unidad.** Magnitud de una cantidad con la cual se expresan magnitudes de otras cantidades de la misma clase.
- **Patrón.** Algo definido y establecido por una autoridad como regla para la medida de una cantidad, peso, extensión o valor. También se puede considerar como la materialización de la unidad.

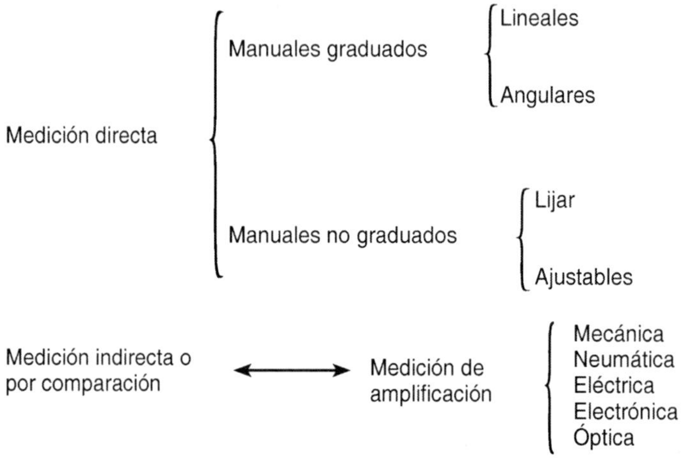

Figura 14.1. Clasificación de los instrumentos de medición.

El proceso de medición constituye principalmente las siguientes partes:

- Calibración del instrumento.
- Lectura.

Precisión. Habilidad que caracteriza a un instrumento para reproducir indicaciones aproximadas al valor verdadero de la magnitud medida, con una exactitud dada.

Exactitud. Desviación de la lectura con respecto a una entrada o valor conocido; es igualmente la proximidad de concordancia entre el resultado de una medición y el valor verdadero. Comúnmente se expresa en porcentaje (%) de la lectura de la escala total, pero igualmente puede ser dada en unidades de ingeniería conociendo el valor total de la escala.

La exactitud se puede mejorar por medio de la calibración pero no va más allá de la precisión del instrumento, es decir, la precisión de un instrumento nunca puede ser mayor que la exactitud.

Instrumento de medición exacto: es todo aquel en el cual, al realizar una serie de mediciones sucesivas en un mismo valor de su escala, se observa que todas las realizadas se acercan o son iguales al valor verdadero.

Instrumento de medición inexacto: es todo aquel en el cual, al realizar una serie de mediciones sucesivas en un mismo valor de su escala de medición, se observa que ninguna de las mediciones realizadas se acerca ni es igual al valor verdadero.

Instrumento de medición preciso: es todo aquel en el cual, al realizar una serie de mediciones sucesivas, en un mismo valor de su escala de medición se observa que todas las medidas realizadas indican valores cercanos o iguales entre sí pero no necesariamente cercanos o iguales al valor verdadero.

Instrumento de medición impreciso: es todo aquel en el cual, al realizar una serie de mediciones sucesivas en un mismo valor de su escala de medición, se observa que todas las medidas realizadas indican valores diferentes y dispersos entre sí.

El concepto de precisión y exactitud se puede entender con el ejemplo siguiente, que establece la relación con un juego de tiro al blanco (figura 14.2).

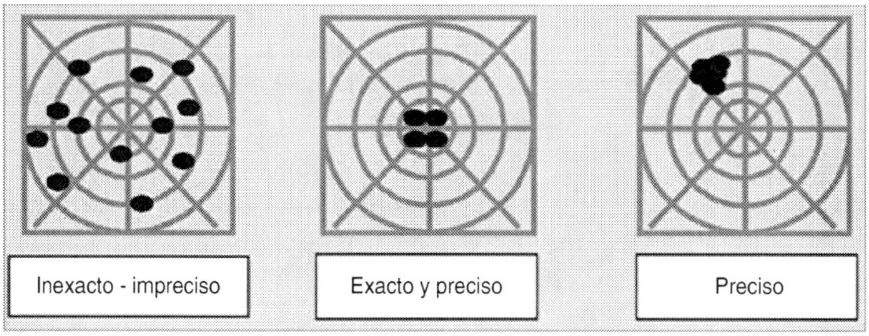

Figura 14.2. Precisión y exactitud.

Fuente: Memorias de la pasantía en mediciones industriales SIC 1993.

14.1 Tipos de instrumentos de medición

Calibrador pie de rey

El primer pie de rey fue diseñado por el francés Pierre Vernier, aplicando el sistema de doble escala inventado por el portugués Nonius, un siglo antes.

El calibrador vernier se fabricó para satisfacer la necesidad de un instrumento de lectura directa que pudiera brindar una medida fácilmente, en una sola operación. El calibrador típico puede tomar tres tipos de mediciones, como medidas externas, medidas internas y mediciones de profundidad y en algunos se pueden tomar mediciones de escalones o peldaños.

Calibradores pie de rey con Vernier[31]

Son instrumentos de medición que sirven para determinar medidas internas, externas, de profundidad y de resalto o escalones en algunos casos. Son de ajuste fino y fabricados en acero inoxidable endurecido con acabados en cromo; sus rangos pueden ir desde los 100 hasta los 1000 mm y sus resoluciones son de 0,01 mm, 0,02 mm, 0,05 mm, 0,1 mm y 0,5 mm (figura 14.1).

Partes de un pie de rey

Pie de rey con indicador de carátula analógica. Es un instrumento con indicador de cuadrante que permite realizar mediciones confiables. Es de fácil lectura, divisiones de escala de 0,1″ en la escala principal y de 0,001″ en la escala del vernier; también los hay con indicación en milímetros (figura 14.2).

Pies de rey digitales (electrónicos). Instrumentos de fácil lectura, con memoria y kit de conexión para computador; su resolución puede ser de 0,01 mm, con indicación en pulgadas y milímetros.

31. Pierre Vernier: matemático francés, inventor de instrumentos de medida de gran precisión como la escala vernier para medir longitudes (calibre o pie de rey).

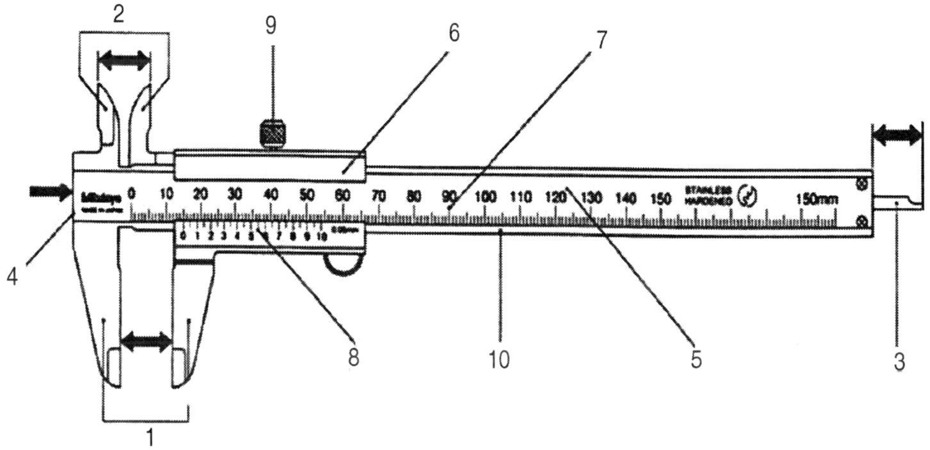

Figura 14.1. Partes de un pie de rey.

Fuente: Catálogo de instrumentos de medición de Mitutoyo.

1. Superficies para mediciones externas.
2. Superficies para mediciones internas.
3. Varilla para mediciones de profundidad.
4. Superficie de referencia para mediciones de escalones.
5. Escala en pulgadas.
6. Cursor.
7. Escala en milímetros.
8. Escala de vernier.
9. Tornillo de fijación.
10. Superficie de referencia.

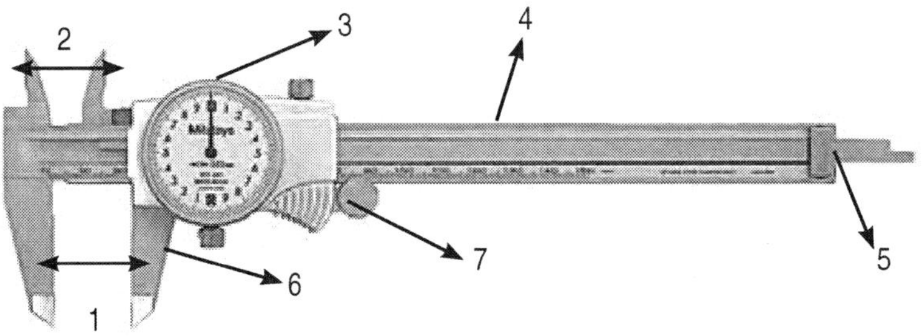

Figura 14.2. Partes del pie de rey de carátula.

Fuente: Catálogo de instrumentos de medición de Mitutoyo.

1. Superficies para mediciones externas.
2. Superficies para mediciones internas.
3. Reloj comparador de carátula.
4. Brazo principal.
5. Varilla de profundidad.
6. Tornillo de fijación.
7. Rodillo.

En la actualidad son de los más utilizados por sus ventajas de fácil y rápida lectura, operación y funcionalidad mejorada, gracias al sistema digital, pero pueden dar mayores errores en la toma de las lecturas si no se operan adecuadamente.

Sus principales características se resumen en la facilidad de lectura; los valores medidos se registran en una pantalla de cristal, con resolución de 0,01 mm. Además de estar libres de errores de lectura, estos instrumentos consumen poca energía, pues utilizan una batería pequeña que puede durar aproximadamente dos años, y responden rápidamente a la medida tomada.

Su estructura es igual al calibrador convencional, anexando la unidad de lectura digital; el mecanismo de operación es el mismo.

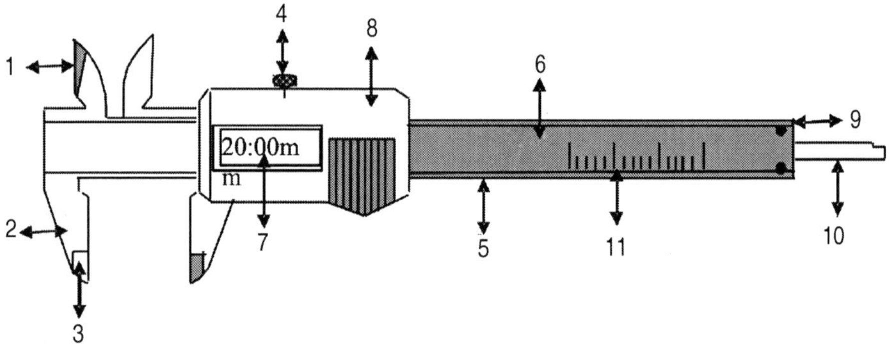

Figura 14.3. Parte de un pie de rey digital.

Fuente: Catálogo de instrumentos de medición de Mitutoyo.

1. Superficie de medición de interiores.
2. Puntas del brazo.
3. Cara de medición de exteriores.
4. Tornillo de fijación.
5. Brazo de fijación.
6. Brazo principal.
7. Cristal – que presenta datos digitales.
8. Cursor.
9. Superficie de referencia para mediciones de profundidad.
10. Barra de profundidad.
11. Escala principal.

Precauciones durante la utilización del pie de rey

- No usar el calibrador como martillo ni ejercer excesiva fuerza en él para evitar daños que alteren su funcionamiento.
- No utilizar las puntas como compás o rayador.
- Antes de tomar mediciones, eliminar polvo, rebabas y rayones de la pieza.
- No tratar de medir una pieza en movimiento.
- Verificar que el calibrador sea el adecuado para el proceso de medición, teniendo en cuenta el rango respectivo y la capacidad de trabajo requerida para el instrumento.
- Ubicación frente al instrumento de medición, adoptando la postura correcta para realizar la medición.
- Asegurarse de quitar el seguro para medir.
- Evitar el contacto con piezas metálicas que puedan oxidar el instrumento.

El pie de rey es un instrumento de medición industrial, fabricado para tomar medidas directas y exactas a interiores, exteriores a profundidades y en algunos casos resaltos o escalones a diferentes magnitudes longitudinales.

Este equipo de medición está conformado principalmente por dos escalas que permiten hacer lecturas exactas.

A. **Escala principal.** Es un brazo o barra metálica estática que arroja resultados en datos enteros. Está graduada por fracciones de 1 mm por cada división de escala.

Figura 14.4. Escala principal.

B. **Escala secundaria** (vernier o nonio). Es una escala auxiliar que se desliza a lo largo de la principal. Es la mínima lectura del instrumento.

Figura 14.5. Escala secundaria.

El vernier permite tomar medidas fraccionales más exactas. La resolución del vernier o el tamaño de cada una de sus divisiones se calcula teniendo en cuenta:

- La diferencia entre dos divisiones de escala consecutivas de la escala principal.

  20 mm – 10 mm = 10 mm

- • El resultado anterior se divide por el número de fracciones existentes entre las divisiones de la escala principal.

  10 mm/10 mm = 1mm

- • El resultado anterior se divide por el número de fracciones de la escala vernier.

  1 mm/20 mm = 0,05 mm es la resolución del instrumento

Técnica de medición

A. Medidas a exteriores

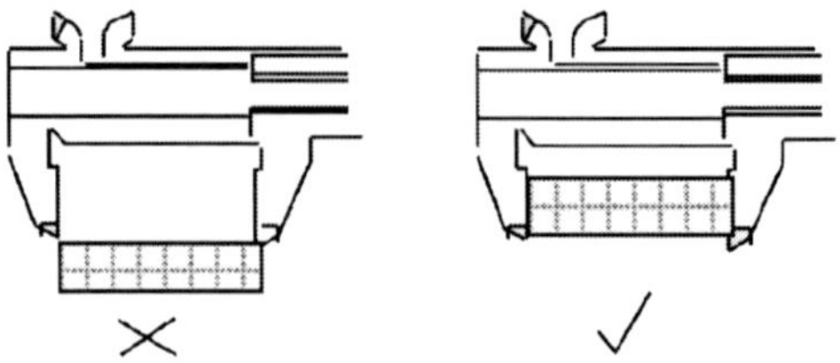

Figura 14.6. Medidas a exteriores.

Fuente: Manual de pie de rey de Mitutoyo.

- Abrir las superficies de medición del pie de rey para evitar el roce brusco con las superficies de medición.
- Introducir la pieza por medir y cerrar suavemente hasta que las superficies de medición del pie de rey hagan contacto con ella.
- Asegurarse de que la pieza esté completamente ajustada a las caras del calibrador.
- No ejercer excesiva fuerza.
- Ajustar el seguro luego de que la pieza esté completamente adaptada al calibrador.
- Tomar la lectura estando frente a la escala numérica (vernier) con el fin de eliminar el error de paralaje.
- Abrir nuevamente las superficies y retirar suavemente la pieza, evitando el roce brusco con las superficies de medición del pie de rey. Lo anterior, con el fin de no someter las superficies de medición al desgaste excesivo que ocurre cuando las piezas por medir son de material abrasivo.

B. Medidas a interiores

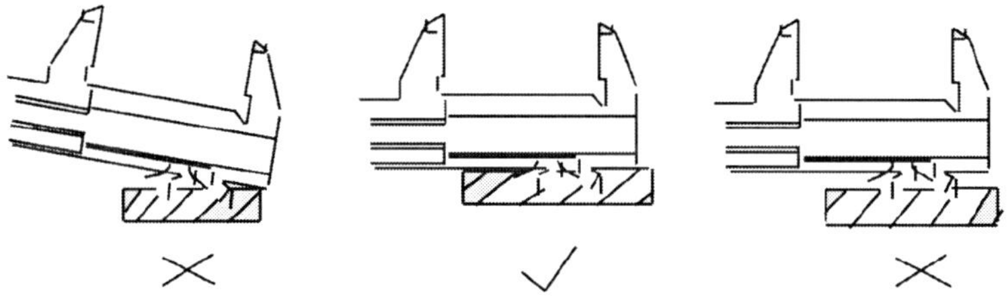

Figura 14.7. Medidas a interiores.

Fuente: Manual de pie de rey de Mitutoyo.

- Introducir las superficies del pie de rey cerradas y abrir suavemente hasta que las superficies hagan contacto con la pieza por medir.
- Tomar las medidas cuando las puntas de la medición de interiores estén tan dentro de la pieza como sea posible.
- Cerrar las superficies y retirar suavemente de la pieza medida.

C. Medición de profundidades

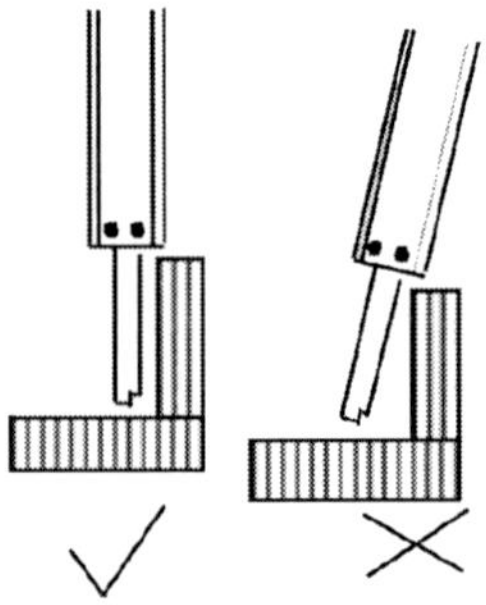

Figura 14.8. Medición de profundidades.

Fuente: Manual de pie de rey de Mitutoyo.

- Realizar la medición teniendo en cuenta que la cara inferior del cuerpo principal esté en contacto uniforme con la pieza de trabajo.

Procedimiento de lectura

Caso I

1. Identificar la resolución del instrumento. En el siguiente ejemplo se ve que la resolución del instrumento es de 0,05 mm.

2. Para realizar una medición, primero se debe ubicar el número entero de la medida. Éste es el milímetro de la escala principal más cercano al cero del nonio por el lado izquierdo.

   En el ejemplo de la figura siguiente se ve que 30 mm es el valor de la escala principal más cercano al cero del nonio (figura 14.9).

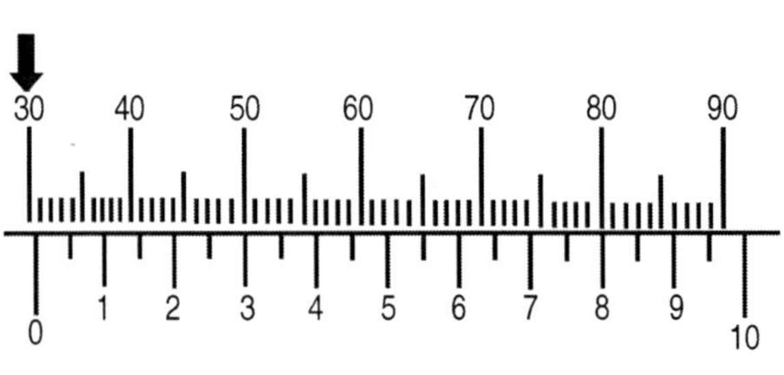

Figura 14.9. Caso I.

3. El siguiente paso es determinar la fracción de la medida. Este valor se halla identificando qué división de la escala del nonio está perfectamente alineada con una de los milímetros de la escala principal. Dicha división debe ser multiplicada por la resolución del instrumento.

   En el siguiente ejemplo se ve que la segunda división del nonio es la que coincide con un milímetro de la escala principal.

Resolución del instrumento:	0,05 mm
División del nonio que coincide	2 mm
	0,10 mm

   Para este ejemplo, la fracción de la medida es 0,1 mm

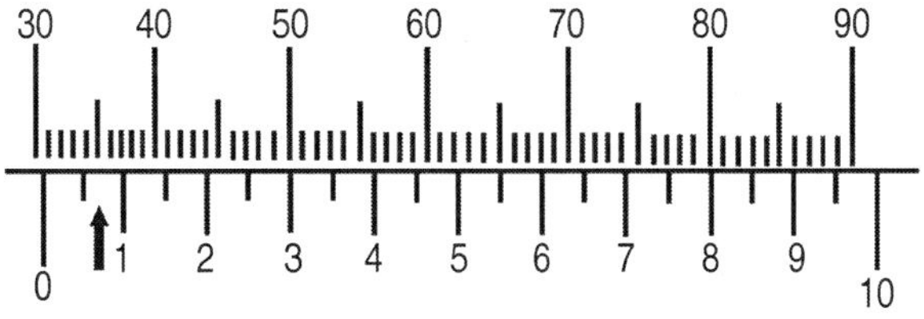

Figura 14.10. Ejemplo.

4. Se suman el entero y la fracción para obtener el total de la medida. En el ejercicio propuesto se suman 30 mm + 0,10 mm.

Valor del entero	30 mm
Valor de la fracción-nonio	0,10 mm
Total medida	30,10 mm

   La lectura de la medida es 30,10 mm

Caso II

1. Identificar la resolución del instrumento
   0,05 mm

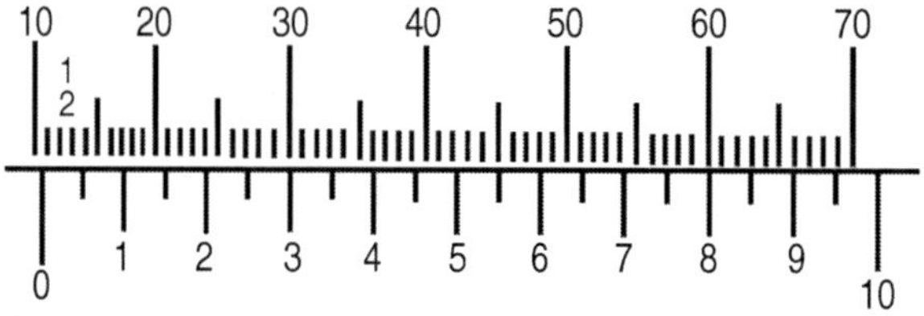

Figura 14.11. Caso II.

2. Identificar el entero
   El entero más cercano al cero del nonio es 12 mm.

3. Identificar la línea vertical del nonio/vernier que esté perfectamente alineada con una línea o división de la escala principal.

   La alineación indicada fue en la división 7, que se multiplica por el valor equivalente a la división de la escala principal.

   7 mm *0,05 mm (valor de cada división de escala) = 0,35 mm

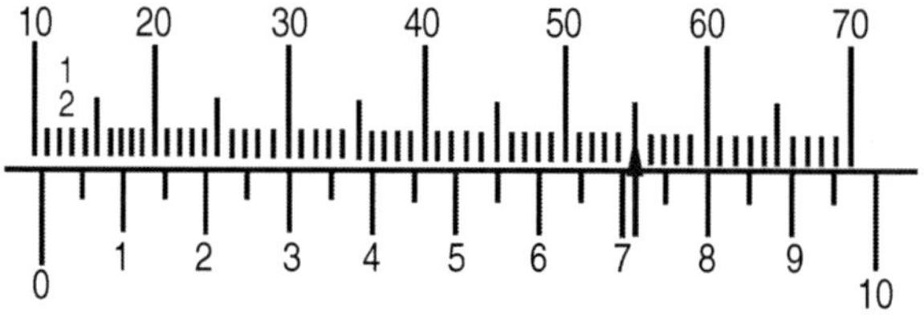

Figura 14.12. Caso II.

4. Valor total de la medida

Valor del entero	12 mm
Valor de la fracción-nonio	0,35 mm
Total medida	12,35 mm

Procedimiento de calibración de un pie de rey

La calibración del pie de rey se realiza en el laboratorio de metrología, en condiciones ambientales controladas[32], utilizando el método de comparación con bloques calibre.

Para llevar a cabo la prueba de calibración del pie de rey se deben tener en cuenta los siguientes pasos:

- Contar con todos los implementos requeridos para el alistamiento de los equipos por calibrar como: líquido empleado para la limpieza (varsol, preferiblemente), algodón, bayetilla, guantes, lupa y pinzas.
- Realizar limpieza general del pie de rey y de los bloques calibre por utilizar, teniendo siempre presentes las superficies de medición.
- Efectuar una inspección visual a cada pie de rey por calibrar, verificando el estado de las superficies de medición y determinando si es un instrumento apto para calibración o si debe ser rechazado.
- Inspeccionar las superficies de medición con una lupa de aproximadamente tres aumentos para verificar si poseen rayas.
- Verificar, con las superficies de medición, cerradas y a contraluz, si presenta paso de luz. Si el desgaste supera los límites de error establecidos por normas nacionales para pie de rey, el instrumento debe ser rechazado.
- Pulir las superficies del pie de rey uniformemente con una piedra de Arkansas, en caso de que tengan rayas que puedan ocasionar daños a los bloques calibre.
- Determinar el rango por calibrar y seleccionar la cantidad de bloques requerida para la prueba de calibración.
- Verificar las condiciones ambientales del lugar de calibración según lo establecido. Se recomienda esta operación al inicio, en la mitad y al finalizar la prueba de calibración.

---

32. Las condiciones ambientales para la calibración del pie de rey en laboratorios industriales pueden ser de 20 °C ± 1 °C o 20 °C ± 2 °C. La humedad relativa de 40 a 60 %.

- Registrar en el formato para la calibración toda la información del pie de rey por calibrar. Este registro será la evidencia objetiva para demostrar el estado del equipo de medición calibrado.
- Proceder con la calibración con bloques calibre dividiendo el rango total de la escala del pie de rey en rangos iguales, si es del caso, o de acuerdo con las necesidades de calibración. Se deben realizar como mínimo cinco lecturas en forma ascendente y descendente, comenzando desde el cero del instrumento hasta su capacidad máxima o un valor cercano al 100 % de su escala.
- La prueba de calibración debe realizarse comenzando con el punto cero del equipo, en forma ascendente, con bloques calibres, de 10 en 10 mm hasta 100 mm y de 50 en 50 mm hasta cubrir el rango total del instrumento. De igual forma se realizan las lecturas descendentes, desde el punto máximo hasta retornar a cero.
- Registrar toda la información en el formato de calibración de instrumentos para mediciones industriales.
- Calcular el promedio de los valores obtenidos y determinar el error del instrumento en cada rango calibrado. El error será la diferencia entre el valor promedio y el valor nominal del bloque.

Ejemplo: Se presentan los valores obtenidos en la calibración de un pie de rey.

Información general

Tabla 14.1
Registro de calibración

Equipo	Pie de rey analógico
Rango	0 a 150 mm
Resolución	0,05 mm
Patrón	Bloques grado cero
EMP	± 0,05 mm

EMP = error máximo permitido.

Prueba de calibración

Valor del patrón (VP) mm	Lectura 1 ↓	Lectura 2 ↑	Lectura 3 ↓	Lectura 4 ↑	Lectura 5 ↓	Valor promedio (X)	Error (E = X - VP)	Incertidumbre de medición Tipo A
0	0,05	0,00	0,00	0,00	0,05	0,02	0,02	± 0,027
10	10,05	10,00	10,00	9,95	10,00	10,00	0,00	± 0,035
20	19,95	20,00	20,05	20,00	20,00	20,00	0,00	± 0,035
30	30,05	30,05	30,05	30,00	30,00	30,03	0,03	± 0,027
40	40,00	40,00	40,05	40,05	40,05	40,01	0,01	± 0,025

Error máximo	+ 0,03 mm
Incertidumbre de medición máxima	± 0,035 mm

- Cálculo del valor promedio de las mediciones realizadas

$$P = \frac{(\sum VM)}{n}$$

Donde:

P = promedio

$\sum VM$ = sumatoria de los valores medidos

n = número de mediciones realizadas

Cálculo del error obtenido en cada punto de medición:

$$E = P - VP$$

Donde:

E = error

P = promedio

VP = valor patrón

Cálculo de la incertidumbre de la medición

Los pasos para tener en cuenta en el cálculo de la incertidumbre de la medición son los siguientes:

Determinar las fuentes de incertidumbre

Patrón

EMP = error máximo permitido

Incertidumbre expandida: reportada en el certificado de calibración del patrón.

Resolución o apreciación del equipo patrón.

Prueba

Resolución o apreciación del equipo patrón.

Condiciones ambientales

Desviación estándar (repetibilidad).

Definir el tipo de distribución de cada fuente y calcular la incertidumbre estándar.

Incertidumbre tipo A

$$S = \frac{\sqrt{\sum_{i=1}^{n} n(xi - \bar{x})^2}}{(n-1)}$$

Incertidumbre tipo B

$$\mu B = \frac{a}{\sqrt{3}} \text{ (para equipos analógicos)}$$

$$\mu B = \frac{a}{\sqrt{12}} \text{ (para equipos digitales)}$$

Donde:
μB = incertidumbre tipo B
a = valor dado por la experiencia del metrólogo
$\sqrt{3}$ = constante

Calcular la incertidumbre de medición combinada

$$\mu C = \sqrt{(\mu A)^2 + (\mu B)^2 + (\mu P)^2}$$

Donde:
μA = incertidumbre tipo A
μB = incertidumbre tipo B
μP = incertidumbre del patrón

Calcular la incertidumbre de medición expandida

La incertidumbre de medición expandida o total se calcula multiplicando por el factor de cobertura $k = 2$ la incertidumbre de medición combinada. Con lo cual se obtiene un nivel de confianza de 95,5 % aproximadamente.

$$\mu E = 2 + \mu C$$

Donde:
μE = incertidumbre expandida
2 = k = 2
μc = incertidumbre del patrón

Verificación de resultados

Para determinar su cumplimiento, se debe comparar el error de calibración del instrumento contra los límites de error permitidos por normas nacionales o internacionales, recomendaciones del fabricante o límites de error aceptados por la empresa y se determina si el pie de rey es apto o no para realizar mediciones.

Se evalúan los resultados y se define si el equipo calibrado cumple o no, se indican, en cada caso, las causas por las cuales es aprobado o rechazado.

Nota 1: Un equipo calibrado es apto para su funcionamiento cuando los errores detectados en la calibración no superan los límites de error permitidos por normas, determinados por la empresa o aceptados y recomendados por el fabricante.

Nota 2: La incertidumbre de la medición es otro aspecto para tener en cuenta al aprobar un equipo de medición. Ésta no debería superar los límites de error, los intervalos de tolerancia de los procesos donde es utilizado el equipo y ser igual o inferior a la resolución del equipo de medición.

Nota 3: Es importante para comprobar que el equipo de medición calibrado funciona correctamente. Esto se realiza con patrones trazables y haciendo la evaluación respectiva a los resultados de la calibración.

Se debe elaborar el respectivo informe de calibración (certificado de calibración). Éste incluye los siguientes documentos:

- Certificado de calibración.
- Registro de calibración.
- Rótulo de calibración que identifique su estado.

Registro de calibración

Tabla 14.2
Modelo de un registro de calibración para equipos de longitud

Fecha de calibración
Nombre del equipo
Marca
Rango
Resolución
Código interno de identificación
Modelo
Serie
Unidad de medida
Límite de error permitido
Solicitante
Fecha de próxima calibración

Prueba de calibración

Valor patrón	Lectura 1 ↓	Lectura 2 ↑	Lectura 3 ↓	Lectura 4 ↑	Lectura 5 ↓	Valor promedio	Error	Incertidumbre de medición (±)

Temperatura inicial	Temperatura final
Humedad relativa inicial	Humedad relativa final

Resultados de la prueba

Error máximo
Incertidumbre de medición máxima

Observaciones: ______________________________

____

____

____

____

Calibrado por: ______________ Revisado por: ______________

14.2 Micrómetros

Los micrómetros son instrumentos para mediciones de exteriores de tipo industrial. Se encuentran, además, para mediciones internas, externas y de profundidades. Los rangos van de 25 en 25 mm[33] y su fabricación es en acero inoxidable con puntas de carburo, graduaciones microfinas en cromo satinado.

33. Los rangos más comerciales de los micrómetros son: 0 a 25 mm, de 25 mm a 50 mm, de 50 mm a 75 mm, de 75 mm a 100 mm, de 100 mm a 125 mm, de 125 mm a 150 mm, de 150 mm a 175 mm, de 175 mm a 200 mm, de 200 mm a 225 mm, de 225 mm a 250 mm, de 250 mm a 275 mm y de 275 mm a 300 m.

El tornillo micrométrico es un equipo de medición elaborado para tomar medidas de exteriores, interiores y de profundidad a diferentes magnitudes, teniendo en cuenta la tolerancia del proceso y la capacidad de trabajo del instrumento.

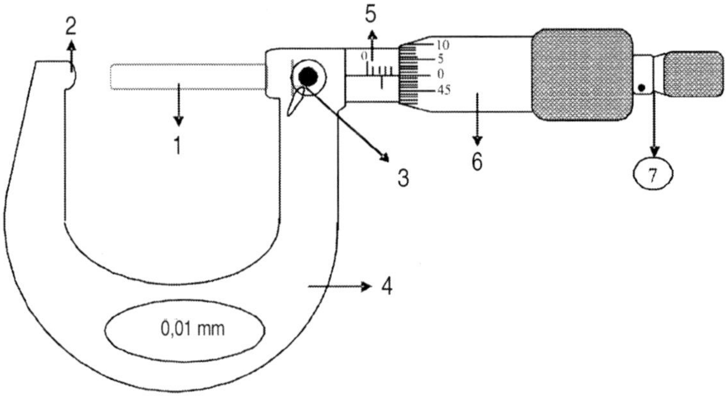

Figura 14.13. Partes de un micrómetro analógico.

Fuente: Manual de micrómetro de Mitutoyo.

1. Husillo.
2. Tope de medición.
3. Freno del husillo.
4. Arco.
5. Cilindro.
6. Tambor.
7. Trinquete.

Micrómetros digitales: son micrómetros de fácil lectura, con graduaciones en pulgadas o milímetros que pueden dar indicaciones de 0,001" y en el tambor leer hasta 0,0001"; y los de milímetros con indicaciones de 0,01 mm y lecturas del tambor de 0,001 mm.

Por medio de este equipo de medición se obtienen lecturas digitales. Es un instrumento que elimina la necesidad de que el lector o inspector lleve a juicio una primera lectura.

Este instrumento convierte datos analógicos en digitales, agilizando el proceso de medida y arrojando datos mucho más exactos.

La mayoría de estos equipos de medición tienen una resolución de 0,01 mm.

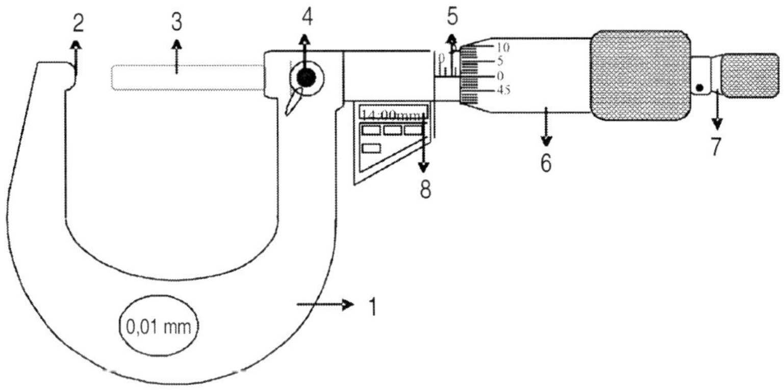

Figura 14.14. Partes del micrómetro digital.

Fuente: Manual de micrómetro de Mitutoyo.

1. Arco
2. Tope de medición
3. Husillo
4. Freno
5. Cilindro
6. Tambor
7. Trinquete
8. Cristal – pieza electrónica que convierte datos analógicos en digitales.

Cuidados durante la utilización del instrumento

- Asegurarse de que el instrumento de medición sea el adecuado para el proceso o pieza por medir, teniendo en cuenta rango del proceso y del instrumento, capacidad de trabajo del instrumento, criticidad del proceso.
- No dejarlo caer y evitar golpearlo.
- Antes de utilizarlo, limpiarle las caras.
- Medir según las temperaturas y humedad indicadas para evitar errores en la medición.
- Utilizar siempre el trinquete que anuncia la terminación de la medida.

La forma de medición de este instrumento está dada por el movimiento giratorio del tambor, que genera el desplazamiento de una barra o husillo a lo ancho de un arco.

Este equipo de medición está representado principalmente por dos secciones o partes fraccionadas que indican la medición de un proceso.

A. **Cilindro.** Parte del instrumento de medición que arroja datos en la medida en que el husillo se haya desplazado. La resolución en su escala principal es de 1 mm.

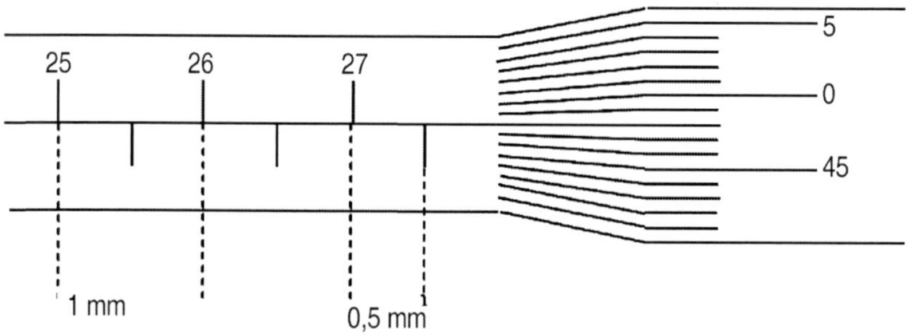

Figura 14.15. Tornillo micrométrico.

B. **Tambor.** Parte del instrumento de medición que arroja datos decimales por cada giro que se le da.

El valor de la distancia entre cada división es la resolución del instrumento calculada de la siguiente forma:

- Se calcula la diferencia entre dos divisiones consecutivas del cilindro:

$$2 \text{ mm} - 1 \text{ mm} = 1 \text{ mm}$$

- El resultado anterior se calcula dividiendo el número de fracciones existentes entre las dos divisiones del cilindro.

Resultado anterior	1 mm = 0,5 mm
divisiones	2 mm
Total	0,5 mm, equivalente a un paso

Cada vuelta del tambor en un micrómetro con resolución de 0,01 mm equivale a 0,5 mm.

- El resultado anterior se divide por el número de fracciones existentes en el tambor.

Resultado anterior	0,5 mm = 0,01 mm
fracciones del tambor	50 divisiones de escala.

Un micrómetro con resolución de 0,01 mm tiene en el tambor 50 divisiones de escala.

Procedimiento de lectura

Caso I

1. Identificar la resolución del instrumento

En el siguiente ejemplo se ve que la resolución del instrumento es de 0,01 mm.

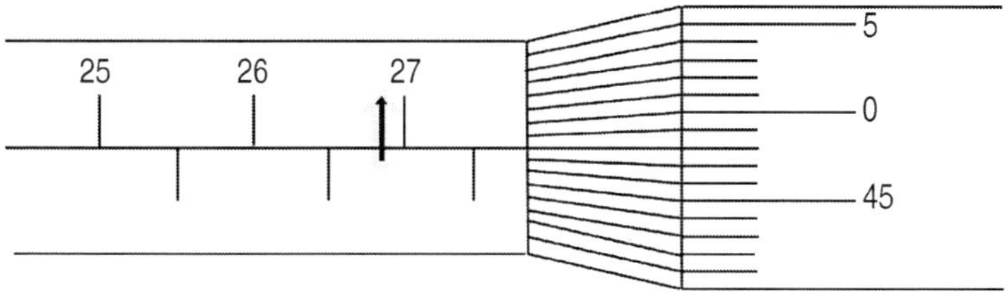

Figura 14.16. Tornillo micrométrico.

2. Ubicar el número entero de la medida. Es el valor del cilindro que esté más próximo a la superficie del tambor por el lado izquierdo. En el siguiente ejemplo se ve que el valor más próximo es 27 mm.

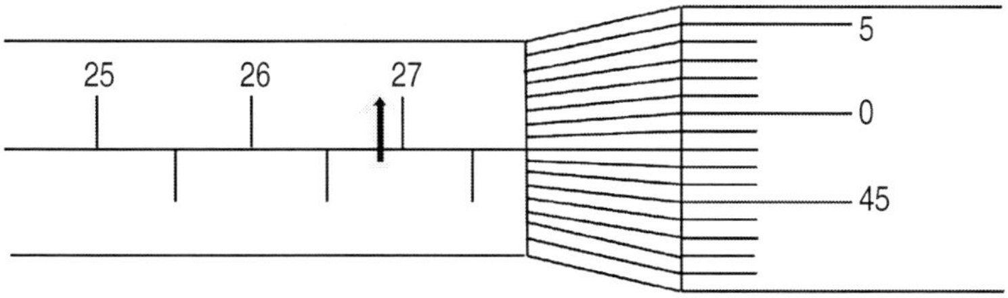

Figura 14.17. Tornillo micrométrico.

3. Determinar la fracción de la medida. Primero, se debe verificar si hay una división entre el valor medido y el valor siguiente, o sea 28 mm. El valor de dicha división es de 0,5 mm equivalente al paso. En el siguiente ejemplo se ve la división, que corresponde a 0,5 mm.

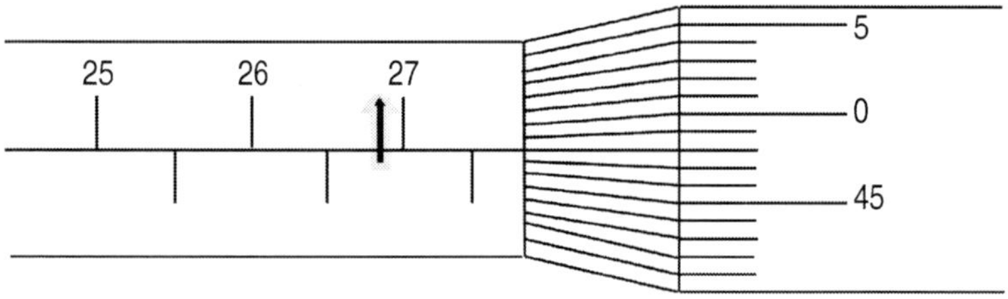

Figura 14.18. Tornillo micrométrico.

3.1 El siguiente paso es identificar qué línea del tambor está alineada o más próxima a la línea horizontal del cilindro. El valor de dicha línea se multiplica por la resolución del instrumento (48 mm). Se multiplica por 0,01 mm.

Valor de la línea del tambor	48 mm x
Resolución del instrumento	0,01 mm
Fracción del tambor	0,48 mm

3.2 Por último, se suman las dos fracciones encontradas para determinar el total de la fracción de la medida.

División entre el entero y el tambor	0,5 mm +
Fracción del tambor	0,48 mm
Valor total de la fracción	0,98 mm

4. Se suman el valor entero y el valor total de la fracción para obtener la medida. En el ejercicio propuesto se suman 27 mm + 0,98 mm.

Valor del entero	27 mm +
Valor total de la fracción	0,98 mm
Total medida	27,98 mm

El valor de la medida es = 27,98 mm.

Caso II

1. Identificar la resolución del instrumento (0,01 mm)

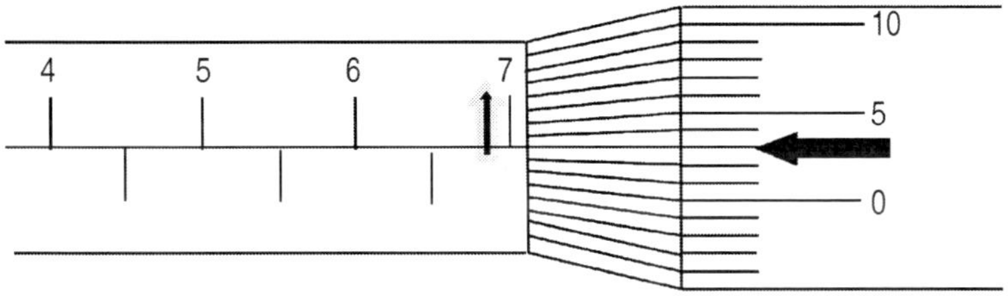

Figura 14.19. Tornillo micrométrico.

2. Identificar el valor entero en el cilindro

   Para este ejercicio, el entero encontrado más próximo al tambor por el lado izquierdo es 7 mm.

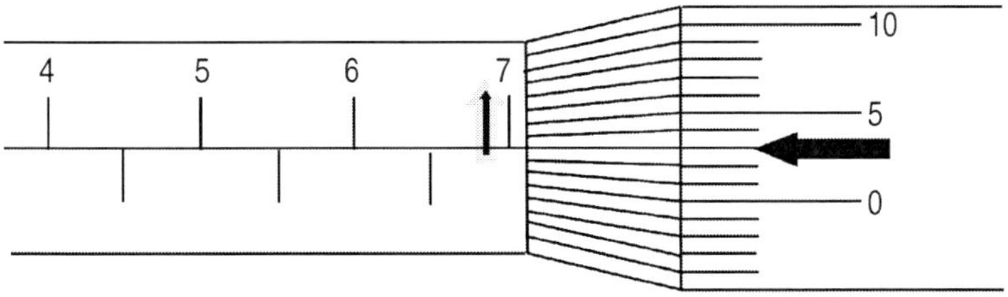

Figura 14.20. Tornillo micrométrico.

3. Determinar la fracción de la medida.

   Definir si hay una división de 0,5 mm entre el valor medido y el siguiente. En el ejemplo que se presenta a continuación no se ve una división de 0,5 mm; por lo tanto, este valor queda en cero. Quiere decir que no hay paso, que el valor medido no ha superado el medio milímetro (0,5 mm) que vale el paso.

4. Identificar la línea del tambor que está alineada o más próxima a la línea horizontal del cilindro. El valor de dicha línea se multiplica por la resolución del instrumento.

   En el siguiente ejemplo se ve que la línea del tambor que está alineada es la tercera, valor que se multiplica por 0,05 mm, que corresponde a la resolución.

Valor de la línea del tambor	3 mm
Resolución del instrumento	0,01 mm
Fracción del tambor	0,03 mm

5. Identificar el valor total de la medida

Valor del entero	7 mm
Valor total de la fracción	0,03 mm
Medida total	7,03 mm

La lectura de la medida es 7,03 mm

Caso III

1. Identificar la resolución del instrumento, que para este caso es de 0,01 mm.

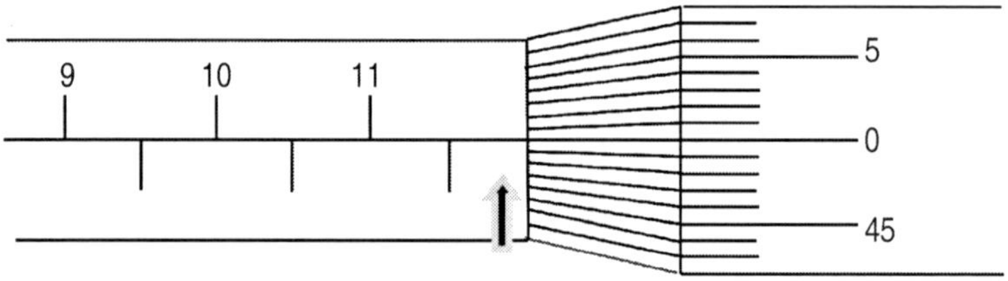

Figura 14.21. Tornillo micrométrico.

2. Identificar el entero

La particularidad de este ejercicio se identifica por la alineación del cero con la línea horizontal del cilindro. Para este caso el entero es 12 mm.

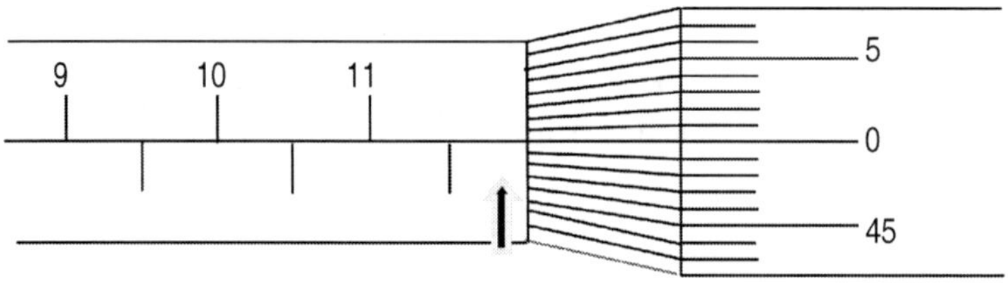

Figura 14.22. Tornillo micrométrico.

3. Determinar si hay una división de 0,5 mm entre el valor medido y el siguiente valor del cilindro. Al no haber ninguna división, el valor es 0 (cero).

4. Sumar los valores.

Valor del entero	12 mm
Valor total de la fracción	0 mm
Valor total de la medida	12 mm

La lectura es 12 mm.

- Procedimiento de calibración de un micrómetro

Para la buena calibración de un micrómetro se deben tener en cuenta los siguientes aspectos:

- Limpiar las superficies de medición del micrómetro con varsol y secarlas con una bayetilla.
- Mediante una lupa de aproximadamente tres aumentos se realiza una inspección visual a las superficies de medición del micrómetro para verificar si poseen rayas leves o profundas o manchas de óxido que impidan que el micrómetro sea considerado como un instrumento de medición exacto.
- Mediante un vidrio plano paralelo se debe realizar una prueba de planitud a las superficies de medición del micrómetro, presionando el vidrio plano sobre las superficies de medición hasta que desaparezcan las líneas de interferencia o permitiendo que queden máximo dos rayas de interferencia, lo que quiere decir que el micrómetro está bien. Si presenta varias rayas de interferencia, significa que el micrómetro no cumple con el requisito de planitud y debe rechazarse.
- Si el micrómetro cumple con su prueba de planitud, se procede a realizar la calibración respectiva con bloque calibre. Para la calibración se divide el rango total del micrómetro en aproximadamente diez valores y se seleccionan los bloques calibre de menor a mayor rango.
- Se toman mínimo cinco valores en forma ascendente y descendente, comenzando con el punto cero y registrando el valor respectivo en el registro de calibración.

- Calcule el promedio de los valores obtenidos y determine el error del instrumento en cada rango calibrado. El error será la diferencia entre el valor promedio y el valor nominal del bloque.

Ejemplo: Dados los valores en una calibración de micrómetro, los resultados serían los que se presentan a continuación.

Tabla 14.3
Prueba de calibración

Valor Patrón (VP) mm	Lectura 1↓	Lectura 2↑	Lectura 3↓	Lectura 4↑	Lectura 5↓	Valor promedio (X)	Error (E=X- VP) mm	Incertidumbre de medición Tipo A
0	0,005	0,005	0,00	0,00	0	0,002	0,002	± 0,0027
5,00	5,00	5,005	5,005	4,995	5,00	5,001	0,001	± 0,0041
10,00	10,005	10,00	10,005	9,995	10,00	10,001	0,001	± 0,0041
15,00	15,01	15,005	15,00	14,995	15,00	15,002	0,002	± 0,005
20,00	19,995	20,005	20,00	20,005	20,00	20,001	0,001	± 0,0041
25,00	25,005	24,995	25,00	25,005	25,005	25,002	0,002	± 0,004

Resultados de la prueba

Error máximo	0,002 mm
Incertidumbre de medición máxima	± 0,005 mm

- Cálculo del valor promedio de las mediciones realizadas

$$P = \frac{\sum VM}{n}$$

Donde:
P = promedio
$\sum VM$ = sumatoria de los valores medidos
n = número de mediciones realizadas

- Cálculo del error obtenido en cada punto de medición:

$$E = P - VP$$

Donde:
E = error
P = promedio
VP = valor patrón

- Cálculo de la incertidumbre de la medición

Los pasos para tener en cuenta en el cálculo de la incertidumbre de la medición son los siguientes:

- Determinar las fuentes de incertidumbre

Patrón

- EPM = error máximo permitido
- Incertidumbre expandida: reportada en el certificado de calibración del patrón.
- Resolución o apreciación del equipo patrón.

Prueba

- Resolución o apreciación del equipo patrón.
- Condiciones ambientales.
- Desviación estándar (repetibilidad).

- Definir el tipo de distribución de cada fuente y calcular la incertidumbre estándar.

Incertidumbre tipo A

$$S = \frac{\sqrt{\sum_{i=1}^{n} (xi - \bar{x})^2}}{(n-1)}$$

Incertidumbre tipo B

$$\mu B = \frac{a}{\sqrt{3}} \text{ (para equipos analógicos)}$$

$$\mu B = \frac{a}{\sqrt{12}} \text{ (para equipos digitales)}$$

Donde:

μB = incertidumbre tipo B
a = valor dado por la experiencia del metrólogo
$\sqrt{3}$ = constante

- Calcular la incertidumbre de medición combinada

$$\mu C = \sqrt{(\mu A)^2 + (\mu B)^2 + (\mu P)^2}$$

Donde:
μA = incertidumbre tipo A
μB = incertidumbre tipo B
μP = incertidumbre del patrón

Calcular la certidumbre de medición expandida

La incertidumbre de medición expandida o total se calcula multiplicando por el factor de cobertura $k = 2$ la incertidumbre de medición combinada, con lo cual se obtiene un nivel de confianza de 95,5 % aproximadamente.

$$\mu E = 2 + \mu C$$

Donde:
μE = incertidumbre expandida
2 = k = 2
μc = incertidumbre del patrón

Verificación de resultados

Para determinar su cumplimiento, se debe comparar el error de calibración del instrumento contra los límites de error permitidos por normas nacionales o internacionales, recomendaciones del fabricante o límites de error aceptados por la empresa, y definir si el micrómetro es apto o no para realizar mediciones.

Se evalúan los resultados y se precisa si el equipo calibrado cumple o no; se indican, en cada caso, las causas por las cuales es aprobado o rechazado.

Nota 1: Un equipo calibrado es apto para su funcionamiento cuando los errores detectados en la calibración no superan los límites de error permitidos por normas, determinados por la empresa o aceptados y recomendados por el fabricante.

Nota 2: La incertidumbre de la medición es otro aspecto para tener en cuenta al aprobar un equipo de medición. Ésta no debe superar los límites de error, los intervalos de tolerancia de los procesos donde es utilizado el equipo y ser igual o inferior a la resolución del equipo de medición.

Nota 3: Es importante comprobar que el equipo de medición calibrado funciona correctamente. Esto se realiza con patrones trazables y haciendo la evaluación respectiva a los resultados de la calibración.

Se debe elaborar el respectivo informe de calibración (certificado de calibración), que incluye:

- Certificado de calibración (ver modelo).
- Registro de calibración (ver modelo).
- Rótulo de identificación (ver modelo).

14.3 Comparador de carátula

También son conocidos como indicadores de cuadrantes, con carátula analógica o indicación digital, y utilizados para mediciones de espesores. Los indicadores de cuadrante compactos son especialmente diseñados para medir partes pequeñas directamente. Se pueden adaptar a otros instrumentos; también es posible utilizarlos para revisar uniformidad de los tamaños durante un proceso de producción.

Los indicadores de una revolución están diseñados para eliminar errores de lectura asociados con la rotación del indicador. Están equipados con amortiguadores y protegidos contra golpes.

Técnicas de medición

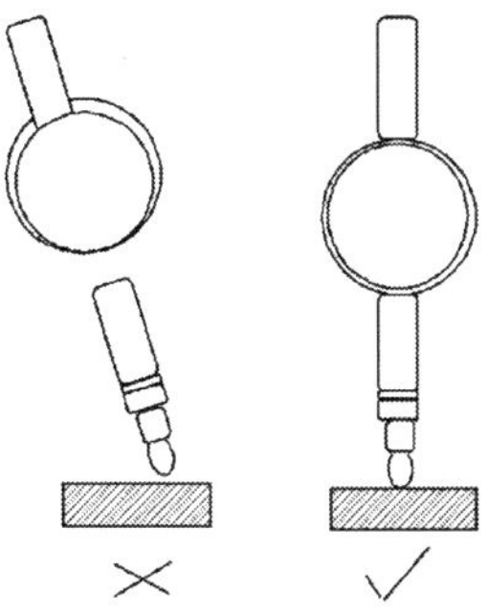

Figura 14.23. Comparador de carátula.

Fuente: Manual del fabricante Mitutoyo.

Para una medición correcta con un comparador de carátula, éste debe estar sujeto a una base que permita posicionarlo en el sentido ideal en el que se requiere medir. Son de uso práctico las bases magnéticas con desplazamiento en forma vertical o con brazo flexible, ideales para mediciones en diferentes posiciones.

Para asegurar una buena lectura se debe tener presente la toma de ésta, ubicándose frente a la escala graduada de la carátula con el fin de eliminar errores de paralaje.

No se deben ejercer fuerzas bruscas que alteren el mecanismo interno del comparador, estiren el resorte y dañen los espirales de los piñones.

Partes de un comparador de carátula analógico

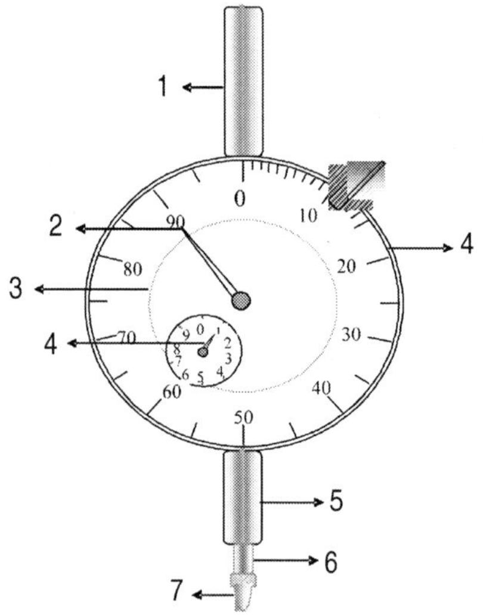

Figura 14.15 Comparador de carátula.

Fuente: Manual de comparador de carátula de Mitutoyo.

Capuchón

1. Aguja principal
2. Carátula
3. Arillo
4. Vástago
5. Husillo
6. Punta de contacto
7. Aguja cuentavueltas

Cuidados durante la utilización del instrumento

- Seleccionar el indicador que mejor se ajuste a su aplicación.
- No aplicar fuerza excesiva al comparador de carátula. No dejar caer ni golpear el indicador.
- Usar la punta de contacto que mejor sirva o se adapte a su aplicación.
- Eliminar cualquier clase de polvo o suciedad antes de utilizar el indicador.
- Usar la palanca del indicador para levantar el husillo.
- Colocar el indicador sobre un soporte o equipo de modo que quede perpendicular a la superficie que se va a medir.
- Evitar errores de paralaje leyendo la carátula directamente desde el frente.

Este instrumento es muy utilizado para realizar mediciones de pequeñas longitudes; su funcionalidad se fundamenta en el desplazamiento de una aguja, generado por la alteración o movimiento perpendicular del husillo.

Para tomar la medida de grosor en cualquier pieza, la aguja puede dar desde una hasta varias vueltas dependiendo del grosor de la pieza por medir. Las vueltas las va indicando un arillo que gira en contra de las manecillas del reloj.

Cada vuelta dada por la aguja corresponde a 1 mm en los indicadores más utilizados. Cada graduación de la carátula equivale a 0,01 mm y un rango de 10 mm, aproximadamente.

La resolución de este instrumento se determina de la siguiente manera:

1. Una vuelta de la aguja equivale a 1 mm.

2. El resultado anterior se divide por el número de divisiones existentes alrededor del arillo.

Una vuelta es = a	1 mm /
Divisiones del arillo	100
Total resolución	0,01 mm

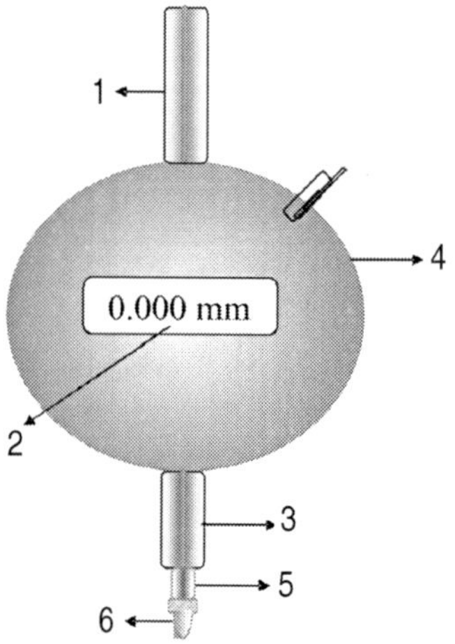

Figura 14.17. Partes del comparador de carátula digital.

1. Capuchón.
2. Display digital.
3. Vástago.
4. Carcasa.
5. Husillo.
6. Punta de contacto.

Técnicas de medición

1. Al montar el indicador sobre un soporte o equipo, ubicarlo de modo que el ángulo de inclinación sea mínimo.

2. Ajustar el punto cero sobre la base plana evitando el paso de luz.

3. Verificar el punto cero accionando el husillo suavemente.

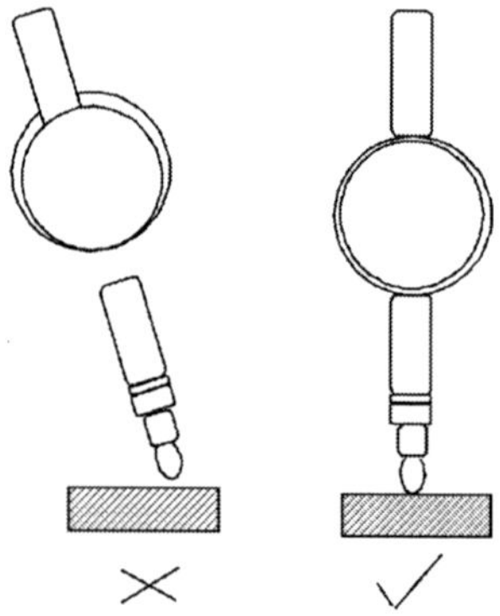

Figura 14.18. Comparador de carátula.

Fuente: Manual de comparador de carátula de Mitutoyo.

- Procedimiento de lectura en un comparador de carátula analógico

1. Identificar la resolución del instrumento, que para este caso es 0,01 mm.
2. Identificar el entero dado por el número de vueltas de la aguja en la carátula.
3. No desplazar bruscamente el husillo.
4. No aplicar fuerza perpendicular al husillo.
5. Asegurar el movimiento suave de las manecillas y del husillo.
6. Usar una base rígida para la operación.

El entero en este equipo de medición se halla identificando el valor registrado de la aguja que marca el número de vueltas en el comparador de carátula. En este caso, el entero identificado es 1 mm, lo que indica que la aguja principal ha realizado una vuelta completa, como se ve en la figura 14.19.

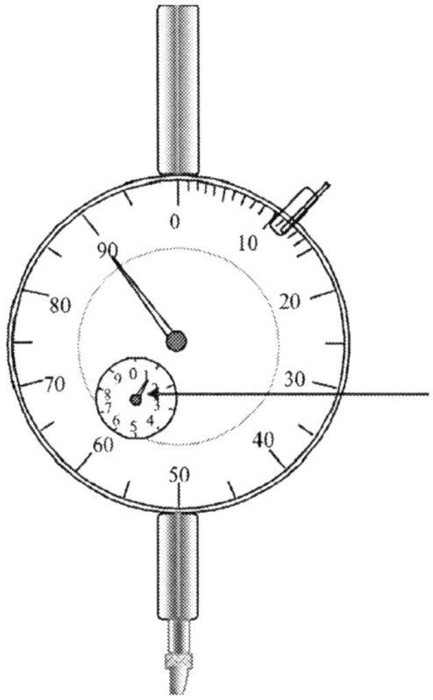

Figura 14.19. Comparador de carátula.

Fuente: Manual de comparador de carátula de Mitutoyo.

7. Identificar el valor de la fracción.

   Tener en cuenta que el valor de cada fracción es de 0,01 mm. Para este caso, el valor de la fracción es 0,90 mm.

Valor de la fracción señalada	90
Valor de fracción por unidad	0,01 mm
Total de la fracción	0,90 mm

8. El siguiente paso es sumar el valor del entero con el valor de la fracción para hallar la medida total.

Valor del entero	1 mm
Valor de la fracción	0,9 mm
Total medición	1,9 mm

Procedimiento de calibración de un comparador de carátula. Para la calibración de un comparador de carátula se deben tener en cuenta los siguientes aspectos:

- Limpiar la superficie de medición con varsol y secarla con una bayetilla.
- Realizar una inspección visual a la superficie de medición con una lupa de aproximadamente tres aumentos para verificar si posee rayas leves, profundas o manchas de óxido que impidan que el comparador de carátula sea considerado como un instrumento de medida exacto.
- Dividir el rango total del comparador de carátula en aproximadamente diez valores y seleccionar los bloques calibre de menor a mayor rango para la calibración.
- Tomar mínimo cinco valores en forma ascendente y descendente, iniciando en el punto cero y registrando el valor respectivo en el formato de calibración.
- Calcular el promedio de los valores obtenidos y determinar el error del instrumento en cada rango calibrado. El error será la diferencia entre el valor promedio y el valor nominal del bloque.

En el siguiente ejemplo, los valores en la calibración de un comparador de carátula son:

Prueba de calibración

Tabla 14.4
Prueba de calibración

Valor Patrón (VP) mm	Lectura 1↓	Lectura 2↑	Lectura 3↓	Lectura 4↑	Lectura 5↓	Valor promedio (X)	Error (E=X- VP) mm	Incertidumbre de medición Tipo A mm
0	0,005	0,005	0,00	0,005	0,005	0,004	0,004	± 0,0022
2,5	2,505	2,50	2,505	2,50	2,505	2,503	0,003	± 0,0027
5,0	5,005	5,00	4,995	5,00	5,005	5,001	0,001	± 0,0041
7,5	7,50	7,505	6,495	7,505	7,50	7,501	0,001	± 0,0041
10	10,005	10,00	9,995	10,00	10,005	9,992	0,008	± 0,023

Resultados de la prueba

Error máximo	0,008 mm
Incertidumbre de medición máxima	± 0,023 mm

- Cálculo del valor promedio de las mediciones realizadas

$$P = \frac{\sum VM}{n}$$

Donde:
P = promedio
$\sum VM$ = sumatoria de los valores medidos
n = número de mediciones realizadas

- Cálculo del error obtenido en cada punto de medición:

$$E = P - VP$$

Donde:
E = error
P = promedio
VP = valor patrón

- Cálculo de la incertidumbre de la medición

Los pasos que se deben tener en cuenta para el cálculo de la incertidumbre de la medición son los siguientes:

- Determinar las fuentes de incertidumbre

Patrón

- EMP = error máximo permitido.
- Incertidumbre expandida: reportada en el certificado de calibración del patrón.
- Resolución o apreciación del equipo patrón.

Prueba

- Resolución o apreciación del equipo patrón.
- Condiciones ambientales.
- Desviación estándar (repetibilidad).

- Definir el tipo de distribución de cada fuente y calcular la incertidumbre estándar.

Incertidumbre tipo A

$$S = \frac{\sqrt{\sum_{i=1}^{n}(xi - \bar{x})^2}}{(n-1)}$$

Incertidumbre tipo B

$$\mu B = \frac{a}{\sqrt{3}} \text{ (para equipos analógicos)}$$

$$\mu B = \frac{a}{\sqrt{12}} \text{ (para equipos digitales)}$$

Donde:
μB = incertidumbre tipo B
a = valor dado por la experiencia del metrólogo
$\sqrt{3}$ = constante

- Calcular la incertidumbre de medición combinada

$$\mu C = \sqrt{(\mu A)^2 + (\mu B)^2 + (\mu P)^2}$$

Donde:
μA = incertidumbre tipo A
μB = incertidumbre tipo B
μP = incertidumbre del patrón

- Calcular la incertidumbre de medición expandida

La incertidumbre de medición expandida o total se calcula multiplicando por el factor de cobertura $k = 2$ la incertidumbre de medición combinada, con lo cual se obtiene un nivel de confianza de 95,5 % aproximadamente.

$$\mu E = 2 + \mu C$$

Donde:
μE = incertidumbre expandida
2 = $k = 2$
μc = incertidumbre del patrón

Verificación de resultados

Para determinar su cumplimiento, se debe comparar el error de calibración del instrumento contra los límites de error permitidos por normas nacionales o internacionales, recomendaciones del fabricante o límites de error aceptados por la empresa, y se determina si el comparador de carátula es apto para realizar mediciones.

Se evalúan los resultados y se determina si el equipo calibrado cumple o no, se indican, para cada caso, las causas por las cuales es aprobado o rechazado.

Nota 1: Un equipo calibrado es apto para su funcionamiento cuando los errores detectados en la calibración no superan los límites de error permitidos por normas, determinados por la empresa o aceptados y recomendados por el fabricante.

Nota 2: La incertidumbre de la medición es otro aspecto para tener en cuenta al aprobar un equipo de medición. Ésta no debe superar los límites de error, los intervalos de tolerancia de los procesos en los que se utiliza el equipo y ser igual o inferior a la resolución del equipo de medición.

Nota 3: Es importante comprobar que el equipo de medición calibrado funciona correctamente. Esto se realiza con patrones trazables, haciendo la evaluación respectiva a los resultados de la calibración.

Se debe elaborar el respectivo informe de calibración (certificado de calibración), que incluye:

- Certificado de calibración (ver modelo).
- Registro de calibración para longitud (ver modelo).
- Rótulo de identificación (ver modelo).

14.4 Medidores de alturas

Son instrumentos de escala ajustable, que pueden ser analógicos o digitales. Estos últimos permiten conexiones a computador.

Partes de un medidor de alturas

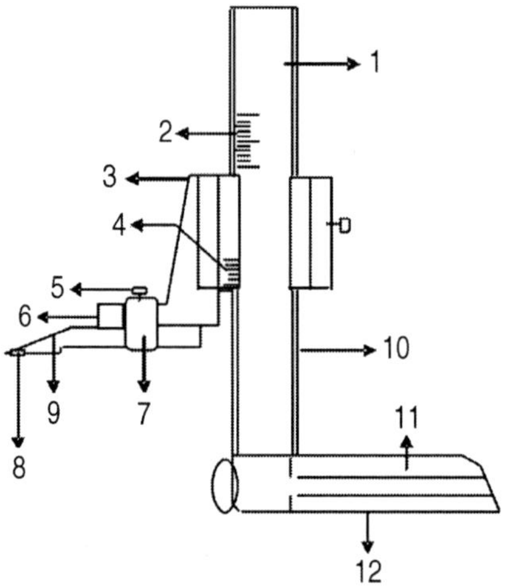

Figura 14.20. Partes de un medidor de alturas.

Fuente: Manual de medidor de alturas de Mitutoyo.

1. Columna.
2. Graduaciones de escala principal.
3. Cursor.
4. Graduaciones de escala vernier.
5. Tornillo de fijación.
6. Barra de soporte del trazador.
7. Sujetador del trazador.
8. Superficie de medición del trazador.
9. Trazador.
10. Superficie de referencia.
11. Base.
12. Superficie de referencia de la base.

El medidor de alturas fue diseñado para realizar mediciones de alturas o diferencias de alturas entre planos de diversos niveles.

El medidor de alturas está conformado por una escala principal y un vernier, lo que agiliza y da exactitud. La resolución más común es de 0,01 mm para los digitales y de 0,02 mm para los analógicos.

- Procedimiento de calibración de un calibrador de alturas

Para esta operación se deben tener en cuenta los siguientes aspectos:

- Limpiar las superficies de medición del calibrador con varsol y secarlas con una bayetilla, preferiblemente blanca.
- Realizar una inspección visual a las superficies de medición con una lupa de aproximadamente tres aumentos para verificar si posee rayas leves o profundas o manchas de óxido que impidan considerarlo como un instrumento de medida de precisión.
- Dividir el rango total del calibrador de alturas en mínimo diez rangos por calibrar y seleccionar los bloques calibre de menor a mayor rango.
- Llevar a cabo la calibración sobre una superficie completamente plana, como la base de mármol.
- Tomar mínimo cinco valores en forma ascendente y descendente, iniciando en el punto cero del instrumento y registrando el valor respectivo en el formato de calibración.

Ejemplo: En la calibración de un calibrador de alturas se obtuvieron los valores que se exponen a continuación.

Prueba de calibración

Tabla 14.5
Prueba de calibración

Valor Patrón (VP) mm	Lectura 1↓	Lectura 2↑	Lectura 3↓	Lectura 4↑	Lectura 5↓	Valor promedio (X)	Error (E=X- VP) mm	Incertidumbre de medición Tipo A mm
0	0,00	0,02	0,02	0,00	0,00	0,008	0,008	± 0,010
50	50,02	50,00	50,02	50,00	50,02	50,012	0,012	± 0,010
100	100,02	100,02	100,02	100,02	100,02	100,02	0,02	± 0,000
150	150,00	150,02	150,02	150,02	150,00	150,012	0,012	± 0,010
200	200,02	200,00	200,00	200,00	200,02	200,008	0,008	± 0,010
250	250,02	250,00	250,02	250,00	250,02	250,012	0,012	± 0,010
300	299,98	300,00	300,02	300,00	299,98	299,996	0,004	± 0,016

Resultados de la prueba

Error máximo	0,02 mm
Incertidumbre de medición máxima	± 0,016 mm

- Cálculo del valor promedio de las mediciones realizadas

$$P = \frac{\sum VM}{n}$$

Donde:
P = promedio
$\sum VM$ = sumatoria de los valores medidos
n = número de mediciones realizadas

- Cálculo del error obtenido en cada punto de medición:

$$E = P - VP$$

Donde:
E = error
P = promedio
VP = valor patrón

- Cálculo de la incertidumbre de la medición

Los pasos que se deben tener en cuenta para el cálculo de la incertidumbre de la medición son los siguientes:

Determinar las fuentes de incertidumbre

Patrón

- EMP = error máximo permitido.
- Incertidumbre expandida: reportada en el certificado de calibración del patrón.
- Resolución o apreciación del equipo patrón.

Prueba

- Resolución o apreciación del equipo patrón.
- Condiciones ambientales.
- Desviación estándar (repetibilidad).

- Definir el tipo de distribución de cada fuente y calcular la incertidumbre estándar.

Incertidumbre tipo A

$$S = \frac{\sqrt{\sum_{i=1}^{n}(xi - \bar{x})^2}}{(n-1)}$$

Incertidumbre tipo B

$$\mu B = \frac{a}{\sqrt{3}} \text{ (para equipos analógicos)}$$

$$\mu B = \frac{a}{\sqrt{12}} \text{ (para equipos digitales)}$$

Donde:
μB = incertidumbre tipo B
a = valor dado por la experiencia del metrólogo
$\sqrt{3}$ = constante

- Calcular la incertidumbre de medición combinada

$$\mu C = \sqrt{(\mu A)^2 + (\mu B)^2 + (\mu P)^2}$$

Donde:
μA = incertidumbre tipo A
μB = incertidumbre tipo B
μP = incertidumbre del patrón

- Calcular la incertidumbre de medición expandida

La incertidumbre de medición expandida o total se calcula multiplicando por el factor de cobertura $k = 2$ la incertidumbre de medición combinada, con lo cual se obtiene un nivel de confianza de 95,5 % aproximadamente.

$$\mu E = 2 + \mu C$$

Donde:
μE = incertidumbre expandida
2 = k = 2
μc = incertidumbre del patrón

Verificación de resultados

Para determinar su cumplimiento, se debe comparar el error de calibración del instrumento contra los límites de error permitidos por normas nacionales o internacionales, recomendaciones del fabricante o límites de error aceptados por la empresa, y definir si el medidor de alturas es apto para realizar mediciones.

Se evalúan los resultados y se considera si el equipo calibrado cumple o no; se indican, en cada caso, las causas por las cuales es aprobado o rechazado.

Nota 1: Un equipo calibrado es apto para su funcionamiento cuando los errores detectados en la calibración no superan los límites de error permitidos por normas, determinados por la empresa o aceptados y recomendados por el fabricante.

Nota 2: La incertidumbre de la medición es otro aspecto para tener en cuenta al aprobar un equipo de medición, que no debe superar los límites de error, los intervalos de tolerancia de los procesos en los que se utiliza el equipo y ser igual o inferior a la resolución del equipo de medición.

Nota 3: Es importante comprobar que el equipo de medición calibrado funciona correctamente. La verificación se realiza con patrones trazables, haciendo la evaluación respectiva a los resultados de la calibración.

Se debe elaborar el respectivo informe de calibración (certificado de calibración), que incluye:

- Certificado de calibración (ver modelo).
- Registro de calibración (ver modelo).
- Rótulo de identificación (ver modelo).

14.5 Cintas métricas

La cinta métrica está normalmente fabricada de fleje metálico o fibra textil. Tiene una escala grabada sobre su superficie, graduada y numerada en el sistema métrico. Las divisiones suelen ser en milímetros, centímetros y metros.

Las cintas métricas de flejes metálicos enrollables tienen una longitud de dos a diez metros y los de material textil alcanzan entre 10 y 50 metros. Existe un tipo de cinta métrica textil que tiene una longitud de uno a dos metros con divisiones de 0,5 mm y se emplea en trabajos de costura y confección de prendas de vestir.

- Procedimiento de calibración de cintas métricas.
- Seleccionar el patrón de referencia (cinta métrica de precisión o regla graduada).
- Limpiar las cintas por calibrar con varsol o gasolina blanca.
- Realizar una inspección visual de las cintas con el fin de determinar el estado; deben encontrarse en buenas condiciones, libres de daños que impidan una lectura confiable en las mediciones, con una escala graduada visible, la cinta no debe estar reventada ni torcida.

- Acondicionar una base plana para verificar cintas y tensionarlas con pesas de aproximadamente 1 kg ± 200 g durante dos horas.
- Comparar con el patrón de referencia, para lo cual se ubica la escala graduada del patrón con la de la cinta por calibrar y se hacen coincidir los puntos cero de ambas cintas.
- Para verificar mejor, se deben realizar las mediciones a partir de 10 mm (1 cm) en rangos iguales de medición hasta alcanzar el máximo de medición de la cinta. La calibración puede realizarse tomando mínimo cinco lecturas en forma ascendente y descendente.
- Calcular el promedio de los valores obtenidos y determinar el error del instrumento en cada rango calibrado. El error será la diferencia entre el valor promedio y el nominal del bloque.

Ejemplo: Dados los valores en la calibración de una cinta métrica, los resultados serían los que se presentan a continuación.

Prueba de calibración

Tabla 14.6
Prueba de calibración

Valor Patrón (VP)	Lectura 1 ↓	Lectura 2 ↑	Lectura 3 ↓	Lectura 4 ↑	Lectura 5 ↓	Valor promedio (X)	Error (E=X- VP)	Incertidumbre de medición Tipo A
10	10,8	10,0	10,2	10,8	10,2	10,4	0,4	± 0,374
100	99,8	100,0	100,6	99,8	100,6	100,16	0,16	± 0,40
200	200,0	199,8	200,0	200,0	200,0	199,96	0,04	± 0,089
300	300,0	300,4	300,0	300,0	300,0	300,08	0,08	± 0,178
400	399,6	400,4	400,2	399,6	400,2	400,00	0,00	± 0,374
500	500,6	500,2	500,2	500,6	500,2	500,36	0,36	± 0,219
600	600,4	600,6	600,4	600,4	600,4	600,44	0,44	± 0,089
800	799,6	800,0	800,2	799,6	800,2	799,92	0,08	± 0,030
1000	1000,0	999,8	1000,0	1000,0	1000,0	999,96	0,04	± 0,089

Resultados de la prueba

Error máximo	0,44 mm
Incertidumbre de medición máxima	± 0,374 mm

- Cálculo del valor promedio de las mediciones realizadas

$$P = \frac{\sum VM}{n}$$

Donde:
P = promedio
$\sum VM$ = sumatoria de los valores medidos
n = número de mediciones realizadas

- Cálculo del error obtenido en cada punto de medición:

$$E = P - VP$$

Donde:
E = error
P = promedio
VP = valor patrón

- Cálculo de la incertidumbre de la medición

Los pasos que se deben tener en cuenta para el cálculo de la incertidumbre de la medición son los siguientes:

Determinar las fuentes de incertidumbre

Patrón

- EMP = error máximo permitido.
- Incertidumbre expandida: reportada en el certificado de calibración del patrón.
- Resolución o apreciación del equipo patrón.

Prueba

- Resolución o apreciación del equipo patrón.
- Condiciones ambientales.
- Desviación estándar (repetibilidad).

Definir el tipo de distribución de cada fuente y calcular la incertidumbre estándar.

Incertidumbre tipo A

$$S = \frac{\sqrt{\sum_{i=1}^{n} (xi - \bar{x})^2}}{(n-1)}$$

Incertidumbre tipo B

$$\mu B = \frac{a}{\sqrt{3}} \text{ (para equipos analógicos)}$$

$$\mu B = \frac{a}{\sqrt{12}} \text{ (para equipos digitales)}$$

Donde:
μB = incertidumbre tipo B
a = valor dado por la experiencia del metrólogo
$\sqrt{3}$ = constante

- Calcular la incertidumbre de medición combinada

$$\mu C = \sqrt{(\mu A)^2 + (\mu B)^2 + (\mu P)^2}$$

Donde:
μA = incertidumbre tipo A
μB = incertidumbre tipo B
μP = incertidumbre del patrón

- Calcular la incertidumbre de medición expandida

La incertidumbre de medición expandida o total se calcula multiplicando por el factor de cobertura k = 2 la incertidumbre de medición combinada, con lo cual se obtiene un nivel de confianza de 95,5 % aproximadamente.

$$\mu E = 2 + \mu C$$

Donde:
μE = incertidumbre expandida
2 = k = 2
μc = incertidumbre combinada

Verificación de resultados

Se compara el error de la cinta calibrada contra el error permitido por la R35 de la Organización Internacional de Metrología Legal (OIML) de 1980.

Límite de error permitido para cintas métricas según clase I, II y III, de acuerdo con la tabla.

Tabla 14.7
Límites de error permitidos

Longitud en M	Clase I ± mm	Clase II ± mm	Clase III ± mm
1	0,2	0,5	1,0
2	0,3	0,7	1,4
3	0,4	0,9	1,8
4	0,5	1,1	2,2
5	0,6	1,3	2,6
6	0,7	1,5	3,0
7	0,8	1,7	3,4
8	0,9	1,9	3,8
9	1,0	2,1	4,2
10	1,1	2,3	4,6

Fuente: R35 de la Organización Internacional de Metrología Legal (OIML) de 1980.

- Evaluar los resultados y determinar si el equipo calibrado cumple. Se deben explicar en cada caso las causas por las cuales es aprobado o rechazado.

Nota 1: Un equipo calibrado es apto para su funcionamiento cuando los errores detectados en la calibración no superan los límites de error permitidos por normas, determinados por la empresa o aceptados y recomendados por el fabricante.

Nota 2: La incertidumbre de la medición es otro aspecto para tener en cuenta al aprobar un equipo de medición. Ésta no debe superar los límites de error, los intervalos de tolerancia de los procesos en los que es utilizado el equipo y ser igual o inferior a la resolución del equipo de medición.

Nota 3: Hay que comprobar que el equipo de medición calibrado funciona correctamente. Esto se realiza con patrones trazables, haciendo la evaluación respectiva de los resultados de la calibración.

Se debe elaborar el respectivo informe de calibración (certificado de calibración), que incluye:

- Certificado de calibración (ver modelo).
- Registro de calibración (ver modelo).
- Rótulo de identificación (ver modelo)

14.6 Reglas graduadas

Las reglas son la herramienta más común en el trabajo de taller mecánico. Se emplean cuando hay que tomar medidas rápidas y no se requiere un grado alto de exactitud.

Las reglas de acero con indicación en pulgadas están graduadas en fracciones o decimales; las métricas suelen graduarse en milímetros. La exactitud de la medida que se tome depende de las condiciones y del uso correcto de la herramienta.

La medición con una regla se realiza desde un punto inicial fijo sobre la escala que está alineada con un extremo de la distancia por medir; la graduación que corresponda a la posición del otro extremo proporcionará la longitud medida.

Las reglas de acero están fabricadas en una gran variedad de tipos y tamaños, adecuados a la forma o extensión de una sección o la longitud de una pieza. Para satisfacer los requisitos de la pieza que se produce y se va a medir, hay disponibles reglas graduadas en fracciones o decimales de pulgadas o milímetros. Los tipos de reglas más utilizados en el trabajo de taller mecánico son:

- **Regla rígida de acero templado.** Generalmente tiene dos escalas en cada cara; se fabrican en diferentes longitudes y la más común es de 6 pulgadas o 150 mm.
- **Regla flexible.** Es similar a la anterior pero más estrecha y delgada, lo que permite flexionarla dentro de ciertos límites para reali-

zar lecturas en las que la rigidez de la regla de acero templado no permite una medición adecuada.

Procedimiento de calibración de reglas graduadas

El procedimiento para realizar la calibración de las reglas graduadas es el siguiente:

- Limpiar la regla con varsol, preferiblemente, y secarla con una bayetilla blanca.
- Realizar una inspección visual sobre el estado general de la regla; se debe verificar que las líneas de división estén bien definidas y claras, de forma que permitan una lectura fácil, segura y no ambigua.
- Si la regla presenta manchas profundas de óxido, rayas marcadas y desgastes considerables en su superficie que impidan efectuar una medida confiable y segura, la regla debe ser rechazada y no podrá obtener el sello de calibración.
- Cuando las marcas son de trazos, éstos deben ser rectilíneos y perpendiculares al eje de medición y tener la misma separación constante sobre toda la longitud de la regla.
- La calibración propiamente dicha debe realizarse en una base comparadora y plana para reglas graduadas.
- Se realiza el montaje de la regla graduada por calibrar con la regla graduada a patrón, colocándolas paralelamente y en posición horizontal, haciendo coincidir el punto cero de la primera con el cero de la segunda.
- Se divide el rango total de la regla graduada en mínimo diez puntos para tomar las lecturas contra el patrón.
- La toma de los datos se hace comparando con la regla patrón, leyendo el valor en cada punto determinado y confrontando el resultado con respecto a la regla patrón.
- Se deben realizar mínimo cuatro valores en forma ascendente y descendente, cubriendo todo el rango de la regla y consignando cada resultado de la medición en el registro de calibración para reglas graduadas.

- Se calcula el promedio de los valores obtenidos y se determina el error del instrumento en cada rango calibrado. El error será la diferencia entre el valor promedio y el valor nominal del bloque.

Ejemplo: Dados los valores en una calibración de una regla, los resultados serían los que se presentan a continuación.

Prueba de calibración

Tabla 14.8
Prueba de calibración

Valor Patrón (VP) mm	Lectura 1 ↓ mm	Lectura 2 ↑ mm	Lectura 3 ↓ mm	Lectura 4 ↑ mm	Lectura 5 ↓ mm	Valor promedio (X) mm	Error (E = X - VP) mm	Incertidumbre de medición Tipo A mm
0	0,0	0,5	0,0	0,0	0,5	0,2	0,2	± 0,273
200	200,5	200,0	200,5	200,5	200,0	200,3	0,3	± 0,273
400	400,5	400,5	400,5	400,5	400,5	400,5	0,5	± 0,000
600	600,0	599,5	600,0	600,0	599,5	599,8	0,2	± 0,273
800	800,0	800,5	800,0	800,0	800,5	800,2	0,2	± 0,273
1000	999,5	1000,0	1000,0	999,5	1000,0	999,8	0,2	± 0,273

Resultados de la prueba

Error máximo	0,5 mm
Incertidumbre de medición máxima	± 0,273 mm

- Cálculo del valor promedio de las mediciones realizadas

$$P = \frac{\sum VM}{n}$$

Donde:

P = promedio
$\sum VM$ = sumatoria de los valores medidos
n = número de mediciones realizadas

- Cálculo del error obtenido en cada punto de medición:

$$E = P - VP$$

Donde:
E = error
P = promedio
VP = valor patrón

- Cálculo de la incertidumbre de la medición

Los pasos que se deben tener en cuenta para el cálculo de la incertidumbre de la medición son los siguientes:

Determinar las fuentes de incertidumbre

Patrón

- EMP = error máximo permitido.
- Incertidumbre expandida: reportada en el certificado de calibración del patrón.
- Resolución o apreciación del equipo patrón.

Prueba

- Resolución o apreciación del equipo patrón.
- Condiciones ambientales.
- Desviación estándar (repetibilidad).

Definir el tipo de distribución de cada fuente y calcular la incertidumbre estándar.

Incertidumbre tipo A

$$S = \frac{\sqrt{\sum_{i=1}^{n}(xi - \bar{x})^2}}{(n-1)}$$

Incertidumbre tipo B

$$\mu B = \frac{a}{\sqrt{3}} \text{ (para equipos analógicos)}$$

$$\mu B = \frac{a}{\sqrt{12}} \text{ (para equipos digitales)}$$

Donde:
μB = incertidumbre tipo B
a = valor dado por la experiencia del metrólogo
$\sqrt{3}$ = constante

- Calcular la incertidumbre de medición combinada

$$\mu C = \sqrt{(\mu A)^2 + (\mu B)^2 + (\mu P)^2}$$

Donde:
μA = incertidumbre tipo A
μB = incertidumbre tipo B
μP = incertidumbre del patrón

- Calcular la incertidumbre de medición expandida

La incertidumbre de medición expandida o total se calcula multiplicando por el factor de cobertura $k = 2$ la incertidumbre de medición combinada, con lo cual se obtiene un nivel de confianza de 95,5 % aproximadamente.

$$\mu E = 2 + \mu C$$

Donde:
μE = incertidumbre expandida
2 = k = 2
μc = incertidumbre combinada

Verificación de resultados

Para determinar su cumplimiento, se debe comparar el error de calibración del instrumento contra los límites de error permitidos por normas nacionales o internacionales, recomendaciones del fabricante o límites de error permitidos por la empresa, y definir si la regla es apta para realizar mediciones.

Se evalúan los resultados y se determina si el equipo calibrado cumple; se indican, en cada caso, las causas por las cuales es aprobado o rechazado.

Nota 1: Un equipo calibrado es apto para su funcionamiento cuando los errores que se presentan en la calibración no superan los límites de error permitidos por normas, determinados por la empresa o aceptados y recomendados por el fabricante.

Nota 2: La incertidumbre de la medición es otro aspecto para tener en cuenta al aprobar un equipo de medición. Ésta no debe superar los límites de error, los intervalos de tolerancia de los procesos en los que se utiliza el equipo y ser igual o inferior a la resolución del equipo de medición.

Nota 3: Es importante comprobar que el equipo de medición calibrado funciona correctamente. La calibración se realiza con patrones trazables, haciendo la evaluación respectiva a los resultados de ella.

Se debe elaborar el respectivo informe de calibración (certificado de calibración), que incluye:

- Certificado de calibración (ver modelo).
- Registro de calibración (ver modelo).
- Rótulo de identificación (ver modelo).
- Comparar el error de la regla calibrada contra el error permitido por la R35 de la Organización Internacional de Metrología Legal (OIML) de 1980.
- Elaborar un certificado de calibración con los resultados de medición de la regla, las características del instrumento, del fabricante y del solicitante.
- Rotular con un sello de calibrado y la fecha de vigencia de la calibración.

Tabla 14.9
Límites de error permitido para reglas graduadas[34]

Longitud en metros (m)	Clase I ± (mm)	Clase II ± (mm)	Clase III ± (mm)
0,1	0,11	0,32	0,64
0,2	0,12	0,34	0,68
0,3	0,13	0,36	0,72
0,4	0,14	0,38	0,76
0,5	0,15	0,4	0,8
0,6	0,16	0,42	0,84
0,7	0,17	0,44	0,88
0,8	0,18	0,46	0,92
0,9	0,19	0,48	0,96
1	0,2	0,5	1
1,1	0,21	0,52	1,04
1,2	0,22	0,54	1,08
1,3	0,23	0,56	1,12
1,4	0,24	0,58	1,16
1,5	0,25	0,6	1,2
1,6	0,26	0,62	1,24
1,7	0,27	0,64	1,28
1,8	0,28	0,66	1,32
1,9	0,29	0,68	1,36
2	0,3	0,7	1,4

Fuente: R35 de la Organización Internacional de Metrología Legal (OIML) 1980.

34. Límites de error permitidos según R35 de la Organización Internacional de Metrología Legal (OIML) de 1980.

15 | MAGNITUDES

15.1 Magnitud (mensurable)

La magnitud es conocida como el atributo de un fenómeno, cuerpo o sustancia, que es susceptible de ser distinguido cualitativamente y determinado cuantitativamente. El término magnitud puede referirse en sentido general o particular.

Ejemplo

Magnitudes en sentido general. Longitud, tiempo, masa, temperatura, resistencia eléctrica, volumen, humedad, concentración en cantidad de sustancia.

Magnitudes particulares. Longitud de una varilla determinada, resistencia eléctrica de un hilo conductor definido, concentración en cantidad de sustancia de etanol en una muestra dada de vino, volumen de un líquido, porcentaje de humedad relativa en un laboratorio etc.

Las magnitudes que pueden clasificarse unas con respecto a otras en orden creciente (o decreciente) se denominan magnitudes de la misma naturaleza. Éstas pueden agruparse en categorías de magnitudes, por ejemplo: trabajo, calor, energía, espesor, circunferencia, longitud de onda.

Sistema de magnitudes. Conjunto de magnitudes, en sentido general, entre las cuales existen relaciones definidas.

Magnitud básica. Cualquiera de las que, en un sistema de magnitudes, se aceptan por convenio como funcionalmente independientes las unas de las otras.

Ejemplo

Las magnitudes longitud, masa y tiempo son generalmente tomadas como magnitudes básicas en el campo de la mecánica.

15.2 Magnitud derivada

En un sistema de magnitudes, aquella definida como una función de las magnitudes básicas de este sistema.

Ejemplo

En un sistema que tiene como unidades básicas la longitud, la masa y el tiempo, la velocidad es una magnitud derivada definida como el cociente de la longitud por el tiempo.

Dimensión de una magnitud

Expresión que representa una magnitud de un sistema de magnitudes como el producto de potencias de factores que representan las magnitudes básicas de dicho sistema.

Ejemplos

En un sistema que tiene como unidades básicas la longitud, la masa y el tiempo, cuyas dimensiones se designan respectivamente por L, M y T, la dimensión de la fuerza es LMT-2.

En este mismo sistema de magnitudes, ML-3 es la dimensión tanto de la concentración en masa como de la densidad de masa.

Magnitud de dimensión uno o magnitud adimensional

Aquella en cuya expresión dimensional todos los exponentes de las dimensiones de las magnitudes básicas se reducen a cero.

Ejemplos

Dilatación lineal relativa, factor de rozamiento, número de Mach, índice de refracción, fracción molar, fracción en masa.

Valor de una magnitud

Expresión cuantitativa de una magnitud particular, generalmente en forma de unidad de medida multiplicada por un número.

Ejemplos

- Longitud de una varilla: 2,25 mm o 225 cm
- Masa de un cuerpo: 0,528 kg o 528 g;
- Cantidad de sustancia de una muestra de agua (H_2O): 0,025 mol o 25 mol.
- Observación: el valor de una magnitud puede ser positivo, negativo o nulo.

El valor de una magnitud puede expresarse en más de una forma. Los valores de las magnitudes de dimensión uno se expresan generalmente en forma de números.

Ciertas magnitudes, para las que no se puede definir su relación con la unidad, pueden expresarse por referencia a una escala convencional de referencia o a un procedimiento de medida especificado, o a ambos.

Valor verdadero de una magnitud

Es el valor en consistencia con la definición de una magnitud particular dada.

Observación. Es un valor que se obtendría por una medición perfecta.

Todo valor verdadero es por naturaleza indeterminado.

Es mejor utilizar en conjunción con "valor verdadero" el artículo indefinido "un" que el artículo definido "el" porque el valor verdadero puede tener varios valores que se correspondan con la definición de una magnitud particular dada.

Valor convencionalmente verdadero de una magnitud

Valor atribuido a una magnitud particular y aceptado, algunas veces por convenio, como teniendo una incertidumbre apropiada para un uso dado.

Ejemplos

En un lugar dado, el valor atribuido a la magnitud realizada por un patrón de referencia puede ser tomado como un valor convencionalmente verdadero.

El valor de la constante de Avogadro, NA = 6,022 136 7 × 1023 mol-1, recomendado por Codata (1986).

El valor convencionalmente verdadero es denominado, a veces, valor asignado, mejor estimación del valor, valor convencional o valor de referencia.

A menudo se utiliza un gran número de resultados de medida de una magnitud para establecer un valor convencionalmente verdadero.

Valor numérico de una magnitud

Corresponde al número que multiplica a la unidad de medida en la expresión del valor de una magnitud.

Escala convencional de referencia

Para magnitudes particulares de una naturaleza dada, conjunto ordenado de valores, continuo o discreto, definido por convenio como referencia para clasificar en orden creciente o decreciente las magnitudes de esta naturaleza.

Ejemplos

- La escala de dureza de Mohs.
- La escala de pH en química.
- La escala de índices de octano para los carburantes.

16 | MEDICIONES

La medición es el conjunto de operaciones que tienen por finalidad determinar el valor de una magnitud.

La metrología comprende todos los aspectos, tanto teóricos como prácticos, que se refieren a las mediciones, cualesquiera que sean sus incertidumbres, y en cualesquiera de los campos de la ciencia y de la tecnología en que tengan lugar.

16.1 Principio de medida

Base científica de una medición.

Ejemplos

- El efecto termoeléctrico, utilizado para la medición de la temperatura.
- El efecto Josephson, utilizado para la medición de la tensión eléctrica.
- El efecto Doppler, utilizado para la medición de la velocidad.
- El efecto Raman, utilizado para la medición del número de ondas de las vibraciones moleculares.

16.2 Método de medida

Sucesión lógica de las operaciones, descritas de una forma genérica, utilizadas en la ejecución de las mediciones.

El método de medida puede ser calificado de diversas formas tales como:

- Método de sustitución
- Método diferencial
- Método de cero

16.3 Procedimiento de medida

Conjunto de operaciones, descritas de forma específica, utilizadas en la ejecución de mediciones particulares según un método dado.

El procedimiento de medida está habitualmente descrito en un documento por lo general denominado "procedimiento de medida" (o "método de medida") que da suficientes detalles para que un operador pueda efectuar una medición sin necesidad de otras informaciones.

Mensurando. Magnitud particular sometida a medición.

Ejemplo

Volumen de un líquido (muestra dada de agua) a una temperatura de 20 °C.

La definición del mensurando puede necesitar indicaciones relativas a magnitudes tales como tiempo, temperatura y presión.

16.4 Magnitud de influencia

Magnitud que no es el mensurando (o medida que se requiere tomar) pero que tiene efecto sobre el resultado de la medición.

Ejemplos

- Temperatura de un pie de rey en la medida de una longitud.
- Frecuencia en la medida de la amplitud de una tensión eléctrica alterna.

- Concentración de bilirrubina en la medida de la concentración de hemoglobina en una muestra de plasma sanguíneo humano.
- Porcentaje de humedad relativa del laboratorio de metrología en la calibración de un determinado equipo de longitud.

Señal de medida. Magnitud que representa al mensurando y con el que está funcionalmente relacionado.

Ejemplos

- La señal eléctrica de salida de un transductor de presión.
- La frecuencia dada por un convertidor de tensión-frecuencia.
- La fuerza electromotriz de una célula electroquímica de concentración que se utiliza para medir la diferencia de una concentración.
- Valor transformado (de un mensurando).
- Valor de una señal de medida que representa a un mensurando dado.

17 RESULTADOS DE MEDICIÓN

Resultado de una medición: valor atribuido a un mensurando, obtenido mediante el proceso de medición.

17.1 Observaciones

Cuando se da un resultado, se debe indicar claramente si se refiere:

- A la indicación.
- Al resultado sin corregir.
- Al resultado corregido, y si aquél proviene de una media obtenida a partir de varios valores.

Una expresión completa del resultado de una medición incluye información sobre la incertidumbre de medida.

Indicación (de un instrumento de medida):

Valor de una magnitud, dado por un instrumento de medida.

El valor leído sobre el dispositivo visualizador puede denominarse indicación directa, la cual deberá multiplicarse por la constante del instrumento para obtener la indicación.

La magnitud puede ser el mensurando, una señal de medida o cualquier otra magnitud utilizada para calcular el valor del mensurando.

Para una medida materializada, la indicación es el valor que asignado.

Resultado sin corregir. Resultado de una medición antes de la corrección del error sistemático.

Resultado corregido. Resultado de una medición después de la corrección del error sistemático.

Exactitud de medida. Grado de concordancia entre el resultado de una medición y un valor verdadero del mensurando.

El concepto "exactitud" es cualitativo.

El término "precisión" no debe utilizarse por "exactitud".

Repetibilidad de los resultados de las mediciones. Grado de concordancia entre resultados de sucesivas mediciones del mismo mensurando, mediciones efectuadas con aplicación de la totalidad de las mismas condiciones de medida. Éstas se denominan condiciones de repetibilidad, las cuales comprenden el mismo procedimiento de medida, el mismo observador, el mismo instrumento de medida utilizado en las mismas condiciones, el mismo lugar, y repetición durante un corto periodo de tiempo. La repetibilidad puede expresarse cuantitativamente por medio de las características de dispersión de los resultados.

Reproducibilidad de los resultados de las mediciones. Grado de concordancia entre los resultados de las mediciones del mismo mensurando, mediciones efectuadas en diferentes condiciones de medida.

Para que una expresión de la reproducibilidad sea válida, es necesario especificar las condiciones que han variado.

Las condiciones variables pueden comprender principio de medida, método de medida, observador, instrumento de medida, patrón de referencia, lugar de medida, condiciones de uso y tiempo de prueba.

La reproducibilidad puede expresarse cuantitativamente por medio de las características de dispersión de los resultados. Los resultados aquí considerados son habitualmente corregidos.

Error de medida. Resultado de una medición menos un valor verdadero del mensurando. Considerando que un valor verdadero no puede ser determinado, en la práctica se utiliza un valor convencionalmente verdadero.

Cuando sea necesario distinguir entre "error" y "error relativo", el primero es a veces denominado "error absoluto de medida".

Desviación. Valor menos su valor de referencia.

Error relativo. Relación entre el error de medida y un valor verdadero del mensurando. Considerando que un valor verdadero no puede ser determinado, en la práctica se utiliza un valor convencionalmente verdadero.

Error aleatorio. Resultado de una medición menos la media de un número infinito de mediciones del mismo mensurando, efectuadas en condiciones de repetibilidad.

El error aleatorio es igual al error menos el error sistemático.

Como no pueden hacerse más que un número finito de mediciones, solamente es posible determinar una estimación del error aleatorio.

Error sistemático. Media que resultaría de un número infinito de mediciones del mismo mensurando efectuadas en condiciones de repetibilidad, menos un valor verdadero del mensurando.

El error sistemático es igual al error menos el error aleatorio. El valor verdadero, como el error sistemático y sus causas, no pueden ser conocidos completamente.

Corrección. Valor sumado algebraicamente al resultado sin corregir de una medición para compensar un error sistemático.

La corrección es igual al opuesto del error sistemático estimado; puesto que el error sistemático no puede conocerse perfectamente, la compensación no puede ser completa.

Factor de corrección. Factor numérico por el que se multiplica el resultado sin corregir de una medición para compensar un error sistemático.

Instrumento de medida, aparato de medida. Dispositivo destinado a utilizarse para hacer mediciones, solo o asociado a uno o varios dispositivos anexos.

Medida materializada. Dispositivo destinado a reproducir o a proporcionar, de una manera permanente durante su utilización, uno o varios valores conocidos de una magnitud dada.

- Masa contrastada.
- Medida de volumen (de uno o varios valores, con o sin escala).
- Resistencia eléctrica patrón.
- Bloque patrón.
- Generador de señales patrón.
- Material de referencia.
- La magnitud en cuestión puede denominarse magnitud proporcionada.

Transductor de medida. Dispositivo que hace corresponder a una magnitud de entrada otra de salida según una ley determinada.

- Termopar
- Transformador de intensidad
- Galga extensométrica
- Electrodo de PH

Cadena de medida. Serie de elementos de un instrumento o un sistema de medida que constituye el camino que recorre la señal de medida desde la entrada hasta la salida.

Ejemplo: Una cadena de medida electroacústica que comprende un micrófono, un atenuador, un filtro, un amplificador y un voltímetro.

Sistema de medida. Conjunto completo de instrumentos de medida y otros equipos ensamblados para ejecutar mediciones específicas. Ejemplos: equipamiento para medir la conductividad de los materiales semiconductores o para calibrar termómetros clínicos. El sistema puede comprender medidas materializadas y reactivos químicos. Un sistema de medida instalado permanentemente se denomina instalación de medida.

Instrumento (de medida) visualizador. Aquel que muestra una indicación.

Ejemplos: Voltímetro con indicación analógica, frecuencímetro digital. La indicación puede ser analógica (continua o discontinua) o digital. Los valores de varias magnitudes pueden indicarse simultáneamente. Un instrumento de medida visualizador puede, además, proporcionar un registro.

Instrumento (de medida) registrador. Aquel que proporciona un registro de la indicación. Ejemplos: barógrafo, dosímetro termoluminiscente, espectrómetro registrador. El registro (visualización) puede ser analógico (línea continua o discontinua) o digital. Los valores de varias magnitudes pueden registrarse (visualizarse) simultáneamente. Un instrumento registrador también puede visualizar una indicación.

Instrumento (de medida) totalizador. Aquel que determina el valor de un mensurando por adición de los valores parciales de este mensurando obtenidos simultánea o consecutivamente de una o varias fuentes. Ejemplo: báscula-puente totalizadora para ferrocarriles.

Instrumento de medida totalizador de potencia eléctrica .

Instrumento (de medida) integrador. Aquel que determina el valor de un mensurando integrando una magnitud en función de otra. Ejemplo: contador de energía eléctrica.

Instrumento de medida (con indicación) analógico. Aquel en el cual la señal de salida o la visualización es una función continua del mensurando o de la señal de entrada. Este término se refiere a la forma de presentación de las señales de salida o de la visualización, no al principio de funcionamiento del instrumento.

Instrumento de medida (con indicación) digital. Es el que proporciona una señal de salida o una visualización en forma digital. Este término se refiere a la forma de presentación de las señales de salida o de la visualización, no al principio de funcionamiento del instrumento.

Dispositivo visualizador, dispositivo indicador. Parte de un instrumento de medida que visualiza una indicación. Este término puede incluir el dispositivo por medio del cual el valor suministrado por una medida materializada se visualiza o ajusta. Un dispositivo visualizador analógico proporciona una visualización analógica; un dispositivo visualizador digital, una visualización digital.

Una forma de presentación de la visualización, bien por medio de una visualización digital en la que la cifra de menor valor significativo se desplaza continuamente, permitiendo también la interpolación, o bien por medio de una visualización digital suplementada por una escala y un índice, se denomina visualización semidigital.

Dispositivo registrador. Parte de un instrumento de medida que proporciona un registro de una indicación.

Sensor. Elemento de un instrumento de medida o de una cadena de medida que está directamente sometido a la acción del mensurando. Ejemplos: unión de medida de un termómetro termoeléctrico, rotor de un caudalímetro de turbina, tubo de Bourdon de un manómetro, flotador de un instrumento de medida de nivel, receptor fotoeléctrico de un espectrofotómetro. En ciertos campos, se utiliza para este concepto el término detector.

Detector. Dispositivo o sustancia que indica la presencia de un fenómeno sin proporcionar necesariamente un valor de una magnitud. Ejemplos: detector de fugas de halógeno, papel de tornasol

Una indicación puede producirse solamente cuando el valor de la magnitud alcanza un umbral dado, algunas veces denominado umbral de detección del detector.

Índice. Parte fija o móvil de un dispositivo indicador cuya posición, con referencia a los trazos de una escala, permite determinar un valor indicado. Ejemplos: aguja, punto luminoso, superficie de un líquido, plumilla registradora.

Escala de un instrumento de medida. Conjunto ordenado de trazos con cualquier numeración asociada, que forma parte de un dispositivo indicador de un instrumento de medida.

Longitud de escala. Para una escala dada, longitud de la línea uniforme comprendida entre el primero y el último trazo, y pasa por los puntos medios de los trazos más pequeños. La línea puede ser real o imaginaria, curva o recta. La longitud de la escala se expresa en unidades de longitud, cualquiera que sea la unidad del mensurando o la unidad marcada sobre la escala.

Rango de indicación. Conjunto de valores limitado por las indicaciones extremas. Para una visualización analógica, este conjunto puede denominarse "rango de escala". El rango de las indicaciones se expresa en unidades de la visualización, cualquiera que sea la unidad del mensurando, y se especifica normalmente por sus límites inferior y superior, por ejemplo 100 a 200 °C.

División de escala. Parte de una escala comprendida entre dos trazos consecutivos cualesquiera.

Longitud de una división de escala. Distancia entre dos trazos sucesivos, medida a lo largo de la misma línea que para la longitud de la escala. La longitud de una división se expresa en unidades de longitud, cualquiera que sea la unidad del mensurando o la unidad marcada sobre la escala.

Escalón, valor de una división de escala. Diferencia entre los valores correspondientes a dos trazos sucesivos. El escalón se expresa en las unidades marcadas sobre la escala, cualquiera que sea la unidad del mensurando.

Escala lineal. Aquella en la que la longitud y el valor de cada división están relacionados por un coeficiente de proporcionalidad constante a lo largo de la escala. Una escala lineal cuyos escalones son constantes se denomina escala regular.

Escala no lineal. Aquella en la que la longitud y el valor de cada división están relacionados por un coeficiente de proporcionalidad no constante a lo largo de la escala. Ciertas escalas no lineales se designan con nombres especiales tales como escala logarítmica o cuadrática.

Escala con cero decalado. Aquella cuyo rango no incluye el valor cero. Ejemplo: escala de un termómetro clínico.

Escala expandida. Aquella en la que una parte del rango ocupa una longitud relativamente más grande que las otras partes.

Dial. Parte fija o móvil de un dispositivo visualizador que lleva una o más escalas. En ciertos dispositivos de visualización, el dial toma la forma de rodillos o discos cifrados y se desplaza con respecto a un índice fijo o a una ventana.

Numeración de una escala. Conjunto ordenado de números asociados a los trazos de la escala.

Marcado de escala de un instrumento de medida. Posicionamiento material de cada marca (eventualmente, de determinadas marcas principales) de un instrumento de medida en función del valor correspondiente del mensurando.

Ajuste de un instrumento de medida. Operación destinada a llevar un instrumento de medida a un estado de funcionamiento conveniente para su utilización. El ajuste puede ser automático, semiautomático o manual.

Reglaje de un instrumento de medida. Ajuste que se realiza utilizando únicamente los medios puestos a disposición del usuario.

18 CARACTERÍSTICAS DE LOS INSTRUMENTOS DE MEDIDA

Rango nominal. Rango de las indicaciones que pueden obtenerse mediante ajustes particulares de los controles de un instrumento de medida. El rango nominal se expresa normalmente por sus límites inferior y superior. Por ejemplo, 100 a 200 °C. Cuando el límite inferior es cero, el rango nominal se expresa habitualmente sólo por el límite superior; por ejemplo, un rango nominal de 0 a 100 V como 100 V.

Intervalo de medida. Módulo de la diferencia entre los dos límites de un rango nominal. Ejemplo: para un rango nominal de -10 V a +10 V, el intervalo de medida es 20 V. En ciertas áreas científicas, la diferencia entre los valores mayor y menor se denomina rango.

Valor nominal. Valor redondeado o aproximado de una característica de un instrumento de medida que sirve de guía para su utilización. Ejemplos: el valor 100 marcado sobre una resistencia patrón; el valor 1 L marcado sobre una vasija calibrada con un único trazo; el valor 0,1 mol/L de la concentración en cantidad de sustancia de una solución de ácido clorhídrico (HCl); el valor 25 °C del punto de control de un baño termostático.

Rango de medida. Conjunto de valores del mensurando para los que el error de un instrumento de medida se supone comprendido entre los límites especificados. El error se establece por referencia a un valor convencionalmente verdadero.

Condiciones nominales de funcionamiento. Aquellas según las cuales se supone que las características metrológicas específicas de un instrumento de medida están comprendidas entre límites dados. Las condiciones nominales de funcionamiento especifican generalmente valores nominales asignados para el mensurando y para las magnitudes de influencia.

Condiciones límite. Características extremas que un instrumento de medida debe poder soportar sin daño y sin degradación de sus características metrológicas específicas cuando es utilizado con posterioridad en sus condiciones nominales de funcionamiento. Las condiciones límite pueden ser diferentes para el almacenamiento, el transporte y el funcionamiento. Pueden comprender valores límite para el mensurando y para las magnitudes de influencia.

Condiciones de referencia. Estipulaciones de utilización prescritas para los ensayos de funcionamiento de un instrumento de medida o para la intercomparación de los resultados de las medidas. Generalmente comprenden valores de referencia o rangos de referencia para las magnitudes de influencia que afecten al instrumento de medida.

Constante de un instrumento. Coeficiente por el cual debe multiplicarse la indicación directa de un instrumento de medida para obtener el valor indicado del mensurando o de una magnitud por utilizar en el cálculo del valor del mensurando.

Los instrumentos de medida multirrango que no llevan más que un solo visualizador tienen varias constantes que se corresponden, por ejemplo, con diferentes posiciones de un mecanismo selector. Cuando la constante es el número uno, generalmente no se indica sobre el instrumento.

Respuesta característica. Relación entre una señal de entrada y la respuesta correspondiente, en condiciones definidas. Ejemplo: fuerza electromotriz de un termopar en función de la temperatura.

La relación puede expresarse como una ecuación matemática, una tabla numérica o un gráfico. Cuando la señal de entrada varía en función del tiempo, la función de transferencia (cociente de la transformada de Laplace de la señal de salida por la transformada de Laplace de la señal de entrada) es una forma de la respuesta característica.

Sensibilidad. Cociente del incremento de la respuesta de un instrumento de medida por el incremento correspondiente de la señal de entrada. El valor de la sensibilidad puede depender del valor de la señal de entrada.

Umbral de discriminación. Máxima variación de la señal de entrada que no provoca variación detectable de la respuesta de un instrumento de medida, siendo la variación de la señal de entrada lenta y monótona. El umbral de discriminación puede depender, por ejemplo, del ruido (interno o externo) o del rozamiento; también del valor de la señal de entrada.

Resolución de un dispositivo visualizador. La menor diferencia de indicación de un dispositivo visualizador que puede percibirse de forma significativa. Para un dispositivo visualizador digital, diferencia de la indicación que corresponde al cambio de una unidad en la cifra menos significativa. Este concepto se aplica también a un dispositivo registrador.

Zona muerta. Máximo intervalo en cuyo interior puede hacerse variar la señal de entrada en los dos sentidos sin provocar una modificación de la respuesta de un instrumento de medida. La zona muerta puede depender de la rapidez de las variaciones. Algunas veces se aumenta deliberadamente para evitar las variaciones de la respuesta debidas a pequeños cambios de la señal de entrada.

Estabilidad. Aptitud de un instrumento de medida para conservar constantes sus características metrológicas a lo largo del tiempo. Cuando se considera la estabilidad en función de una magnitud distinta del tiempo, es necesario mencionarlo explícitamente. La estabilidad puede expresarse cuantitativamente de varias formas, por ejemplo: por el lapso durante el cual una característica metrológica evoluciona en una cantidad dada, o por la variación de una característica en el curso de un periodo de tiempo dado.

Transparencia. Aptitud de un instrumento de medida para no alterar el mensurando.

Ejemplos: Una balanza es un instrumento transparente para la medición de masas; un termómetro de resistencia que calienta el medio cuya temperatura debe medir no es transparente.

Deriva. Variación lenta de una característica metrológica de un instrumento de medida.

Tiempo de respuesta. Intervalo de tiempo comprendido entre el instante en que una señal de entrada sufre un cambio brusco especificado y aquel en el que la señal de salida alcanza y permanece dentro de límites especificados alrededor de su valor final en régimen estable.

Exactitud de un instrumento de medida. Aptitud de un instrumento de medida para dar respuestas próximas a un valor verdadero. El concepto de exactitud es cualitativo.

Clase de exactitud. Grupo de instrumentos de medida que satisfacen determinadas exigencias metrológicas destinadas a conservar los errores dentro de límites especificados. Una clase de exactitud se indica habitualmente por un número o símbolo adoptado por convenio y denominado índice de clase.

Error de indicación de un instrumento de medida. Indicación de un instrumento de medida menos un valor verdadero de la magnitud de entrada correspondiente. Dado que un valor verdadero no puede determinarse, en la práctica se utiliza un valor convencionalmente verdadero. Este concepto se aplica principalmente cuando se compara el instrumento con un patrón de referencia. Para una medida materializada, la indicación es el valor que le ha sido asignado.

Errores máximos permitidos de un instrumento de medida, límites de error permitidos (de un instrumento de medida). Valores extremos de un error permitido por especificaciones, reglamentos, etc., para un instrumento de medida dado.

Error en un punto de control de un instrumento de medida. Error de un instrumento de medida para una indicación especificada o para un valor especificado del mensurando, elegido para el control del instrumento.

Error de cero de un instrumento de medida. Error para un valor nulo del mensurando, tomado como punto de control.

Error intrínseco de un instrumento de medida. Error de un instrumento de medida, determinado en las condiciones de referencia.

Error convencional reducido de un instrumento de medida. Relación entre el error de un instrumento de medida y un valor especificado para el instrumento.

El valor especificado se denomina generalmente valor convencional y puede ser, por ejemplo, el intervalo de medida o el límite superior del rango nominal del instrumento de medida.

19 | PRESIÓN

Presión

Es la fuerza que obra perpendicularmente sobre una superficie de área unitaria. Matemáticamente se expresa:

$$P = \frac{F}{A} \qquad \text{Unidad Pascal} = \frac{N}{m^2}$$

Donde:

P = presión
F = fuerza total
A = área

F es la fuerza total perpendicular que actúa sobre la superficie de área total A.

El origen de esas fuerzas puede derivarse de fluidos (gases, líquidos) que están comprimidos.

En general, las fuerzas de la naturaleza son de carácter o procedencia mecánica (tensión, compresión gravitacional, etc.), eléctrica, electromagnética y nuclear.

Fuerza

Es una magnitud física que mide el grado de interacción (atracción, repulsión) entre dos cuerpos.

La aplicación de una fuerza neta sobre un cuerpo conduce a la realización de un trabajo sobre dicho cuerpo por parte de tal fuerza. La cantidad de trabajo en aporte depende directamente de la magnitud de la fuerza (el trabajo, escalar es el producto de un vector fuerza por el vector desplazamiento).

$$F = P * A$$

Unidad: Newton: N = kg$\cdot$m/s^2

Principio de Pascal

La presión aplicada a un fluido encerrado se transmite sin disminución a cada punto del fluido y a las paredes del recipiente; de otra manera, podría decirse que para un sistema físico aislado estático y a una temperatura definida de fluidos comprimidos, la presión es la misma en todos los puntos del sistema.

Experimento de Torricelli

Torricelli comprobó con el barómetro de columna de mercurio la existencia de la presión atmosférica. Determinó en 760 mm de Hg el valor de la presión atmosférica al nivel del mar, el cual cambia con la altitud de la región.

19.1 Clases de instrumentos

Manómetros

Son instrumentos para medir la presión de líquidos o gases comprimidos. Según el líquido o gas que se esté tratando (agua, aceite, líquidos corrosivos, líquidos venenosos etc.) se requerirán manómetros apropiados para cada caso.

Nota: Jamás se debe permitir el contacto entre oxígeno y aceite, debido al riesgo de que se generen reacciones químicas explosivas.

Manómetro de tubos abiertos. Es un instrumento como el que se emplea en los experimentos iniciales de hidrostática, que se vale de un líquido de densidad conocida para determinar la presión que ejerce algún otro fluido.

Manómetro de carátula. Es un instrumento que emplea principalmente como elemento sensible el tubo en "c" o tubo de Bourdon, aunque se pueden encontrar fuelles, tubo de Bourdon en hélice, etcétera.

Manómetro digital. Es una variación del manómetro de carátula, cuya diferencia principal radica en su lectura, que no es analógica sino digital.

Balanza de presión. Llamada también manómetro de pesos muertos o de pistón. Son manómetros que emplean masas calibradas que efectúan una fuerza sobre un pistón de área conocida. Por su precisión, se utilizan para calibrar los manómetros patrón.

Los manómetros son instrumentos constituidos internamente así:

- El elemento sensible a la presión que se afecta cambiando su forma, curvatura, propiedades eléctricas, etc., por efecto de la aplicación de determinada presión.
- Un mecanismo o engranaje mecánico o circuito eléctrico o electrónico que controla los cambios o efectos aparecidos en el elemento sensible a la presión para darle un tratamiento mecánico, eléctrico o electrónico, con el propósito de indicar en una escala, display o pantalla digital el valor correcto de la presión que se está midiendo.

Transductores de presión

Un transductos de presión es cualquier equipo que convierta un tipo de movimiento mecánico generado por fuerzas de presión en una señal eléctrica o electrónica para utilizarlo en la medición o el control.

Los transductores que más se utilizan para detectar presiones son los que operan con base en los principios del extensómetro o los transductores de tipo inductivo, piezoeléctricos, capacitativos, oscilados o de alguna clase similar.

Las características de los transductores de presión son:

- Rangos: mínimo (0-0,015 bar), máximo (0-14000 bar).
- Vacío, presión relativa, absoluta y diferencial o salidas: mV, V, mA.
- Compatibles con todo tipo de fluidos.
- Altas temperaturas.
- Montaje en superficie (SMD) (componente electrónico).
- Transmisiones inteligentes.

Los elementos sensores de presión responden a un cambio de presión diferencial por medio de ellos. No obstante, los transductores pueden ser diseñados para diferentes medidas de presión, dependiendo de la referencia que se tome:

- **Presión absoluta.** Presión medida respecto del vacío absoluto. El lado tomado como referencia es el vacío absoluto que se ha practicado a uno de los lados y posteriormente se ha sellado.
- **Presión manométrica.** Presión medida respecto de la presión ambiental o la atmosférica. Es la forma más tradicional de medir presión con gran precisión.
- **Presión diferencial.** Presión medida con respecto a una de referencia que puede no ser ninguna de las citadas antes. Se utiliza cuando se necesita conocer la presión relativa entre dos puntos. La presión más baja o con menos variaciones se denomina de referencia y la otra, de medida.

En definitiva, el transductor de presión tiene como finalidad medir el desplazamiento que la presión origina sobre el diafragma, membrana cápsula o elemento sensor utilizado. Es realmente el elemento sensor el que origina el desplazamiento al variar la presión del medio ambiente que lo rodea.

Los transductores de presión se aplican en electromedicina, manómetro digital, automático, robótico, aeronáutico, hidráulico y neumático, para mediciones de nivel, máquina herramienta, automoción, bancos de pruebas y ensayos, edificios inteligentes y control de procesos nucleares.

Tipos de transductores de presión

Transductores resistivos. Consisten en un elemento elástico (tubo de Bourdon o cápsula) que varía la resistencia óhmica de un potenciómetro en función de la presión. El potenciómetro puede adoptar la forma de un solo hilo continuo, o estar arroyado a una bobina siguiendo un valor lineal o no de resistencia: potenciómetros de grafito, de resistencia bobinada, de película metálica y de plástico moldeada.

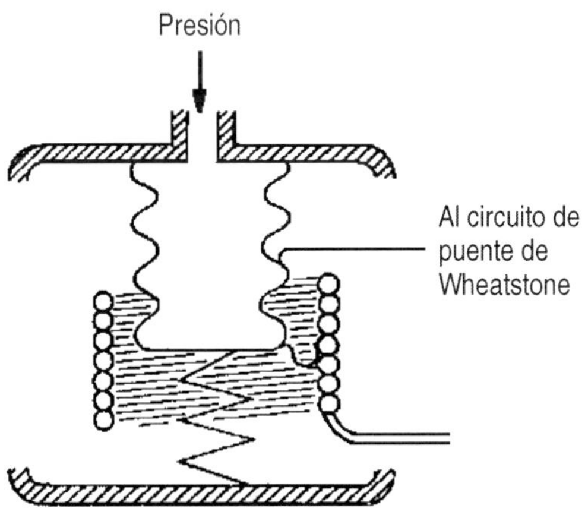

Figura 19.1. Transductores resistivos.

Fuente: www.pce-iberica.es/instrumentos-de.../transductores-presion.htm.

Transductores magnéticos. Éstos se clasifican en dos grupos, según el principio de funcionamiento:

- Transductores de inductancia variable, en los que el desplazamiento de un núcleo móvil dentro de una bobina aumenta la inductancia de ésta en forma casi proporcional a la porción metálica del núcleo contenida en la bobina.
- Transductores de reluctancia variable: se basan en un imán permanente o un electroimán que crea un campo magnético dentro del cual se mueve una armadura de material magnético.

El circuito magnético se alimenta con una fuerza magnetomotriz constante, con lo cual, al cambiar la posición de la armadura varía la reluctancia y por lo tanto el flujo magnético.

Transductores capacitivos. Se basan en la variación de capacidad que se produce en un condensador al desplazarse una de sus placas por la aplicación de presión. La placa móvil tiene forma de diafragma y se encuentra situada entre dos placas fijas.

Los transductores capacitivos se caracterizan por su pequeño tamaño y construcción robusta; tienen un pequeño desplazamiento volumétrico y son adecuados para medidas estáticas y dinámicas.

Este tipo de sensores tienen dos posibles configuraciones, según la disposición del condensador que se forma en su interior:

- De electrodo o placa, único donde el diafragma está unido a un lado por un soporte y se mueve con respecto al electrodo del condensador.
- De electrodo doble, donde el diafragma está unido por ambos lados a los electrodos del condensador; la diferencia radica en que el electrodo doble ofrece una multiplicación del cambio de capacidad, debido a que cuando el diafragma sensor flexiona, la capacidad de uno de los dos electrodos del condensador aumenta y la del otro disminuye simultáneamente.

Transductores piezoeléctricos. Los elementos piezoeléctricos son materiales cristalinos que, al deformarse físicamente por la acción de una presión, generan una señal eléctrica.

Dos materiales típicos en los transductores piezoeléctricos son el cuarzo y el titanato de bario, capaces de soportar temperaturas del orden de 150 °C en servicio continuo y de 230 °C en servicio intermitente.

En este tipo de transductores, la formación será causada por la presión actuante sobre un elemento sensor acoplado a uno o varios materiales piezoeléctricos. La configuración utiliza un diafragma que realiza las funciones de elemento sensor de presión y que, actuando sobre una serie de discos aplicados de cuarzo, son éstos los que proporcionan la tensión de salida.

El sistema también puede contener un amplificador que proporcione una independencia de salida baja, pues la de salida de los cristales de cuarzo es muy elevada, e incluso algún elemento amortiguador que pueda compensar variaciones de presión asociadas a posibles aceleraciones.

Transductores mecánicos de fuelle y de diafragma. Trabajan en forma diferencial entre la presión atmosférica y la del proceso. Pueden estar compensados en relación con las presiones atmosféricas y calibradas en unidades absolutas.

Al ser equipos mecánicos, las fuerzas disponibles a presiones del gas muy bajo son tan pequeñas que estos instrumentos no son adecuados para las medidas de alto vacío, están limitados a valores de 1 mm Hg, pueden llegar a acoplar dos transductores eléctricos del tipo de galga extensiométrica o capacitivos.

Los instrumentos de diafragma se usan para medir presiones por encima de los diez bares. La presión aplicada provoca el desplazamiento del diafragma, que se mide por un transductor de posición. Ambas, la presión de indicador y la diferencial, pueden ser medidas por diferentes versiones de instrumentos basados en diafragma.

En el caso de la presión diferencial, se aplican ambas presiones a ambos lados del diafragma y el desplazamiento del diafragma corresponde a la diferencia de presiones.

La magnitud de desplazamiento típica en ambas versiones es de 0,1 mm, que se adapta bien a un sensor de deformación.

Normalmente se usan cuatro sensores de deformación en una configuración puente, en la que un voltaje de excitación se aplica por medio de dos puntos opuestos del puente.

El voltaje de salida medido con los otros dos puntos del puente es, entonces, función de la resistencia, cuyo cambio se debe al desplazamiento del diafragma. Este arreglo compensa, así mismo, las variaciones de temperatura ambiente.

Los modelos de transductores de presión más antiguos, de este tipo, usaban sensores de deformación metálicos unidos a un diafragma típicamente hecho de acero inoxidable.

Aparte de las dificultades constructivas que suponía unir los sensores, éstos tenían un factor de deformación pequeño (factor de la galga extensiométrica), lo que significa que la baja salida procedente del puente de sensores de deformación tiene que ser amplificada por un amplificador de continua.

El desarrollo de los sensores de deformación semiconductores (piezorresistivos) ha resuelto parte de los inconvenientes, ya que estos sensores proporcionan un factor cien veces superior al de los metálicos.

No obstante, sigue existiendo la dificultad de unir los sensores al diafragma, al tiempo que aparece un nuevo problema debido a la no linealidad de la característica de salida de estos equipos.

El problema de la unión de los sensores de deformación fue resuelto con la aparición de los transductores piezorresistivos monolíticos de presión hace unos quince años, que actualmente son los transductores de presión basados en diafragma más usados.

La célula monolítica consiste en un diafragma hecho de una hoja de silicona en la que los resistores se difunden en el proceso de fabricación. Además de evitar las dificultades de la unión, tales células monolíticas son muy baratas cuando se fabrican en grandes cantidades.

Aunque sigue existiendo el inconveniente de una salida no lineal, se puede superar este obstáculo mediante el empleo de un circuito de linealización activo, o incorporando la célula en un sistema transductor "inteligente" basado en un microprocesador.

El fuelle opera según un principio similar al del diafragma, aunque se emplea en aplicaciones que requieran mayor sensibilidad que la conseguida con un diafragma.

Los cambios de presión en el fuelle producen un movimiento de traslación al final del fuelle que se mide por transductores capacitivos, inductivos (LVDT) o resistivos, de acuerdo con el rango de movimiento producido. Un rango típico de medida para un instrumento de fuelle es de 0-1 bar (presión de equipo).

Transductores térmicos. Se basan en el principio de la proporcionalidad entre la energía disipada desde la superficie de un filamento calentado por una corriente constante y la presión del gas ambiente cuando está bajo presión absoluta. El transductor térmico de termopar contiene un filamento en V que lleva incorporado un pequeño termopar. La FEM del termopar indica la temperatura del filamento y por lo tanto señala el vacío del ambiente.

En el medidor basado en termopar, su operación depende de la conducción de calor entre la lámina caliente en el centro y la superficie fría exterior del tubo de cristal (que normalmente está a la temperatura de la habitación).

La lámina metálica se calienta por el paso de una corriente y su temperatura se mide por un termopar, la temperatura medida está sujeta a la conductividad térmica del gas, que depende de la presión del mismo.

Una fuente de error en este instrumento lo constituye el hecho de que el calor se transmite tanto por radiación como por conducción. El calor transmitido por radiación es una magnitud constante e independiente de la presión que puede ser medida y corregida.

Sin embargo, es más conveniente diseñar el sistema para que presente una pérdida de radiación baja, eligiendo un elemento por calentar con baja emisividad. Los instrumentos de termopar se usan típicamente para medir presiones en el rango de 10^{-4} milibares a un milibar.

En este grupo de transductores eléctricos también se encuentran los medidores de Pirani y los basados en termistor.

El de Pirani es parecido al de termopar, pero tiene un elemento calefactor que consiste en cuatro bobinas de alambres de wolframio conectadas en paralelo, en las que dos tubos idénticos se conectan normalmente en un circuito puente, y uno contiene el gas a la presión desconocida, mientras el otro se mantiene a muy baja presión.

La corriente pasa por el elemento wolframio, que alcanza una cierta temperatura de acuerdo con la conductividad térmica del gas. La resistencia del elemento cambia con la temperatura y produce el desequilibrio del puente de medida. De este modo, el medidor de Pirani evita el uso de un termopar para medir la temperatura; estos medidores cubren el rango de presiones de 10^{-5} milibares a 1 milibar.

El medidor de termistor. Éste opera con base en el mismo principio que los de Pirani, pero usa materiales semiconductores en lugar de metales como elementos calentados . El rango de presiones normales va desde 10^{-4} milibares a 1 milibar.

Transductores bimetálicos. Utiliza espiral bimetálica calentada por una fuente de tensión estabilizada. Cualquier cambio en la presión produce una deflexión de la espiral, que a su vez está acoplada a un índice que señala en la escala el vacío. Su intervalo de medida es de $1\text{-}10^{-3}$ mm Hg.

Transductores de ionización. Se basan en la formación de los iones que se producen en las colisiones que existen entre moléculas y electrones (o bien partículas alfa en el tipo de radiación). La velocidad de formación de esto iones, es decir, la corriente iónica, varía directamente con la presión.

Es un instrumento usado para medir presiones muy pequeñas en el rango de 10^{-13} a 10^{-3} bares.

El gas a presión desconocida se introduce en un recipiente de cristal que contiene un filamento que descarga electrones al ser calentado. La presión se determina mediante la medición de la corriente que fluye entre el ánodo y el cátodo. Esta corriente es proporcional al número de iones por unidad de volumen, cuyo número es proporcional a la presión.

Transductores de filamento caliente. Consiste en un tubo electrónico con un filamento de tungsteno, rodeado por una rejilla en forma de bobina, que a su vez está envuelta por una placa colectora.

Los electrones emitidos por el filamento caliente se aceleran hacia la rejilla positiva, pasan y en su camino hacia la placa colectora de carga negativa algunas colisionan con moléculas de gas.

Transductor de cátodo frío. Se basa en el principio de la medida de una corriente iónica producida por una descarga de alta tensión. Los electrones desprendidos del cátodo toman un movimiento en espiral al irse moviendo por un campo magnético en su camino hacia el ánodo.

El movimiento en espiral da lugar a que el camino libre medido entre electrones sea mayor que la distancia entre electrodos.

Transductores de radiación. En éstos, una fuente de radio sellada produce partículas alfa que ionizan las moléculas del gas en la cámara de vacío y que, por lo tanto, proporcionan la presión total del sistema.

Transductores de presión inteligente. Al introducir un microprocesador a un transductor de presión, se mejoran sus prestaciones.

Mejora de la sensibilidad, incremento del rango de medida, compensación de histéresis y otras no linealidades, y corrección para los cambios de temperatura y presión, son sólo algunas de sus prestaciones.

Precisiones de ± 0,1 % se pueden alcanzar con equipos basados en puentes piezorresistivos de silicio.

Algunos transductores de presión basados en microprocesador usan técnicas novedosas de medidas de desplazamiento. Por ejemplo, en ambos tipos, los basados en diafragma y en tubos de Bourdon, con el uso de métodos ópticos de desplazamiento, el movimiento se transmite a una pantalla que progresivamente oculta uno de los dos fotodiodos monolíticos que están expuestos a la radiación infrarroja.

El segundo fotodiodo actúa como referencia y le permite al microprocesador calcular una relación de señal que es linealizada y está disponible como medida analógica o digital de presión. La precisión típica de la medida es de ± 0,1 %.

Los elementos sensibles a la presión pueden dividirse en elementos elásticos mecánicos o eléctricos. Entre los primeros se encuentran los tubos sensibles a la presión, llamados también de Bourdon, los cuales pueden ser semicirculares, en espiral o en hélice, o los diafragmas, membranas sencillas, capsulares y de fuelle.

Estos elementos pueden ser utilizados tanto para manómetros mecánicos como eléctricos. Se presenta a continuación una lista de ellos y los materiales en que se fabrican.

Tabla 19.1
Características de construcción de los manómetros

Aro	Acero Acero pintado Bronce
Visor	Vidrio Vidrio de seguridad policarbonatos
Arandela	Plástico Caucho
Aguja	Aguja micrométrica
	Aguja micrométrica con tornillo
	Aguja corriente
Dial	Escala simple
	Escala doble
Movimiento	Cremallera Cuerpo Pelo
Caja	Frente sólido Caja de frente abierto
Conexión	Lateral Trasera
Otros accesorios	Snubber Tornillo Damper
Sellos	Diafragma o membrana Cápsula o diafragma

Entre los elementos eléctricos sensibles a la presión se encuentran los *Strain gauges* y los cristales piezoeléctricos, cuyas características eléctricas cambian con la aplicación de presiones o tensiones mecánicas externas.

Sobresalen dentro de los manómetros usuales los de presión manométrica positiva (manómetros en general), negativa (vacuómetros), negativa y positiva (manovacuómetros), diferencial y presión absoluta con lectura analógica o digital.

19.2 Criterios para la selección de un manómetro

Un aspecto muy importante de la selección e instalación de manómetros de presión es tener en cuenta los riesgos que se presentan en caso de que falle el manómetro.

Para seleccionar el instrumento adecuado se deben tener en cuenta las siguientes consideraciones:

- Presión de trabajo.
- Características del fluido y la temperatura.
- Medio ambiente externo.
- Distancia mínima de lectura.
- Exactitud o clase.
- Condiciones especiales.

Para la selección del medio de presión se deben tener en cuenta aspectos como:

- Unidad de medida de la presión.
- Selección de las medidas.
- Medios de transmisión.
- Condiciones ambientales.
- Condiciones de trabajo.

En la selección o determinación del rango de los instrumentos de presión para control en diferentes procesos, se debe tener en cuenta lo siguiente:

- Que el rango sea igual a dos veces el máximo valor de la presión.
- Un rango bajo acorta la vida del elemento elástico.
- Un rango muy alto genera dificultad en la resolución del manómetro.

Para los medios de transmisión seleccionados con el fin de controlar la presión en un determinado proceso, se debe tener en cuenta lo siguiente:

- El material del Bourdon debe ser inerte.
- No debe presentar reacción con el medio que está censando.
- Debe permitir la eliminación de factores corrosivos que afecten los componentes del manómetro.
- Debe estar libre de materiales sólidos que puedan obstruir los conductos del manómetro.
- Cambios de temperatura.
- Vibraciones.

Para la transmisión en ambientes oxidantes se debe tener en cuenta la limpieza del medio y precaución en medios en los cuales existan hidrocarburos que contaminen y generen explosión.

Proceso de calibración

La calibración se realiza mediante la comparación con un instrumento patrón, empleando para ello un banco de pruebas que se usa generalmente con aceite mineral para transmitir la presión; también los hay con agua y aire.

El proceso que se debe seguir para desarrollar la calibración y analizar los resultados obtenidos se expone a continuación.

Selección del patrón. El equipo patrón de referencia que se debe utilizar se selecciona de forma tentativa.

Es recomendable utilizar balanzas de precisión para la calibración de manómetros de carátula patrón; y para la calibración de manómetros de carátula de uso general, usar manómetros patrón de mejor precisión.

El primer criterio de selección es conocer el rango del manómetro por calibrar (máximo valor de su escala) y luego su clase, si la ha especificado, o se estima de acuerdo con su presentación.

Calidad (Q). Para verificar si el patrón seleccionado y el montaje de calibración son los adecuados, se establece un índice de calidad (Q) que relaciona la tolerancia del manómetro a probar con la exactitud del patrón.

El índice de calidad se determina mediante la siguiente fórmula:

Calidad (Q)

$$Q = T/\mu$$

Donde:
Q = calidad
Q = T/μ
T = Tolerancia del manómetro calibrado
μ = incertidumbre de medición del manómetro patrón usado en la calibración

La selección de un equipo patrón adecuado para la calibración se da cuando el valor de la anterior operación debe ser igual o mayor de 4.

Tolerancia (T). Es el error máximo que se tiene al leer un manómetro y depende de las características físicas del instrumento.

Si se conoce la clase a la cual pertenece el manómetro, se puede determinar su error máximo que admite el instrumento y se calcula mediante la siguiente fórmula:

$$T = CL^{*}R/100$$

Donde:
T = tolerancia
CL = clase
R = rango máximo del manómetro calibrado

Clase (CL). Según el error de linealidad o de histéresis porcentual respecto del rango del manómetro; éstos pueden ser clasificados por grupos en una de las siguientes clases de precisión:

CL. 0,1; CL. 0,2; CL. 0,3; CL. 0,6; CL. 1,0; CL. 1,6; CL. 2,5; CL. 4,0

La clase de manómetros se calcula mediante la siguiente fórmula:

Clase (CL):

$$CL = \frac{EM}{R} * 100$$

Donde:

CL = clase
EM = error máximo del manómetro calibrado
R = rango máximo del manómetro calibrado

Para el cálculo y clasificación respectiva de manómetros se tomará el mayor de los errores (en valor absoluto) hallados por linealidad o histéresis.

Calibración de manómetros

Para la calibración se compara directamente el instrumento por calibrar con el patrón adecuado. Éste debe ser apto para realizar la calibración, cumplir con su precisión y ser un equipo con trazabilidad en sus medidas por medio de patrones nacionales o internacionales.

La calibración puede realizarse por medio de un banco de pruebas para manómetros que según sea el caso será de líquido (aceite hidráulico, aire, gas, agua y en algunos casos nitrógeno para evitar la humedad del aire).

Las mediciones tendrán que cubrir toda la extensión de la escala de medición hechas de manera creciente hasta alcanzar su valor máximo o rango y, posteriormente, después de unos 15 o 30 minutos en carga de presión máxima conveniente, para permitir que se manifiesten los efectos de histéresis, repetir las mediciones, pero de manera decreciente hasta regresar a su valor de partida.

Una calibración seria requerirá que por lo menos se tomen unas diez mediciones (tanto crecientes como decrecientes) espaciadas regularmente, comenzando la primera aproximadamente en el 10 % de la escala y con un tiempo en carga en el instrumento de la prueba no menor de 15 minutos.

Las mediciones deben hacerse lo más rápido posible y antes de cada lectura es necesario golpear suavemente el manómetro para liberar o aliviar el mecanismo de fricciones y obtener así una buena lectura.

Después de realizar las pruebas ascendente y descendente en el manómetro, se procede con los siguientes cálculos:

Error ascendente:

$$EA = IA - VP$$

Donde:
EA = error ascendente
IA = indicación ascendente
VP = valor patrón

Error descendente:

$$ED = ID - VP$$

Donde:
ED = error ascendente
ID = indicación descendente
VP = valor patrón

Error de histéresis:

$$EH = EA - ED$$

Donde:
EH = error de histéresis
EA = error ascendente
ED = error descendente

Clase (CL):

$$CL = \frac{EM}{R} * 100$$

Donde:
CL = clase
EM = error máximo del manómetro calibrado (encontrado en la calibración, puede ser ascendente, descendente o de histéresis).
R = Rango máximo del manómetro calibrado.

Tolerancia (T):

$$T = CL*R/100$$

Donde:
T = tolerancia.
CL = clase.
R = rango máximo del manómetro calibrado.

Calidad (Q):

$$Q=T/\mu$$

Donde:
Q = calidad.
T = tolerancia del manómetro calibrado.
μ = incertidumbre de medición del manómetro patrón usado en la calibración.

- Cálculo de la incertidumbre de la medición.

Los pasos para tener en cuenta en el cálculo de la incertidumbre de la medición son los siguientes:

Determinar las fuentes de incertidumbre

Patrón

- EPM = error máximo permitido.
- Incertidumbre expandida: reportada en el certificado de calibración del patrón.
- Resolución o apreciación del equipo patrón.

Prueba

- Resolución o apreciación del equipo patrón.
- Condiciones ambientales.
- Desviación estándar (repetibilidad).

Definir el tipo de distribución de cada fuente y calcular la incertidumbre estándar.

Incertidumbre tipo A

$$S = \frac{\sqrt{\sum_{i=1}^{n} (xi - \bar{x})^2}}{(n-1)}$$

Incertidumbre tipo B

$$\mu B = \frac{a}{\sqrt{3}}$$

Donde:
μB = incertidumbre tipo B
a = valor dado por la experiencia del metrólogo
$\sqrt{3}$ = constante

- Calcular la incertidumbre de medición combinada

$$\mu C = \sqrt{(\mu A)^2 + (\mu B)^2 + (\mu P)^2}$$

Donde:
μA = incertidumbre tipo A
μB = incertidumbre tipo B
μP = incertidumbre del patrón

- Calcular la incertidumbre de medición expandida

La incertidumbre de medición expandida o total se calcula multiplicando por el factor de cobertura $k = 2$ la incertidumbre de medición combinada, con lo cual se obtiene un nivel de confianza de 95,5 % aproximadamente.

$$\mu E = 2 + \mu C$$

Donde:
μE = incertidumbre expandida
2 = k = 2
μc = incertidumbre combinada

Verificación de resultados

Se compara el error del instrumento contra los límites de error permitidos y se determina si el manómetro es apto para realizar mediciones. Se evalúa la clase de manómetro, que debe estar en una de las permitidas.

CL. 0,1; CL. 0,2; CL. 0,3; CL. 0,6; CL. 1,0; CL. 1,6; CL. 2,5; CL. 4,0

Se verifican los resultados y se determina si el equipo calibrado cumple o no. En cada caso, se detallan las causas por las cuales es aprobado o rechazado el manómetro.

Nota 1: Un equipo calibrado es apto para su funcionamiento cuando los errores detectados en la calibración no superan los límites de error permitidos por normas, determinados por la empresa o aceptados y recomendados por el fabricante.

Nota 2: La incertidumbre de la medición es otro aspecto para tener en cuenta al aprobar un equipo de medición. Ésta no debe superar los límites de error, los intervalos de tolerancia de los procesos donde se utiliza el equipo y ser igual o inferior a la resolución del equipo de medición.

Nota 3: Es importante comprobar que el equipo de medición calibrado funciona correctamente. La verificación se realiza con patrones trazables y haciendo la evaluación respectiva a los resultados de la calibración.

Se debe elaborar el respectivo informe de calibración (certificado de calibración), que incluye:

- Certificado de calibración (ver modelo).
- Registro de calibración (ver modelo).
- Rótulo de identificación (ver modelo).

Tabla 19.2
Registro de calibración para manómetros

Información técnica

Nombre del instrumento	
Rango	
Resolución fina	
Resolución alta	
Apreciación	
Unidad de medida	
Clase	

Prueba de calibración

Indicación patrón	Indicación	Error	Indicación	Error	Error de histéresis

Resultados de la prueba

Clase C1	Tolerancia (t)	Calidad (Q)
Incertidumbre de medición:		

Condiciones ambientales

Temperatura inicial	Temperatura final
Humedad relativa inicial	Humedad relativa final

Observaciones: ______________________________

____

____

____

____

Calibrado por: ______________ Revisado por: ______________

20 | MASAS Y BALANZAS

20.1 Antecedente

En el año 3500 antes de Cristo, el comercio era una de las actividades más relevantes y marcaba la pauta especialmente en todo lo referente al intercambio de los productos. Debido a la evolución en dicha comercialización, el pueblo egipcio se vio forzado a pesar y medir esos productos destinados a la venta.

Fue así como se dio el surgimiento de un nuevo instrumento que colaborara en este aspecto. Fueron los inicios de la historia de la balanza egipcia, un tipo de instrumento primitivo de medición que consistía en una columna con un astil atado con una cuerda en cuyos extremos, a su vez, se sostenían unas bandejas mediante otras cuerdas. En dichas bandejas era donde se ponían, por un lado, la mercancía que se quería pasar y, por el otro, una pesa de un valor que debía ser convenido. Con el transcurso de los años, los egipcios fueron modificando paulatinamente su invento, por lo cual cerca del 1500 a.C. agregaron una plomada que permitía verificar si el instrumento se encontraba o no nivelado según los requerimientos.

Los romanos también se permitieron crear su propio sistema de medición del peso, mientras los egipcios se enriquecían con su propio invento porque lo perfeccionaban continuamente. De hecho, a la plomada luego le sumaron una aguja –más popularmente conocida como fiel– que indicaba el equilibrio entre los platos del operador de medición, que además era el momento exacto para el cálculo del peso. Pero la civilización romana no se quedó atrás. Cerca del año 200 a.C., logró darle forma a lo que luego se conoció como romana de gancho. La historia de la balanza creció y dicho instrumento fue ampliamente difundido durante el imperio.

20.2 Masa y peso

Se ha definido la materia como todo aquello que tiene masa y ocupa un lugar en el espacio. En el sistema métrico, las unidades utilizadas para medir la masa son, normalmente, los gramos (g), kilogramos (kg) o miligramos (mg). Aunque la unidad fundamental de masa en el sistema internacional de unidades (SI) es el *kilogramo* (kg), el sistema de múltiplos y submúltiplos se estableció a partir del *gramo* (g)[35].

Hay que diferenciar entre masa y peso. La masa es una medida de la cantidad de materia de un objeto; el peso es una medida de la fuerza gravitatoria que actúa sobre el objeto.

Para medir la masa de los objetos se utilizan balanzas. Uno de los tipos más utilizados en el laboratorio era la balanza de platillos, que permitía hallar la masa desconocida de un cuerpo comparándola con una masa conocida, consistente en un cierto número de pesas.

Hoy en día se usa más la balanza analítica ya que es un instrumento de buena resolución y se encuentra principalmente en laboratorios, sirve para medir la cantidad de masa de un producto.

Su característica más importante es que poseen muy poca incertidumbre, lo que las hace ideales para utilizarse en mediciones muy precisas.

Las balanzas analíticas generalmente son digitales, y algunas pueden desplegar la información en distintos sistemas de unidades. Por

35. 1 kilogramo (kg) = 1000 gramos (g) (103 g) y 1 miligramo (mg) = una milésima de gramo (g) (10-3).

ejemplo, se puede mostrar la masa de una sustancia en gramos, con una incertidumbre de 0,00001g (0,01 mg).

Las balanzas se utilizan para pesar múltiples cantidades y productos de toda clase, por ejemplo los alimentos que se venden a granel, al peso: carne, pescado, frutas, etc. Con igual finalidad pueden emplearse en los restaurantes y hogares para pesar los alimentos que componen una receta, o en los laboratorios para pesar pequeñas cantidades de masa de reactivos para análisis químicos o biológicos.

Los instrumentos de pesaje están clasificados en dos grupos:

- **Instrumentos de pesaje de funcionamiento no automático.** Son instrumentos que requieren la intervención de un operador para la realización del sistema de pesado. Por ejemplo, una balanza de laboratorio[36]. Se clasifican, además, en dos grupos que se diferencian por su capacidad de medición:

  Balanzas. Instrumentos de pesaje que tienen una capacidad de medición de máximo 30 kilogramos (30 kg) o 30.000 gramos (30.000 g)[37].

  Báscula. Instrumentos de pesaje con capacidad de medición superior a los 30 kilogramos (30 kg), más de 30.000 gramos (30.000 g).

- **Instrumentos de pesaje de funcionamiento automático.** No requieren la intervención del operador durante la realización del sistema de pesado. Por ejemplo, un sistema de pesado en línea por medio de bandas transportadoras de productos.

En este capítulo del libro, se hará énfasis en los instrumentos de pesaje de funcionamiento no automático.

---

36. Requiere la intervención del operador para poner o retirar la carga que se va a medir y, además, para obtener el resultado.
37. La diferenciación entre balanzas y básculas de acuerdo con su capacidad no está definida por norma, este criterio se da por la experiencia de los fabricantes de instrumentos de pesaje.

Características metrológicas de los instrumentos de pesaje[38] de funcionamiento no automático

- **Clase.** Tipo de precisión a la cual pertenece el instrumento de pesaje de funcionamiento no automático.
- **Carga máxima.** Capacidad máxima de medición de masa, teniendo en cuenta la capacidad aditiva de tara.
- **Capacidad mínima.** Cantidad de masa por debajo de la cual las mediciones pueden tener un error relativo importante.
- **Rango de pesaje.** Rango comprendido entre la carga mínima y la máxima del instrumento de pesaje.
- **Rangos de calibración.** Rangos determinados en los instrumentos de pesaje según norma NTC-2031 y calculada de acuerdo con su clase de precisión y al número de divisiones de escala del instrumento de pesaje.
- **División de escala (d).** Intervalo entre dos marcas sucesivas de la escala o entre dos indicaciones. Este valor se expresa en unidades de masa[39].
- **División de escala de verificación (e).** Valor expresado en unidades de masa utilizado para clasificación y verificación de los instrumentos de pesaje. El valor de "e", puede ser especificado por el fabricante.
- **Número de divisiones de escala de verificación (n).** Cociente dado por la relación entre la capacidad máxima y la división de escala de verificación:

$$n = CM/e$$

Donde:

n = número de divisiones de escala de verificación.
CM = carga máxima del instrumento de pesaje.
e = división de escala de verificación.

38. Un instrumento de pesaje puede utilizarse también para determinar otras cantidades, magnitudes, parámetros o características relacionadas con la masa.
39. La indicación entre los valores correspondientes a dos marcas consecutivas de la escala, para instrumentos de pesaje de indicación análoga. La diferencia entre dos valores consecutivos indicados, para la indicación de instrumentos de pesaje digitales.

Cualidades metrológicas de los instrumentos de pesaje

Sensibilidad (K). Relación entre la variación de la respuesta del instrumento de pesaje y la variación de la carga que la origina:

$$K = \Delta\text{respuesta}/\Delta\text{carga}$$

- **Movilidad.** Aptitud de un instrumento para reaccionar ante pequeñas variaciones de carga. El umbral de la movilidad es la sobrecarga más pequeña depositada o retirada, que provoca una variación perceptible de la indicación.
- **Fidelidad.** Cualidad que caracteriza un instrumento de medición para dar mediciones con repetibilidad.

20.3 Calibración de instrumentos de pesaje

Generalidades

La calibración de instrumentos de pesaje de funcionamiento no automático, generalmente se realizan en su lugar de operación. Un instrumento de pesaje que sea trasladado de su lugar habitual de operación requerirá una nueva calibración. Las condiciones ambientales deben ser estables, usualmente a la temperatura normal del lugar de instalación. Es recomendable que los cambios de temperatura durante las pruebas de calibración del instrumento de pesaje no excedan ±2 °C.

Para realizar la calibración, deben tenerse masas calibradas con medidas[40] trazables nacional o internacionalmente, las cuales deben cubrir la capacidad máxima del instrumento de pesaje y permitir pesajes en diferentes rangos del instrumento en orden creciente (de menor a mayor rango) durante las pruebas de calibración.

Principios de clasificación

Clases de exactitud

Las clases de exactitud para los instrumentos y sus símbolos aparecen en la tabla siguiente (tabla 20.1).

40. Las masas patrón deberán ser de alguna de las siguientes clases de exactitud, según el instrumento de pesaje por calibrar: E1, E2 – F1, F2 – M1, M2 o M3.

Tabla 20.1
Exactitud de los instrumentos de pesaje (NTC 2031)

Exactitud	Símbolo
Especial	(I)
Alta	(II)
Media	(III)
Ordinaria	(IIII)

Fuente: Norma NTC 2031.

Clasificación de los instrumentos

Los instrumentos de pesaje no automáticos están clasificados, de acuerdo con sus características, en cuatro tipos, como se muestra en el tabla 20.2.

Tabla 20.2
Clasificación de instrumentos de pesaje de funcionamiento no automático (NTC 2031)

Clase de exactitud	Valor de división de verificación (e)	Número de divisiones de verificación (n) n = Máx./e		Capacidad mínima (mín.) (límite inferior)
		mínimo	Máximo	
Especial (I)	0,001 g ≤ e3	50 0004	-	100 e
Alta (II)	0,001 g ≤ e ≤ 0,05 g 0,1 g ≤ e	100 5 000	100 000 100 000	20 e 50 e
Media (III)	0,1 g ≤ e ≤ 2 g 5 g ≤ e	100 500	10 000 10 000	20 e 20 e
Ordinaria (IIII)	5 g ≤ e	100	1 000	10 e

Fuente: Norma NTC 2031[41].

41. NTC-2031: se permiten óvalos de cualquier forma o dos líneas horizontales unidas por dos semicírculos. No debe usarse un círculo porque, de conformidad con la norma internacional OIML R 34, "Clases de exactitud de los instrumentos de medición", éste se utiliza para la designación de las clases de exactitud de los instrumentos de medición cuyos errores máximo permisibles se expresan por un error relativo constante en %.

Reglas para clasificación de instrumentos de pesaje de funcionamiento no automático

1. Determinar la división de escala de verificación "e" según la clase de exactitud de instrumento (tabla 20.3).

Tabla 20.3
Clasificación de instrumentos de pesaje

Clase de exactitud	División de	Observación
I	$e \neq d$	e = 10/d si d es menor o igual a 1 mg, e = 1 mg
II	$e = d$	O $e \neq d$ a criterio del metrólogo
III	$e = d$	Clase de exactitud media
IIII	$e = d$	Clase de exactitud ordinaria

Fuente: Norma NTC 2031.

2. Calcular el número de divisiones de escala de verificación, utilizando la siguiente fórmula:

$$n = \frac{CM}{e}$$

Donde:
n = número de divisiones de escala de verificación.
CM = carga máxima del instrumento de pesaje.
e = división de escala de verificación.

3. Ubicar los datos de "e" y "n" en la tabla 20.2 (Clasificación de instrumentos de pesaje no automáticos) y definir la clase a la cual pertenece el instrumento. Si se puede ubicar en dos diferentes, se define la clase que reporte mayor número de rangos de calibración.

4. Calcular la carga mínima (mín.), usando los datos de la quinta columna de la tabla.

5. Determinar los rangos de calibración del instrumento, para lo cual se deben usar los datos de la tabla 20.4 o 20.5 (determinación de rangos de calibración y errores máximos permisibles para instrumentos en servicio), multiplicando cada valor (menor y mayor) de la fila correspondiente a la clase por el valor calculado de "e".

6. Determinar los errores máximos permisibles, para lo cual se deben usar los datos de la primera columna de la tabla 20.4 o la última fila de la tabla 20.5 (determinación de rangos de calibración y errores máximos permisibles para instrumentos en servicio) en cada rango de calibración.

Tabla 20.4
Errores máximos permisibles (NTC 2031)

Errores máximos permisibles en verificación inicial	Para cargas m expresadas en divisiones de verificación e			
	Clase I	Clase II	Clase III	Clase IIII
± 0,5 e	0 ≤ m ≤ 50 000	0 ≤ m ≤ 5 000	0 ≤ m ≤ 500	0 ≤m ≤ 50
± 1 e	50 000 < m ≤ 200 000	5 000 < m ≤ 20 000	500 < m ≤ 2 000	50 < m ≤200
± 1,5 e	200 000 < m	20 000 < m ≤ 100 000	2 000 < m ≤ 10 000	200 < m ≤ 1 000

Fuente: Norma NTC 2031[42].

Tabla 20.5
Determinación de rangos de calibración y errores máximos permisibles para instrumentos en servicio (NTC 2031)

Clase	1.er rango	2.º rango	3.er rango
I	0 m 50 000	50 000 < m 200 000	200 000 < m
II	0 m 5 000	5 000 < m 20 000	20 000 < m 100 000
III	0 m 500	500 < m 2 000	2 000 < m 10 000
IIII	0 m 50	50 < m 200	200 < m 1 000
Errores máximos permitidos en uso	± 1,0 e	± 2,0 e	± 3,0 e

Fuente: Norma NTC 2031.

7. Determinar el error máximo permisible para las pesas de verificación[43] (EMPV).

42. NTC-2031. Los errores máximos permisibles en servicio serán el doble de los errores máximos permisibles en la verificación inicial.
43. NTC-2031. Las medidas de masa o masas patrones utilizadas para la verificación de un instrumento no tendrán un error mayor que 1/3 del error máximo permisible del instrumento para la carga aplicada.

8. Definir la clase de pesas necesarias para la verificación, teniendo en cuenta que la suma de los errores de cada pesa sea menor que EMP para la carga máxima del instrumento. Utilizar los datos de la tabla 20.6 (errores máximos permisibles para pesas de verificación).

Tabla 20.6

Errores máximos permisibles para pesas de verificación (NTC 1848)

Valor nominal	Clase de precisión						
	e1	e2	F1	F2	m1	m2	m3
	Errores máximos permisibles en mg						
1 mg	0,002	0,006	0,020	0,06	0,20		
2 mg	0,002	0,006	0,020	0,06	0,20		
5mg	0,002	0,006	0,020	0,06	0,20		
10 mg	0,002	0,008	0,025	0,08	0,25		
20 mg	0,003	0,010	0,03	0,10	0,3		
50 mg	0,004	0,012	0,04	0,12	0,4		
100 mg	0,005	0,015	0,05	0,15	0,5	1,5	
200 mg	0,006	0,020	0,06	0,20	0,6	2,0	
500 mg	0,008	0,025	0,08	0,25	0,8	2,5	
1 g	0,010	0,030	0,10	0,3	1,0	3	10
2 g	0,012	0,040	0,12	0,4	1,2	4	12
5 g	0,015	0,050	0,15	0,5	1,5	5	15
10 g	0,020	0,060	0,20	0,6	2,0	6	20
20 g	0,025	0,080	0,25	0,8	2,5	8	25
50 g	0,030	0,10	0,30	1,0	3,0	10	30
100 g	0,05	0,15	0,5	1,5	5	15	50
200 g	0,10	0,30	1,0	3,0	10	30	100
500 g	0,25	0,75	2,5	7,5	25	75	250
1 kg	0,5	1,5	5	15	50	150	500
2 kg	1,0	3,0	10	30	100	300	1000
5 kg	2,5	7,5	25	75	250	750	2500
10 kg	5	15	50	150	500	1500	5000
20 kg	10	30	100	300	1000	3000	10.000
50 kg	25	75	250	750	2500	7500	25.000

Fuente: Norma NTC 1848.

9. Calcular la pesa necesaria para realizar los aumentos (Pa) en los instrumentos digitales, utilizando la siguiente ecuación:

$$Pa = \frac{e}{k}$$

Donde:

Pa = pesas de aumento

e = valor expresado en unidades de masa

k = nivel de exactitud requerido (10)

Procedimientos de calibración

Para realizar las pruebas de calibración de balanzas y básculas se debe disponer un procedimiento documentado en el que se detallen los pasos para realizar las pruebas de calibración de instrumentos de pesaje de funcionamiento no automático[44].

Antes de iniciar las pruebas de calibración deben determinarse las características metrológicas del instrumento por calibrar. Por ejemplo, se tiene un instrumento de peso no automático con las siguientes características:

- Rango (capacidad máxima): 0 a 250 g.
- Resolución (mínima división de escala): 0,001g.

Clase de exactitud. Debe determinarse siempre y cuando el fabricante no la especifique en el instrumento. Para determinar la clase véase la tabla 16.2 (clasificación de instrumentos de pesaje de funcionamiento no automático).

La clase de exactitud del instrumento de pesaje puede ser clase I o II. Siempre es mejor una clase de exactitud I que II; entonces, es decisión del metrólogo determinar a conveniencia, y sin afectar su sistema de medición, en qué clase dejar el instrumento. Para el ejemplo; el instrumento de pesaje se deja en clase I.

44. Los procedimientos documentados pueden basarse en normas nacionales o internacionales, manuales del fabricante, guías o procedimientos documentados y validados por la organización.

Carga máxima. Corresponde al valor de carga máximo que el instrumento puede soportar (rango máximo de medición).

En el ejemplo: El instrumento de pesaje tiene una carga máxima de 250 g.

Valor de división de escala real (d). Corresponde a la resolución del instrumento, capacidad mínima de medición o mínima división de escala.

En el ejemplo: El instrumento de pesaje tiene un valor de división de escala real de 0,001g. d=0,001 g (1 mg).

Valor de división de verificación de la escala (e). Este valor se expresa en unidades de masa y es usado para la clasificación y verificación de los instrumentos de pesaje. Para determinar (e), se tienen en cuenta las reglas de clasificación dadas en la tabla 3 .

En el ejemplo: El instrumento de pesaje tiene una resolución de 0,001g. El *e* (valor de división de verificación de la escala sería: para instrumentos clase I, el $e \neq$ d (10). Se multiplica d*10.

$$e = d^*10$$

$$e = 0{,}001\ \text{g}^*10 = 0{,}01\ \text{g}$$

$$e = 0{,}01\ \text{g}$$

Carga mínima: Corresponde al valor mínimo por debajo del cual los resultados del pesaje pueden estar sujetos a un error relativo excesivo. Para calcular la carga mínima se tienen en cuenta los valores de la columna de capacidad mínima dados en la tabla 16.22 y se halla según el valor de división de la escala real del instrumento de pesaje.

En el ejemplo: El instrumento de pesaje es clase I y el valor de "capacidad mínima" (límite inferior) de la tabla 16.2 es: 100 e.

Para calcular, entonces, la capacidad mínima del instrumento, debe realizarse la siguiente operación:

$$Cm = e^*100\ e$$

$$Cm = 0{,}01^*100e = 1\ g$$

La capacidad mínima de medición en el instrumento de pesaje es 1 g; por debajo de este valor, los resultados pueden tener errores excesivos.

Rango de pesar. Corresponde al rango comprendido entre la carga mínima y la carga máxima del instrumento de pesaje.

En el ejemplo: El rango de pesaje del instrumento es 1g a 250g.

Número de divisiones de verificación de la escala. Se determina mediante el cociente entre la capacidad máxima del instrumento de pesaje y el valor de división de verificación de la escala (e).

$$n = \frac{CM}{e}$$

Donde:
n = número de divisiones de escala de verificación.
CM = carga máxima del instrumento de pesaje.
e = división de escala de verificación.

Para el ejemplo, sería:

$$n = \frac{250g}{0.01g} = 25000$$

El instrumento de pesaje tiene 25.000 divisiones de escala.

Rangos de calibración. Los rangos de calibración se determinan según valores dados en la tabla 5 así:

Se identifica primero la clase de exactitud del instrumento (clase I para el ejemplo en desarrollo), y se tienen en cuenta los valores de divisiones de escala dados para cada rango así:

Clase I. Primer rango de 0 a 50.000 divisiones de escala; como el instrumento tiene 25.000 divisiones de escala, el rango de calibración es uno solo, desde su capacidad mínima hasta la máxima.

Se determina así:

Valor máximo de divisiones para el primer rango. 50.000 y se multiplica por (e), Valor de división de verificación de la escala.

$$50000*0{,}01\ g = 500\ g$$

Como la capacidad máxima del instrumento es de 250 g, el rango de calibración será de 1 a 250 g.

Para determinar este rango puede hacerse la operación con el número de divisiones de verificación de la escala (n) 25.000:

$$25.000*0{,}01\ g = 250\ g$$

Errores máximos permisibles. Los errores máximos permisibles para aumentar o disminuir las cargas se calculan así:

$$EMP = EMPU*e$$

Donde:
EMP = error máximo permisible.
EMPU = error máximo permisible en uso.
e = número de divisiones de verificación de la escala.

En el ejemplo sería:

$$EMP = 1*0{,}01\ g = \pm 0{,}01\ g$$

El error máximo permitido para el instrumento de pesaje en todo su rango de calibración es ± 0,01 g.

Determinadas las características metrológicas de los instrumentos de pesaje, se procede a realizar las pruebas de calibración.

Calibración del instrumento de pesaje

Para las pruebas de calibración, cuando son instrumentos de pesaje de clase I, II y en algunos casos III, se deben tener los siguiente implementos: masas patrón, guantes de algodón, pinzas, pera sopladora, procedimientos de calibración documentados y registro de calibración.

Si son instrumentos de pesaje que pueden ser clase III y clase IV, hay que tener masas patrón, pera sopladora, procedimientos de calibración documentados y registro de calibración.

Verificaciones iniciales

- Condiciones ambientales del lugar de calibración.
- Emplazamiento del instrumento de pesaje; que la mesa de ubicación de la balanza sea firme y esté a nivel.
- Inspección al instrumento de pesaje: verificar el nivel y ajustarlo según norma de operación de instrumentos de pesaje o manuales del fabricante; revisar conexiones eléctricas y parámetros de configuración del equipo cuando el sistema de operación lo requiera.
- Registrar en el formato para la calibración toda la información correspondiente al instrumento de pesaje por calibrar como marca, serie, modelo, código, rango, resolución, etc.
- Registrar todas las características metrológicas del instrumento de pesaje por calibrar.
- Registrar condiciones ambientales de humedad relativa y temperatura al iniciar las pruebas de calibración.
- Verificar las condiciones ambientales de humedad relativa y temperatura al finalizar las pruebas de calibración.

Pruebas para la calibración de instrumentos de pesaje

1. Errores de indicación (exactitud)

Definición. Propiedad que caracteriza la aptitud de un instrumento de medición para dar indicaciones iguales al valor verdadero de la magnitud medida.

Prueba. Se aplican cargas de ensayo crecientes desde cero hasta la capacidad máxima inclusive, y de igual forma se retiran hasta volver a cero. Se seleccionan diez cargas diferentes que incluyan mínimo, máximo y valores iguales o cercanos a aquellos para los cuales cambia el error máximo permisible (EMP).

Nota: No permitir entre pesaje y pesaje que el instrumento retorne a cero.

Se recomienda tomar un número de cargas superior a diez, repartidos en cada rango de calibración, para que sea confiable la prueba.

Evaluación del error. Para cada carga determinada L, se anota el valor indicado I, se adicionan sucesivamente masas de 1/10 de e hasta que la indicación del instrumento aumente de manera evidente a un valor de división ($I + e$), la carga adicional ΔL añadida al receptor de carga da la indicación P antes del redondeo mediante el uso de la siguiente fórmula:

$$P = \frac{I+1}{2e - \Delta L}$$

Donde:
P = indicación antes del redondeo
I = indicación en el instrumento de pesaje
$1/2e$ = número de divisiones de verificación de la escala
ΔL = aumento

Por lo tanto, el error antes del redondeo es:

$$E = \frac{P - L = I + 1}{2e - \Delta L - L}$$

Donde:
E = error
P = indicación antes del redondeo
I = indicación en el instrumento de pesaje
$1/2e$ = número de divisiones de verificación de la escala
ΔL = aumento
L = carga

Para determinar el error en cada carga, la ecuación es:

$$E = \frac{P - L = I + 1}{2e - \Delta L - L}$$

Donde:
E = error
I = indicación en el instrumento de pesaje
L = carga
$1/2e$ = número de divisiones de verificación de la escala
ΔL = aumento

Para los instrumentos analógicos no se usan cargas adicionales; por lo tanto, el error se calcula así:

$$E = I - L$$

Donde:
E = error
I = indicación en el instrumento de pesaje
L = carga

Cumplimiento. Se establece el cumplimiento de esta prueba si los errores de medición obtenidos son menores o iguales a los errores máximos permitidos en cada rango para el instrumento de pesaje.

Ejemplo

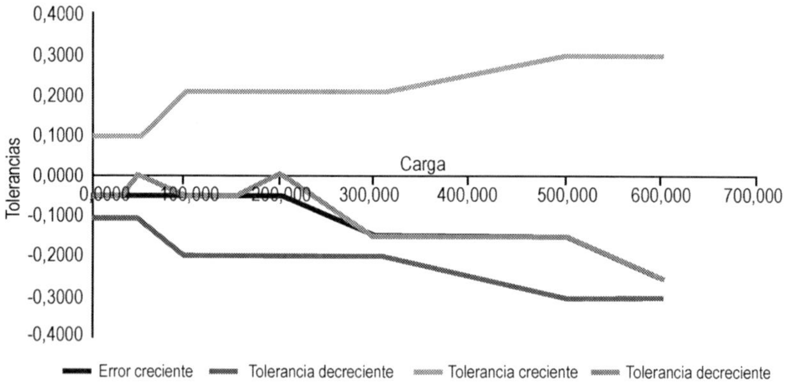

Figura 20.1. Gráfico de errores.

2. Repetibilidad (invariabilidad)

Definición. Capacidad de un instrumento de ofrecer resultados concordantes entre sí cuando se aplica una misma carga varias veces y prácticamente de manera idéntica sobre el receptor de carga.

Prueba. Deben ejecutarse dos series de mediciones, una con una carga de aproximadamente 50 % y otra con una carga cercana al 100 % del máximo. Cada serie debe constar de diez pesajes.

Las lecturas deben tomarse cuando el instrumento está cargado. En el caso de una desviación de cero entre pesajes, el instrumento debe ser reajustado a cero sin determinar el error de cero.

Después de cada carga se debe evaluar el error mediante la siguiente ecuación:

$$E = \frac{I - L + 1}{2e - \Delta L}$$

Donde:
E = error
I = indicación en el instrumento de pesaje
L = carga
$1/2e$ = número de divisiones de verificación de la escala
ΔL = aumento

Cumplimiento. Se establece el cumplimiento de esta prueba si la diferencia obtenida entre el error máximo y el error mínimo para cada rango es menor o igual a los errores máximos permisibles para el instrumento de pesaje.

3. Discriminación (movilidad)

Definición. Es la aptitud de un instrumento de medición para reaccionar ante pequeñas variaciones de carga.

Prueba. Consiste en poner las cargas que correspondan al mínimo, ½ del máximo y la carga máxima o un valor cercano al rango máximo del instrumento de pesaje, y agregar para cada uno de ellos una carga extra (aumento).

Descripción. La carga extra que se utiliza cambia según el tipo de instrumento:

Mecánico. Se debe poner sobre el receptor de carga una carga extra equivalente a 0,4 veces el valor absoluto del error máximo permisible para la carga aplicada; siempre que se ponga o retire suavemente del instrumento debe provocar un movimiento visible del elemento indicador (en una división de escala).

Analógico. Se debe poner sobre el receptor de carga una carga extra equivalente al valor absoluto del error máximo permisible para la carga aplicada, debe provocar un desplazamiento permanente del indicador (correspondiente al menos a 0,7 veces dicha carga extra).

Digital. Se debe poner una carga sobre el receptor de carga, más las pesas adicionales de aumento siguiendo la fórmula 1/10 e (con el fin de centrar la carga) hasta que la indicación cambie de manera no ambigua. Después se aplica una carga igual a 1,4 d y debe dar una indicación por encima de la indicación inicial.

Cumplimiento. Se establece el cumplimiento de esta prueba si la indicación final menos la indicación inicial es menor de 1,0 d (en instrumentos digitales, la indicación inicial corresponde a aquella después de centrar la carga al poner el aumento).

Después de cada carga se debe evaluar el error mediante la siguiente ecuación:

$$E = \frac{I - L + 1}{2e - \Delta L}$$

Donde:
E = error
I = indicación en el instrumento de pesaje
L = carga
$1/2e$ = número de divisiones de verificación de la escala
ΔL = aumento

4. Excentricidad de carga

Definición. Es la aptitud del instrumento de medición para dar indicaciones iguales con igual carga aplicada en distintos puntos de la plataforma de carga.

Prueba. Consiste en aplicar una carga correspondiente a 1/3 del máximo (o una carga aproximada de fácil manejo) en diferentes puntos del receptor de carga.

Esta carga se pone sobre el receptor de carga en el orden numérico que aparece indicado en la figura 1 partiendo del punto 1, y en cada caso se evalúa el aumento necesario para lograr una variación en la indicación del instrumento.

Deben usarse preferentemente masas grandes en lugar de varias masas pequeñas; la carga debe aplicarse centralmente en el segmento, si se emplea una sola masa; pero se debe ejercer uniformemente en todo el segmento si se utilizan varias masas.

Después de cada carga se debe evaluar el error de la misma forma que para la prueba de errores de indicación.

Cumplimiento. En esta prueba se presenta si los errores de medición obtenidos en cada punto evaluado son menores o iguales a los errores máximos permitidos para la carga establecida. Después de cada carga se debe evaluar el error mediante la siguiente ecuación:

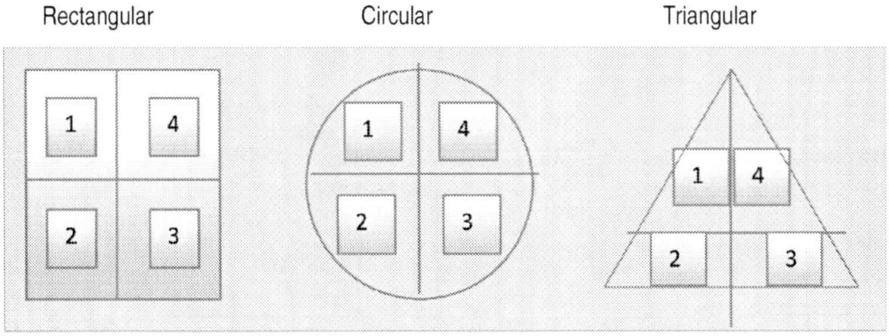

Figura 20.2. Superficie de pesaje de balanzas y básculas.

$$E = \frac{I - L + 1}{2e - \Delta L}$$

Donde:
E = error
I = indicación en el instrumento de pesaje
L = carga
$1/2e$ = número de divisiones de verificación de la escala
ΔL = aumento

5. Retorno a cero (constancia del punto cero)

Prueba. Consiste en determinar la desviación en la indicación del cero antes y después de un periodo de carga a un valor cercano al máximo durante 30 minutos. La lectura debe tomarse tan pronto como la indicación se haya estabilizado.

Cumplimiento. Antes y después del retiro de la carga respectiva, si el error obtenido para el cero es menor o igual a 1,0 e se establece el cumplimiento de esta prueba.

Exactitud de los equipos de ajuste a cero y de tara

Prueba. La exactitud del equipo de ajuste de cero se ensaya ajustando el instrumento a cero y determinando luego la carga adicional que provoca un cambio en la indicación de cero a un valor de división al inmediato superior.

La exactitud del equipo de tara se realiza de igual forma, con la indicación ajustada a cero utilizando el equipo de tara. El error se debe evaluar de la misma forma que para la prueba de errores de indicación.

Cumplimiento. Se establece si el efecto de la desviación del cero en el resultado del pesaje no es mayor de 1,0 d.

Después de cada carga se debe evaluar el error mediante la siguiente ecuación:

$$E = \frac{I - L + 1}{2e - \Delta L}$$

Donde:
E = error
I = indicación en el instrumento de pesaje
L = carga
$1/2e$ = número de divisiones de verificación de la escala
ΔL = aumento

Certificación de instrumento de pesaje

Un instrumento de pesaje debe cumplir con todas la pruebas establecidas para determinar su calibración; con un solo error calculado para cualquiera de las pruebas efectuadas que sea superior a los permitidos en la norma colombiana NTC 2031, se debe declarar que el instrumento de pesaje no es apto.

La incertidumbre de la medición puede calcularse con los valores obtenidos en la prueba de exactitud o en la de repetibilidad, siguiendo los mismos criterios de las variables anteriores.

- Cálculo del valor promedio de las mediciones realizadas

$$P = \frac{\sum VM}{n}$$

Donde:
P = promedio
$\sum^{\text{VM}}$ = sumatoria de los valores medidos
n = número de mediciones realizadas

Determinar las fuentes de incertidumbre

Patrón

- EMP = error máximo permitido.
- Incertidumbre expandida: reportada en el certificado de calibración del patrón.
- Resolución o apreciación del equipo patrón.

Prueba

- Resolución o apreciación del equipo patrón.
- Condiciones ambientales.
- Desviación estándar (repetibilidad).

Definir el tipo de distribución de cada fuente y calcular la incertidumbre estándar.

Incertidumbre tipo A

$$S = \frac{\sqrt{\sum_{i=1}^{n} (xi - \bar{x})^2}}{(n-1)}$$

Incertidumbre tipo B

$$\mu B = \frac{a}{\sqrt{3}} \text{ (para equipos analógicos)}$$

$$\mu B = \frac{a}{\sqrt{12}} \text{ (para equipos digitales)}$$

Donde:
μB = incertidumbre tipo B
a = valor dado por la experiencia del metrólogo
$\sqrt{3}$ = constante

- Calcular la incertidumbre de medición combinada

$$\mu C = \sqrt{(\mu A)^2 + (\mu B)^2 + (\mu P)^2}$$

Donde:
μA = incertidumbre tipo A
μB = incertidumbre tipo B
μP = incertidumbre del patrón

- Calcular la incertidumbre de medición expandida

La incertidumbre de medición expandida o total se calcula multiplicando por el factor de cobertura $k = 2$ la incertidumbre de medición combinada, con lo cual se obtiene un nivel de confianza de 95,5 % aproximadamente.

$$\mu E = 2 + \mu C$$

Donde:
μE = incertidumbre expandida
2 = k = 2
μc = incertidumbre combinada

Tabla 16.7
Registro de calibración para instrumentos de pesaje

Nombre	Carga máxima
Marca	Carga mímina
Modelo	Rango de pesaje
Serie	D:
Código	E:
Solicitante	N:
Dirección	Clase
Fecha	Unidad

Rangos de trabajo	Límites de error permitido
Carga alta	
Carga media	
Carga baja	

Prueba 1. Error de indicación (exactitud)

Carga creciente

Lectura	Carga	Indicación	Aumento	Error
1				
2				
3				
4				
5				
6				
7				
8				
9				
10				
11				
12				

Carga decreciente

Lectura	Carga	Indicación	Aumento	Error

Prueba 2. Repetibilidad (invariabilidad)

Carga media

Lectura	Carga	Indicación	Aumento	Error
1				
2				
3				
4				
5				
6				
7				
8				
9				
10				
11				
12				

Carga alta

Lectura	Carga	Indicación	Aumento	Error

Prueba 3. Discriminación (movilidad)

Rango	Carga mínima	Carga media	Carga máxima
Carga			
Indicación			
Aumento			
Indicación + AUMENTO			
Error			
Cumple			

Prueba 4. Excentricidad de carga

Punto	Indicación	Aumento	Error
1			
2			
3			
4			

Posición de la plataforma o platillo de pesaje

Rectangular Circular Triangular

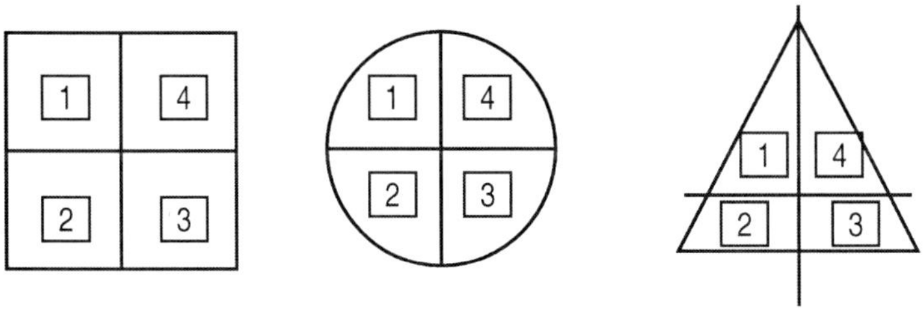

Prueba 5. Retorno a cero (constancia del punto cero)

Hora	Tiempo	Carga	Indicación	Aumento	Error	Punto cero

Observaciones: ______________________________

____

____

____

Calibrado por: ______________________ Revisado por: ______________________

Existe la Guía SIM, del Sistema Interamericano de Metrología (SIM), que contiene el procedimiento de calibración de los instrumentos para pesar de funcionamiento no automático.

La publicación ha sido desarrollada por el grupo de trabajo de masas y unidades relacionadas del SIM (SIM-MWG7) con la intención de armonizar los métodos para la calibración de los instrumentos para pesar de funcionamiento no automático entre los países miembros del SIM.

El documento ofrece una guía a las entidades nacionales de acreditación sobre los requerimientos mínimos en la calibración de los instrumentos para pesar de funcionamiento no automático y, por otro lado, propone procedimientos prácticos para los laboratorios de calibración.

La Guía SIM contiene los pasos para la calibración de los instrumentos de pesar de funcionamiento no automático basada en cuatro pruebas:

- Numeral 5.1. Prueba de repetibilidad
- Numeral 5.2. Prueba para los errores de las indicaciones
- Numeral 5.3. Prueba de excentricidad
- Numeral 5.4. Mediciones auxiliares

El Sistema Interamericano de Metrología[44] (SIM) es un proyecto de la Organización de Estados Americanos (OEA) que tiene la finalidad de promover la cooperación interamericana en metrología para asegurar la trazabilidad al sistema internacional de unidades en cada uno de los países miembros.

Es una de las cinco organizaciones regionales de metrología que existen en el mundo, junto con:

- Asia Pacific Metrology Programme (APMP).
- Cooperation in Metrology among the Central European Countries (Coomet).

44. www.science.oas.org/sim/.../sm_magazines.html.

- Southern African Development Community Cooperation in Measurement Traceability (Sadcmet).
- European Association of National Metrology Institutes (Euramet).
- Los representantes de estas organizaciones regionales se reúnen en el Joint Committee of the Regional Metrology Organizations and the BIPM (JCRB).

En el SIM, y en representación de cada uno de los países miembros, participan los institutos nacionales de metrología, organizados en cinco subregiones:

- Andimet. Países andinos: Bolivia, Colombia, Ecuador, Perú y Venezuela.
- Camet. Centroamérica: Belice, Costa Rica, El Salvador, Guatemala, Honduras, Nicaragua y Panamá.
- Carimet. Caribe: Antigua y Barbuda, Bahamas, Barbados, Dominica, Granada, Guyana, Jamaica, Haití, República Dominicana, San Cristóbal y Nevis, San Vicente y Las Granadinas, Santa Lucía, Surinam y Trinidad y Tobago.
- Noramet. Norteamérica: Canadá, Estados Unidos de América y México.
- Suramet. Sudamérica: Argentina, Brasil, Chile, Paraguay y Uruguay.

21 | FUERZA

Fuerza es la capacidad de acción física, causa capaz de deformar un cuerpo o modificar su estado de reposo o movimiento.

Puede ser representada como el producto de la masa (m) de un cuerpo y la aceleración que experimentaría ese cuerpo bajo la influencia de la gravedad (g) y la fuerza (F).

21.1 Unidades de fuerza

En el sistema internacional de unidades (SI) la fuerza se define en newton (N).

$$N = \frac{kg * m}{s^2}$$

Otras unidades de fuerza utilizadas son:

Libra fuerza (lbf), kilogramo fuerza (kgf), tonelada fuerza (tf), poundal (p), kilopondio (kp), dina (dyn).

Peso fuerza

El peso fuerza (G) es el producto de la masa (m) de un cuerpo y la aceleración local de la gravedad (g).

Peso

Denominación que describe el producto de la masa de un cuerpo y la aceleración local de la gravedad, en lugar de peso fuerza.

21.2 Principios básicos

La relación entre la fuerza aplicada y la deformación de un instrumento elástico de medición de fuerza es, en general, no lineal.

A medida que se aplica fuerza, la forma del elemento elástico cambia progresivamente, alterando la resistencia a la deformación. El resultado es que la pendiente de la curva fuerza–deformación cambia gradual y uniformemente sobre el rango total del instrumento.

Esta característica de no linealidad sobre la escala total es una propiedad estable del instrumento, cambiada solamente por una sobrecarga severa. Superpuestas a esta curva, se presentan otras faltas de linealidad debidas a las imperfecciones de los mecanismos sensores de la deformación del instrumento.

Estas imperfecciones incluyen divisiones no uniformes de las escalas de medición, que son menos estables que la falta de linealidad de la escala total y cambian significativamente de calibración a calibración.

Durante el tratamiento de los datos de calibración se ajusta una curva de dos grados a los datos obtenidos. Tal curva compensa efectivamente las no linealidades y permite que las localizadas aparezcan como desviaciones. Un estimativo estadístico llamado incertidumbre se hace con el ancho de la banda de dispersión de esas desviaciones alrededor de la curva básica.

La incertidumbre es, entonces, un estimativo de los límites de error aportados por el instrumento cuando las fuerzas medidas en servicio son calculadas por medio de la ecuación de calibración.

Se realizan tres escalas de medición con aumento de fuerza. Cada una debe tener al menos cinco puntos de medición previamente seleccionados, sobre el rango del 20 % de la máxima fuerza hasta la máxima fuerza aplicada.

Cuando se realiza un ensayo por debajo del rango del 20 %, se deben realizar mediciones adicionales en 10 %, 5 %, 1 %, 0,5 %, 0,2 %, 0,1 % de la fuerza máxima hasta que el rango de medición quede incluido.

21.3 Inspección general de la máquina

La calibración de la máquina de ensayo se debe realizar si está operando en buenas condiciones. Antes de efectuar la calibración al sistema de medición de fuerza se requiere una inspección, la cual deberá comprender lo siguiente:

Examen visual

Inspeccionar que la máquina esté funcionando normalmente y no se vea afectada por aspectos tales como:

- Desgaste notorio o defectos en los elementos de guía o de las crucetas móviles o mordazas.
- Aflojamiento en el montaje de columnas y crucetas fijas.

Que la máquina no se vea afectada por condiciones ambientales como:

- Vibraciones.
- Efectos de corrosión.
- Variación de temperatura y humedad relativa.
- Identificar todos y cada uno de los equipos por utilizar, bien sean de péndulo o de masas.

Inspección de la estructura de la máquina

Se debe verificar que la estructura y los sistemas de agarre permitan que la fuerza se aplique axialmente.

Inspección del mecanismo accionador de la cruceta

Verificar que el mecanismo accionador de la cruceta permita una variación en la fuerza suave y uniforme y posibilite la obtención de diferentes grados de fuerza con la suficiente exactitud.

El mecanismo accionador debe permitir el ajuste de las velocidades de deformación de la pieza de ensayo especificadas para determinar las propiedades mecánicas con las que debe cumplir.

21.4 Calibración del sistema de medición de fuerza

Generalidades

La calibración en los sistemas de fuerza se debe llevar a cabo para cada uno de los intervalos de fuerza utilizados, con el indicador de valores de fuerza más utilizados.

Si se utilizan en la calibración equipos accesorios como puntero auxiliar, registrador u otros accesorios adicionales que puedan afectar el sistema de medición de fuerza, se deberán calibrar los accesorios y determinar el error relativo de éstos.

Si la máquina por calibrar cuenta con varios sistemas para la medición de fuerza, cada uno se debe considerar como una máquina de ensayo separada. El mismo procedimiento se debe seguir para máquinas hidráulicas de doble pistón.

En la calibración se deben utilizar instrumentos para prueba de fuerza de tensión. Para fuerzas pequeñas, la calibración se debe realizar con masas calibradas; en último caso, el valor de la aceleración local debido a la gravedad se debe registrar en el informe de calibración.

La calibración debe, en general, llevarse a cabo con una fuerza indicada constante, Fi. Cuando este método no es aplicable, la calibración se puede realizar con una fuerza real constante F.

Esto significa que al realizar la calibración primero se puede leer y registrar el valor en la máquina que se está calibrando y luego leer y registrar la indicación en el equipo patrón. Esto es fuerza indicada constante.

Cuando se puede leer y registrar primero el valor del equipo patrón y luego leer y registrar la indicación de la máquina que se está calibrando, se estaría aplicando una fuerza real constante.

Cuando la máquina lo permita, las mediciones se deben llevar a cabo con una fuerza que aumenta lentamente. La palabra "constante", significa que el mismo valor de Fi (o F) se usa para las tres series de medición hechas.

Los instrumentos utilizados para la calibración deben tener una trazabilidad certificada de acuerdo con el sistema internacional de unidades (SI), a escala nacional o internacional.

Los instrumentos para las pruebas de fuerza deben cumplir los requisitos especificados según las normas.

La clase del instrumento debe ser igual o mejor que la clase para la cual se va a calibrar la máquina de ensayo. En el caso de pesos muertos, el error relativo en la fuerza generada por éstos debe ser mejor o igual a ± 0,1 %.

21.5 Calibración del sistema de medida de fuerza de la máquina de ensayo

La calibración debe realizarse para cada una de las escalas de fuerza utilizadas y con todos los indicadores de fuerza empleados. Cualquier dispositivo accesorio que pueda afectar el sistema de medida de fuerza (por ejemplo, agujas o registrador), debe verificarse cuando se utilice.

Verificación de los accesorios

Se deberá calibrar el buen funcionamiento y resistencia a la fricción de los equipos accesorios (puntero auxiliar, registrador) mediante uno de los siguientes métodos, dependiendo de que la máquina se use normalmente con o sin estos accesorios.

- Máquina que se usa normalmente con accesorios: se deberán llevar a cabo tres series de mediciones con fuerza ascendente con los accesorios conectados para cada intervalo de medición de fuerza que se utilice y una serie complementaria de mediciones sin los accesorios para el menor intervalo utilizado.
- Máquina que se usa normalmente sin accesorios: se deberán llevar a cabo tres series de mediciones con fuerza ascendente con los accesorios desconectados para cada intervalo de medición de fuerza que se usa y una serie complementaria de mediciones con los accesorios conectados para el menor intervalo utilizado.

Tabla 21.1[45]
Símbolos y su significado

Símbolo	Unidad	Significado
Fn	N	Capacidad máxima del intervalo de medición del indicador de fuerza de la máquina de ensayo.
fi	N	Lectura de fuerza sobre el indicador de fuerza de la máquina de ensayo que se va a calibrar, con fuerza de ensayo en aumento.
f' i	n	Lectura de la fuerza sobre el indicador de fuerza de la máquina de ensayo que se va a calibrar, con fuerza de ensayo en descenso.
f	n	Fuerza real indicada por el instrumento para prueba de fuerza, o ejercida por las masas, con fuerza de ensayo en aumento.
f'	n	Fuerza real indicada por el instrumento para prueba de fuerza, o ejercida por las masas, con fuerza de ensayo en descenso.
fc	n	Fuerza real indicada por el instrumento para prueba de fuerza, o ejercida por las masas, para la serie complementaria de mediciones para el menor intervalo.
fic	n	Lectura de fuerza sobre el indicador de fuerza de la máquina de ensayo que se va a calibrar, con fuerza de ensayo en aumento, para la serie complementaria de mediciones para el menor intervalo utilizado.
fi'	n	Media aritmética de varias mediciones de fi y f para la misma fuerza discreta.
fi máx' fi mín f max' f min	n	Mayor o menor valor de fi o f para la misma fuerza discreta.
fio	n	Indicación residual sobre el indicador de fuerza de la máquina de ensayo que se va a calibrar después de retirar la fuerza.
a	%	Resolución relativa del indicador de fuerza de la máquina de ensayo.
b	%	Error relativo de repetibilidad del sistema de medición de fuerza de la máquina de ensayo.
fo	%	Error relativo de cero del sistema de medición de fuerza de la máquina de ensayo.
q	%	Error relativo de exactitud del sistema de medición de fuerza de la máquina de ensayo.
v	%	Error relativo en la reversibilidad del sistema de medición de fuerza de la máquina de ensayo.
pair	kg/m^3	Densidad del aire.
pm	kg/m^3	Densidad de los pesos muertos.
gn	ms^2	

Fuente: NTC-ISO 7500-1.

45. Norma Técnica Colombiana NTC-ISO 7500-1. Materiales metálicos. Verificación de máquinas de ensayo uniaxiales estáticos. Parte 1: Máquinas de ensayo de tracción-compresión. Verificación y calibración del sistema de medición de fuerza.

En ambos casos, el error relativo de exactitud "q" se deberá calcular para tres series normales de mediciones, y el error relativo de repetibilidad "b" se deberá calcular de las cuatro series. Los valores obtenidos para b y q deberán cumplir con lo especificado en la tabla 7 para la clase considerada, y deberá satisfacer las siguientes condiciones:

Calibración con fuerza indicada constante (FIC)

$$100\left|\frac{F_i - F_c}{F_c}\right| \leq 1,5|q|$$

Donde:
F_i = fuerza indicada por la máquina en calibración
F_c = fuerza complementaria (lectura 4)
q = error relativo de exactitud

Calibración con fuerza real constante (FRC)

$$100\left|\frac{F_{ic} - F}{F}\right| \leq 1,5|q|$$

Donde:
F_{ic} = fuerza complementaria (lectura 4)
F = fuerza real indicada por el equipo patrón
q = error relativo de exactitud

La clase del instrumento debe ser igual o mejor que aquella para la cual se va a calibrar la máquina de ensayo. En caso de pesos muertos, el error relativo de la fuerza generada por éstos debe ser inferior o igual al ±0,1 %.

La ecuación exacta que proporciona la fuerza F, en newton, generada por un peso muerto de masa m, en kilogramos, es:

$$F = mgn\left[1 - \frac{P_{aire}}{P_m}\right]$$

Donde:
F = fuerza real indicada por el instrumento para prueba de fuerza, o ejercida por las masas, con fuerza de ensayo en aumento.

P_{aire} = densidad del aire
P_m = densidad de los pesos muertos

La fuerza puede calcularse empleando la siguiente fórmula aproximada:

$$F = m - gn$$

El error relativo de la fuerza puede calcularse por medio de esta fórmula:

$$\frac{\Delta F}{F} = \frac{\Delta m}{m} = \frac{\Delta gn}{gn}$$

Determinación de la resolución

El ancho de las marcas de graduación sobre la escala deberá ser uniforme y el ancho del puntero (o de la traza si se usa un registrador) deberá ser aproximadamente igual al ancho de una marca de graduación.

La resolución *r* del indicador se deberá obtener de la relación entre el ancho del puntero o la traza y la distancia centro a centro entre dos marcas de graduación de la escala adyacente (intervalo de la escala). Las relaciones recomendadas 1/2, 1/5, 1/10: para la estimación de un décimo de una división de escala se requiere una separación de 2,5 mm o mayor.

La resolución se considera como un incremento del número en el indicador numérico, siempre y cuando la indicación no fluctúe en más de un incremento cuando el instrumento está en carga.

La variación de las lecturas se da si éstas fluctúan en más del valor previamente calculado para la resolución (con el instrumento sin cargar); esta resolución r se deberá considerar igual a la mitad del intervalo de fluctuación.

Determinación previa de la resolución relativa del indicador de fuerza[46]

La resolución "r" se deberá expresar en unidades de fuerza, la resolución relativa "a", del indicador de fuerza en porcentaje se define por la relación.

$$a = \frac{r}{F} * 100$$

Donde:
a = resolución relativa de la máquina
r = resolución de la máquina de fuerza
F = fuerza en el punto considerado

La resolución relativa "a" se deberá calcular en todas las fuerzas de la escala, por encima del primer quinto del intervalo de la escala.

Procedimiento de calibración

- Alineación del instrumento para calibración:

El instrumento de fuerza para calibración se deberá montar de manera que se asegure la aplicación axial de la fuerza.

- Compensación de temperatura

La calibración debe realizarse a una temperatura ambiente comprendida entre 10 y 35 °C. La temperatura a la cual se lleva a cabo la calibración debe anotarse[47].

Se debe establecer un periodo de tiempo suficiente para permitir que el instrumento de medición de fuerza alcance un periodo es-

46. Norma Técnica Colombiana NTC-ISO 7500-1. Materiales metálicos. Verificación de máquinas de ensayo uniaxiales estáticas. Parte 1. Máquinas de ensayo de tracción-compresión. Verificación y calibración del sistema de medición de fuerza.
47. Norma Técnica Colombiana NTC-ISO 7500-1. Materiales metálicos. Verificación de máquinas de ensayo uniaxiales estáticas. Parte 1. Máquinas de ensayo de tracción-compresión. Verificación y calibración del sistema de medición de fuerza.

table de temperatura. La temperatura del instrumento de medida de fuerza debe permanecer estable en un intervalo de ± 2 °C durante cada serie de calibración. En caso necesario, se deben aplicar correcciones de temperatura a las lecturas tomadas (Norma Técnica Colombiana NTC-4350).

- Acondicionamiento de la máquina

La máquina, junto con el instrumento para prueba de fuerza en posición, se deberá cargar al menos tres (3) veces entre cero y la fuerza máxima que se va a medir.

- Método de prueba

Se aplica a la máquina una fuerza dada F_i, señalada por el indicador de fuerza de la máquina y se registra la fuerza real F indicada por el instrumento para prueba de fuerza o la ejercida por las masas.

Si no es posible utilizar este método, se aplica a la máquina la fuerza real F indicada por el instrumento para prueba de fuerza, y se registra la fuerza F_i señalada por el indicador de fuerza de la máquina en calibración.

- Aplicación de las fuerzas de prueba

Se deberán llevar tres series de mediciones con fuerza ascendente. Cada serie deberá comprender al menos cinco grados de fuerza en periodos regulares del 20 % del intervalo máximo de la escala. Si se va a realizar una calibración en una sección de menos de 20 %, es necesario llevar a cabo mediciones suplementarias en los grados de fuerza en el 10 %, 5 %, 2 %, 0,2 %, 0,1 % de la escala hasta el límite implicado, inclusive.

Para máquinas de ensayo con indicadores de autoalineación, al menos se deberán verificar dos grados de fuerza para cada parte del intervalo que se incrementa.

Es recomendable que la posición del instrumento para prueba de fuerza se modifique antes de la tercera serie de mediciones, girándola de 90 a 180°.

Para cada grado de fuerza, se deberá calcular la medida aritmética de los valores obtenidos en cada serie de mediciones. De estos valores medios se deberán calcular el error relativo de exactitud y el error relativo de repetibilidad del sistema para medición de fuerza de la máquina de ensayo.

Se deberá ajustar a cero y registrar antes de cada serie de mediciones. En el caso de un indicador analógico, también se deberá calibrar que el puntero se balancea libremente alrededor del cero; si es un indicador digital, se deberá registrar inmediatamente cualquier caída más debajo de cero, por ejemplo, mediante un signo indicador (+ o –).

La lectura de cero se deberá tomar aproximadamente 30 segundos después de que la fuerza se haya retirado completamente. Se deberá registrar el error cero relativo calculado en porcentaje utilizando la siguiente ecuación.

Error relativo de cero:

$$f_0 = \frac{F_{i0}}{FN} * 100$$

Donde:
f_0 = error relativo de cero
F_{i0} = valor residual de la máquina
FN = capacidad máxima de la máquina de fuerza

Verificación de los efectos de las diferencias en las posiciones del pistón

Para máquinas hidráulicas, en las que la presión hidráulica de la conexión se utiliza para asegurar la fuerza de ensayo, la influencia de una diferencia en la posición del pistón se deberá verificar para el menor intervalo de medición de la máquina utilizada, durante las tres series de medición. La posición del pistón deberá ser diferente en cada serie de mediciones. En el caso de una máquina hidráulica de doble pistón, es necesario considerar ambos pistones.

21.6 Determinación del error relativo de reversibilidad

Este procedimiento solamente se deberá llevar a cabo previa solicitud. El error relativo de reversibilidad se deberá determinar mediante una calibración en las mismas fuerzas discretas, primero con fuerzas ascendentes y luego con fuerzas descendentes. Por lo tanto, la máquina también se deberá calibrar con una fuerza descendente. La diferencia entre los valores obtenidos con la fuerza ascendente y en descenso permite calcular el error relativo de reversibilidad en porcentaje, utilizando la siguiente ecuación:

Calibración con fuerza indicada constante (FIC)

$$v = \frac{F' - F}{\bar{F}} * 100$$

Donde:

F' = fuerza real descendente en la lectura 2 del cuadro 27
F = fuerza real ascendente lectura 2 del cuadro 27
$\bar{F}$ = promedio de los cuatro valores ascendentes

Calibración con fuerza real constante (FRC)

$$v = \frac{F'i - Fi}{\bar{F}} * 100$$

Donde:

$F'i$ = fuerza real descendente en la lectura 2 del cuadro 27
Fi = fuerza real ascendente lectura 2 del cuadro 27
$\bar{F}$ = promedio de los cuatro valores ascendentes

21.7 Evaluación del indicador de fuerza

Error relativo de exactitud:

El error relativo de exactitud, expresado como un porcentaje de la fuerza real *F*, está dado por la ecuación:

Error relativo de exactitud para fuerza indicada constante (FIC)

$$q = \frac{\bar{F}_i - \bar{F}}{\bar{F}} * 100$$

Donde:
q = error relativo de exactitud para FIC
F_i = fuerza indicada por la máquina en calibración
$\overline{F}$ = promedio de las lecturas ascendentes tomadas

Para el caso particular de la calibración que se lleva a cabo con una fuerza real constante, el error relativo de exactitud está dado por la ecuación:

Error relativo de exactitud para fuerza real constante (FRC)

$$q = \frac{\overline{F}_i - \overline{F}}{\overline{F}} * 100$$

Donde:
q = error relativo de exactitud para FIC
$\overline{F}_i$ = promedio de las lecturas ascendentes tomadas
F = fuerza real indicada por el equipo patrón

Error relativo de repetibilidad

El error relativo de repetibilidad es, para cada grado de fuerza, la diferencia entre el valor mayor y el menor medidos con respecto al promedio. Está dado en porcentaje mediante la ecuación:

Error relativo de exactitud para fuerza indicada constante (FIC)

$$b = \frac{F_{máx.} - F_{mín.}}{\overline{F}} * 100$$

Donde:
b = error relativo de repetibilidad
$F_{máx.}$ = fuerza máxima indicada en las cuatro lecturas ascendentes
$F_{mín.}$ = fuerza mínima indicada en las cuatro lecturas ascendentes
$\overline{F}$ = fuerza promedio de los cuatro valores ascendentes

Para el caso particular de la calibración que se lleva a cabo con una fuerza real constante, el error relativo de repetibilidad se da por la ecuación:

Error relativo de exactitud para fuerza indicada constante (FRC)

$$b = \frac{F_{máx.} - F_{mín.}}{\overline{F}} * 100$$

Donde:

b = error relativo de repetibilidad
$Fi_{máx.}$ = fuerza máxima indicada en las cuatro lecturas ascendentes
$Fi_{mín.}$ = fuerza mínima indicada en las cuatro lecturas ascendentes
$\overline{F}$ = fuerza promedio de los cuatro valores ascendentes

Clase de la máquina de ensayo

En la tabla 21.2 se encuentran los valores máximos permitidos para los errores relativos del sistema de medición de fuerza y para la resolución relativa del indicador de fuerza que caracteriza una máquina de ensayo, de acuerdo con la clase apropiada.

Un intervalo de medición sobre el indicador de fuerza se deberá considerar conforme solamente si la inspección es satisfactoria para el intervalo de medición, como mínimo entre el primer quinto y el intervalo nominal.

Tabla 21.2
Características del sistema de medición de fuerza NTC-ISO 7500-1

	Valores máximos permitidos en %				
Clase de la máquina Cl	**Error relativo de precisión q**	**Error relativo de repetibilidad B**	**Error relativo de reversibilidad V**	**Error relativo de cero F0**	**Resolución de la máquina A**
0,5	± 0,5	0,5	± 0,75	± 0,05	0,25
1	± 1,0	1,0	± 1,5	± 0,1	0,5
2	± 2,0	2,0	± 3,0	± 0,2	1,0
3	± 3,0	3,0	± 4,5	± 0,3	1,5

Fuente: NTC-ISO 7500-1.

Nota: La calibración de la reversibilidad se hará solamente por solicitud del cliente y si el sistema de medición de la máquina lo permite.

Verificación de la calibración

El objetivo de verificar la calibración es analizar todos y cada uno de los resultados obtenidos en ella y garantizar el buen estado y cumplimiento de las especificaciones requeridas para los instrumentos de medición, con el fin de adquirir y facilitar a los usuarios y controladores de los procesos, productos e insumos, y proporcionarle al cliente información cuantitativa sobre los parámetros de medición que caracterizan dichos procesos y la calidad de los productos.

21.8 Procedimiento de verificación de la calibración para equipos de fuerza

Pasos para hacer la medición de verificación:

- Seleccionar un patrón de fuerza de categoría igual o inferior al patrón único de calibración.
- Realizar montajes según lo descrito en la norma soporte para la calibración.
- Permitir ambientación de los equipos, como mínimo 30 minutos antes de comenzar la prueba de verificación.
- Llevar a cabo la verificación del punto cero del equipo, el 50 % y el 100 % de la capacidad del equipo.
- Efectuar tres series de mediciones desde la carga mínima hasta la máxima.
- Hacer una prueba de carga ascendente dividiendo la escala total del equipo de fuerza en rangos iguales de medición.
- Registrar cada valor obtenido en el indicador del equipo en prueba como el valor indicado por el patrón de referencia utilizado.
- Comparar los resultados obtenidos con los de la calibración y determinar si cumple o no para las clases de precisión dadas.

Cálculos por realizar

- Cálculo del valor promedio de las mediciones realizadas

$$P = \frac{\sum VM}{n}$$

Donde:

P = promedio

$\sum^{VM}$ = sumatoria de los valores medidos

n = número de mediciones realizadas

- Cálculo del error obtenido en cada punto de medición:

$$E = P - VP$$

Donde:

E = error

P = promedio

VP = valor patrón

- Cálculo de la incertidumbre de la medición.

Los pasos para tener en cuenta en el cálculo de la incertidumbre de la medición son los siguientes:

Determinar las fuentes de incertidumbre

Patrón

- EMP = error máximo permitido.
- Incertidumbre expandida: reportada en el certificado de calibración del patrón.
- Resolución o apreciación del equipo patrón.

Prueba

- Resolución o apreciación del equipo patrón.
- Condiciones ambientales.
- Desviación estándar (repetibilidad).

Definir el tipo de distribución de cada fuente y calcular la incertidumbre estándar.

Incertidumbre tipo A

$$S = \frac{\sqrt{\sum_{i=1}^{n}(xi - \bar{x})^2}}{(n-1)}$$

Incertidumbre tipo B

$$\mu B = \frac{a}{\sqrt{3}} \text{ (para equipos analógicos)}$$

$$\mu B = \frac{a}{\sqrt{12}} \text{ (para equipos digitales)}$$

Donde:
μB = incertidumbre tipo B
a = valor dado por la experiencia del metrólogo
$\sqrt{3}$ = constante

- Calcular la incertidumbre de medición combinada

$$\mu C = \sqrt{(\mu A)^2 + (\mu B)^2 + (\mu P)^2}$$

Donde:
μA = incertidumbre tipo A
μB = incertidumbre tipo B
μP = incertidumbre del patrón

- Calcular la incertidumbre de medición expandida

La incertidumbre de medición expandida o total se calcula multiplicando por el factor de cobertura $k = 2$ la incertidumbre de medición combinada, con lo cual se obtiene un nivel de confianza de 95,5 % aproximadamente.

$$\mu E = 2 + \mu C$$

Donde:
μE = incertidumbre expandida
2 = k = 2
μc = incertidumbre combinada

Tabla 21.3
Registro de calibración para máquinas de fuerza

Nombre	Rango
Marca	Resolución
Modelo	Rango de pesaje
Serie	Código
Solicitante	Dirección
Fecha	Clase

Dirección de la carga

Tensión	Compresión

Prueba de calibración

Lecturas	1	2	3	4	5
Cero residual del equipo					
Error relativo de cero					

Niveles de carga	Indicación	Lectura 1	Lectura 2	Lectura 3	Lectura 4	Error	Incertidumbre de medición

Resultados de la prueba

Promedio de lecturas ascendentes	Resolución relativa	Verificación de accesorios	Error relativo de reversibilidad	Error relativo de exactitud	Error relativo de repetibilidad

Incertidumbre de medición	Clase
Error máximo	Norma
Temperatura inicial	Temperatura final
Humedad relativa inicial	Humedad relativa final

Observaciones: ____

Calibrado por: ____________________ Revisado por: ____________________

22 | TEMPERATURA

Es una medida del calor o energía térmica de las partículas en una sustancia; no depende del número de partículas ni de su tamaño. Los átomos y moléculas en una sustancia no siempre se mueven a la misma velocidad. Esto significa que hay un rango de energía (energía de movimiento) en las moléculas. En los gases, por ejemplo, las moléculas se mueven en direcciones aleatorias y a diferentes velocidades.

La temperatura se experimenta a diario. Cuando hace calor o frío, cuando se tiene fiebre. Cuando se hierve agua, se espera que la temperatura aumente, y cuando se hacen helados, se espera que baje.

La temperatura de un gas ideal monoatómico es una medida relacionada con la energía cinética promedio de sus átomos al moverse. En la figura siguiente , la relación del tamaño de los átomos de helio respecto de su separación se conseguiría bajo una presión de 1950 atmósferas. Estos átomos a temperatura ambiente tienen cierta velocidad media (aquí reducida dos billones de veces) (figura 22.1).

La temperatura es una magnitud referida a las nociones comunes de calor o frío. Por lo general, un objeto más caliente tendrá una temperatura mayor. Físicamente es una magnitud escalar relacionada con la energía interna de un sistema termodinámico. Específicamente, está relacionada directamente con la parte de la energía interna conocida como energía sensible, asociada a los movimientos de las partículas del sistema, sea en sentido trasnacional o rotacional, o en forma de vibraciones. A medida que es mayor la energía sensible de un sistema se observa que está más "caliente", es decir, su temperatura es mayor.

En un sólido, los movimientos resultan ser las vibraciones de las partículas en sus sitios dentro del sólido. En el caso de un gas ideal monoatómico se trata de los movimientos traslacionales de sus partículas (para los gases multiatómicos los movimientos rotacional y vibracional deben tomarse en cuenta también).

El desarrollo de técnicas para la medición de la temperatura ha pasado por un largo proceso histórico, ya que es necesario darle un valor numérico tanto a una idea intuitiva como a lo frío o lo caliente.

Algunas propiedades fisicoquímicas de los materiales o las sustancias varían en función de la temperatura a la que se encuentren, como su estado (sólido, líquido, gaseoso, plasma...), su volumen, la solubilidad, la presión de vapor, su color o la conductividad eléctrica. Así mismo, es uno de los factores que influyen en la velocidad a la que tienen lugar las reacciones químicas.

La temperatura se mide con termómetros, los cuales pueden ser calibrados de acuerdo con una multitud de escalas que dan lugar a las unidades de medición de la temperatura. En el sistema internacional de unidades, la unidad de temperatura es el kelvin. No obstante, fuera del ámbito científico el uso de otras escalas de temperatura es común, como la Celsius (antes llamada centígrada) y en los países anglosajones, la escala Fahrenheit. También existe la Rankine (°R), que establece su punto de referencia en el mismo punto de la escala kelvin.

El universo está hecho de materia y energía. La materia está compuesta de átomos y moléculas (que son grupos de átomos) y la energía hace que los átomos y las moléculas estén en constante movimiento, rotando alrededor de sí mismos, vibrando o chocándose unos con otros. El movimiento de los átomos y moléculas crea una forma de energía llamada calor o energía térmica, que se encuentra presente en todo tipo de materia. Incluso en los vacíos más fríos del espacio hay materia que posee calor, son muy pequeños, pero medibles.

Muchos tipos de energía pueden convertirse en calor. La energía electromagnética (luz), la electrostática (o eléctrica), la mecánica, la química, la nuclear, el sonido y la térmica, pueden calentar una sustancia haciendo que se incremente la velocidad de sus moléculas. Si se pone energía en un sistema, éste se calienta; si se quita energía, se enfría. Por ejemplo, si una persona está fría, con un poco de actividad física podaría entrar en calor.

Algunos ejemplos de los diferentes tipos de energía que pueden convertirse en energía térmica (calor) son:

La energía mecánica se convierte en energía térmica siempre que se bota una pelota. Cada vez que la pelota rebota en el suelo parte de la energía de su movimiento (energía cinética) se convierte en calor, lo que hace que cada vez rebote menos. En las figuras siguientes se demuestra cómo pasa esto (figuras 22.1 y 22.2).

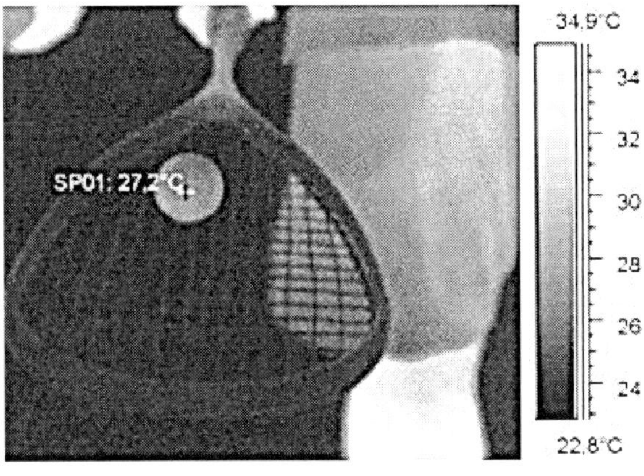

Figura 22.1. Imagen térmica infrarroja de una pelota de tenis antes (izquierda) y después (derecha) de ser golpeada por la raqueta.

Fuente: Cortesía de K.-P. Möllmann y M. Vollmer, Universidad de Ciencias Aplicadas, Brandenburg (Alemania).

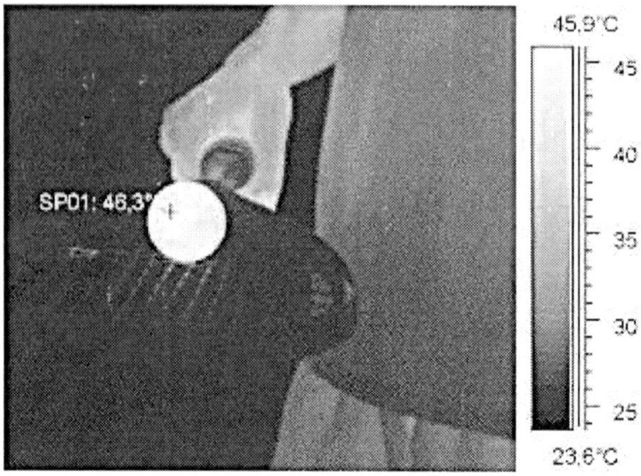

Figura 22.2. Imagen térmica infrarroja de una pelota de tenis antes (izquierda) y después (derecha) de ser golpeada por la raqueta.

Fuente: Cortesía de K.-P. Möllmann y M. Vollmer, Universidad de Ciencias Aplicadas, Brandenburg (Alemania).

La energía térmica puede ser transferida de unos objetos a otros haciendo que se calienten. Cuando se calienta agua en una cazuela, el calor de la estufa hace que las moléculas de ésta empiecen a vibrar más deprisa y se caliente la cazuela. Esto, a la vez, causa que las moléculas de agua se muevan más deprisa y se calienten. Por lo tanto, al calentar algo lo que se hace es incrementar la velocidad de las moléculas. La energía eléctrica se convierte en térmica cuando se usan estufas eléctricas, tostadores o bombillas.

Los cuerpos humanos convierten en energía química los alimentos que consumen en calor. La luz del Sol se convierte en calor y hace que la superficie de la Tierra esté caliente. Cuanta más energía se introduce en un sistema, más activas se ponen sus moléculas. Cuanto más rápido se mueven las moléculas, más energía térmica o calor producen. La cantidad de calor en una sustancia está determinada por la rapidez con que se mueven las moléculas, que además depende de cuánta energía tiene el sistema.

22.1 DIFERENCIA ENTRE CALOR Y TEMPERATURA

Cuando se calienta un objeto, su temperatura aumenta. A menudo se piensa que calor y temperatura son lo mismo. Sin embargo, éste no es el caso. Están relacionados entre sí, pero son conceptos diferentes.

El calor es la energía total del movimiento molecular en una sustancia, mientras que la temperatura es una medida de la energía molecular media. El calor depende de la velocidad de las partículas, su número, tamaño y tipo; la temperatura, en cambio, no depende de tales factores. Por ejemplo, la temperatura de un vaso pequeño de agua puede ser la misma que la de un cubo de agua, pero éste tiene más calor porque posee más agua y por lo tanto más energía térmica total.

El calor es lo que hace que la temperatura aumente o disminuya. Si se añade calor, la temperatura aumenta; si se quita, disminuye. Las temperaturas más altas tienen lugar cuando las moléculas se están moviendo, vibrando y rotando con mayor energía.

Si se toman dos objetos que tienen la misma temperatura y se ponen en contacto, no habrá transferencia de energía entre ellos porque la energía media de las partículas en cada objeto es la misma. Pero si la temperatura de uno de los objetos es más alta que la del otro, habrá transferencia de energía del objeto más caliente al más frío hasta que los dos alcancen la misma temperatura.

22.2 Medición de temperatura

La temperatura no es energía sino una medida de ella; sin embargo, el calor sí es energía. Se han inventado muchos equipos para medir la temperatura de forma precisa. Todo empezó con el establecimiento de una escala de temperaturas, la cual permite asignar un número a cada medida de la temperatura.

A principios del siglo XVIII, Gabriel Fahrenheit (1686-1736) creó la escala que lleva su nombre. Él asignó al punto de congelación del agua una temperatura de 32 grados y al punto de ebullición una de 212 grados. Su escala está anclada en estos dos puntos.

Años más tarde, en 1743, Anders Celsius (1701-1744) inventó la escala Celsius. Usando los mismos puntos de anclaje, asignó al punto de congelación del agua una temperatura de 0 grados y al de ebullición una de 100 grados. La escala Celsius se conoce como el sistema universal, dado que es el que se usa en la mayoría de los países y en todas las aplicaciones científicas.

Hay un límite a la temperatura mínima que un objeto puede tener. La escala Kelvin está diseñada de forma que este límite es la temperatura 0. La relación entre las diferentes escalas de temperatura es la siguiente:

Kelvin (°K)	Celsius (°C)	Fahrenheit (°F)
°K = 273,15 + °C	°C = (5/9)*(°F-32)	°F = (9/5)*°C+32

Relación de la temperatura

Detalle	Kelvin (°K)	Celsius (°C)	Fahrenheit (°F)
El agua hierve a	212	100	373
La temperatura ambiente es de	72	23	296
El agua se congela a	32	0	273
Cero absoluto	-460	-273	0

En la temperatura del cero absoluto no hay movimiento ni calor. Es cuando todo el movimiento atómico y molecular se detiene y es la temperatura más baja posible. El cero absoluto tiene lugar a 0 grados Kelvin, –273,15 grados Celsius o –460 grados Fahrenheit. Todos los objetos tienen una temperatura más alta que el cero absoluto y por lo tanto emiten energía térmica o calor.

La temperatura es la energía media de las moléculas que componen una sustancia. Los átomos y las moléculas no siempre se mueven a la misma velocidad. Esto significa que hay un rango de energías entre ellas. En un gas, por ejemplo, las moléculas se mueven en direcciones aleatorias y a diferentes velocidades . A veces estas moléculas colisionan entre sí.

Cuando esto ocurre, las moléculas que se mueven más deprisa transfieren parte de su energía a las que se mueven más despacio, lo que hace que las más rápidas se ralenticen y las más lentas se aceleren. Si se pone más energía en el sistema, la velocidad media de las moléculas se incrementa, por lo cual se produce energía térmica o calor. Por lo tanto, temperaturas altas corresponden a sustancias que tienen un movimiento medio molecular mayor.

En un objeto frío las moléculas se mueven lentamente y en uno caliente se mueven deprisa. Al poner dos objetos en contacto, sus movimientos moleculares medios se igualan. Cuando esto ocurre, se dice que han alcanzado equilibrio térmico.

22.3 Termodinámica

Energía calorífica. La suma de la energía potencial y de la energía sintética de un sistema no permanece siempre constante.

De una manera general, la energía mecánica total de un sistema disminuye con el frotamiento y los choques. Si, por ejemplo, se frena un cuerpo durante su caída por un plano inclinado, de forma que su velocidad permanezca constante, se producirá una disminución de su energía potencial sin que aumente su energía cinética. Pero en todos los fenómenos de esta naturaleza se produce calor: el fósforo de las cerillas se inflama por frotamiento, las herramientas se calientan al labrar los metales, etc. Si una bala de plomo se dispara contra una placa de acero, se puede alcanzar, en el momento del choque, una temperatura superior a su punto de fusión. El calor debe, por consiguiente, considerarse como una forma de energía, hipótesis que se ve corroborada por la posibilidad de producir trabajo mecánico consumiendo calor, por ejemplo, en las máquinas de calor.

Otras formas de energía

Eléctrica. La corriente eléctrica es uno de los numerosos fenómenos que pueden producir trabajo mecánico o calor. La primera transformación se realiza en los motores y la inversa de los generadores electromagnéticos de corriente (dínamos, alternadores). En todos los conductores por los que pasa una corriente hay una producción de calor, conocida como efecto de *joule*; la transformación contraria directa, es decir, de calor en electricidad, se observa en las pilas termoeléctricas y basta calentar una de las dos soldaduras de dos metales diferentes que forman parte de un circuito para que se engendre en él mismo una corriente. De ello se deduce que existe energía eléctrica y que el paso de una corriente es en realidad un transporte de energía a lo largo de un circuito. Un condensador cargado de corriente también energía eléctrica, puesto que al descargarse es capaz de producir una corriente, pero esta energía es potencial.

Química. Las reacciones químicas tienen lugar con absorción o desprendimiento de calor, según los casos. La combustión, que es la combinación del oxígeno del cuerpo combustible o con los elementos que lo integran, revelan que una muestra de carbón y oxígeno contiene energía química potencial, que puede utilizarse al iniciar la combustión o la combinación de ambos cuerpos.

La energía química se emplea así mismo en las pilas y acumuladores eléctricos, que la transforman en energía eléctrica; el fenómeno inverso se produce en la electrólisis, en particular al cargar los acumuladores.

Las explosiones son un ejemplo de transformación de energía química en trabajo mecánico.

Radiantes. La luz se produce de diversas formas, pero la más corriente de éstas consiste en calentar cuerpos a una temperatura bastante elevada (lámpara de gas, lámpara eléctrica de incandescencia). La incandescencia es precisamente la transformación de energía calorífica en radiante.

En los fenómenos de luminiscencia, o emisión de luz en frío, interviene otra forma de energía que es mecánica en el caso de la triboluminiscencia. La ruptura de ciertos cristales que se producen, por ejemplo al machacar azúcar, provoca la aparición de luz. En la electroluminiscencia, la energía eléctrica se transforma directamente en luz sin que pase por la forma calorífica intermedia. Así acorde en los tubos de gas rarificado como el neón y los vapores de sodio y mercurio. En la quimioluminiscencia, algunas reacciones químicas, como la oxidación lenta del fósforo blanco en contacto con el aire, provocan emisión de luz, sin calentamiento apreciable. La luz emitida por las luciérnagas se debe a un fenómeno analógico, puesto que procede de las reacciones químicas que se producen durante la digestión.

La energía radiante puede convertirse en cualquiera de las otras cuatro formas de energías que se han considerado. Así, cuando una sustancia absorbe radiaciones, se calienta y este efecto calorífico es particularmente intenso en el caso de las radiaciones infrarrojas. Por otra parte, los haces luminosos dirigidos hacia los cuerpos ejercen en éstos una fuerza de empuje que produce efectos mecánicos y recibe el nombre de presión de radiación, fenómeno que explica la repulsión de la cola de cometas por los rayos solares. La transformación de energía luminosa en eléctrica tiene lugar en la fotoelectricidad al captar los electrones que emiten algunos metales cuando reciben la luz. Este fenómeno ha dado lugar a innumerables aplicaciones, entre las cuales pueden mencionarse el cine sonoro y la televisión.

Las modificaciones químicas presentes en los cuerpos bajo la influencia de la luz son numerosas y constituyen el objeto de la ciencia denominada fotoquímica, que estudia la transformación de la energía luminosa en energía química. Las plantas realizan esta transformación gracias a la clorofila, que absorbe las radiaciones solares, y la energía así almacenada se emplea para sintetizar los alimentos hidrocarbonados.

22.4 Primera ley de la termodinámica

Permítase que un sistema cambie de un estado inicial de equilibrio i a un estado final de equilibrio f, en un camino determinado, siendo e el calor absorbido por el sistema y w el trabajo hecho por él. Después se calcula el valor de $e - w$.

A continuación se cambia el sistema desde el mismo estado i hasta el estado final f, pero en esta ocasión por un camino diferente. Esto se hace una y otra vez, usando diferentes caminos en cada caso. Se encuentra que en todos los intentos $e - w$ es la misma. Esto es, aunque e y w separadamente dependen del camino tomado, $e - w$ no está sujeto, en lo absoluto, a cómo se pasa el sistema del estado i al estado f, sino sólo de los estados inicial y final (de equilibrio).

Del estudio de la mecánica se recordará que cuando un objeto se mueve de un punto inicial i a otro final f, en un campo gravitacional en ausencia de fricción el trabajo hecho depende sólo de las posiciones de los puntos y no, en absoluto, de la trayectoria por la que el cuerpo se mueve. De esto se concluye que hay una energía potencial, función de las coordenadas espaciales del cuerpo, cuyo valor final menos su valor inicial es igual al trabajo hecho al desplazar el cuerpo. Ahora, en la termodinámica, se encuentra experimentalmente que cuando en un sistema ha cambiado su estado i al f, la cantidad $e - w$ depende sólo de las coordenadas inicial y final y no, en absoluto, del camino tomado entre estos puntos extremos. Se concluye que hay una función de las coordenadas termodinámicas cuyo valor final menos su valor inicial es igual al cambio $e - w$ en el proceso. A ésta se le llama función de la energía interna, que se representa con la letra U. Entonces la energía interna del sistema en el estado f, U_f, es sólo el cambio de energía interna del sistema, y esta cantidad tiene un valor determinado independientemente de la forma en que el sistema pasa del estado i al estado f. Se tiene, entonces:

$$U_w - U_i = \Delta U = Q - W$$

Como sucede para la energía potencial, también para que la energía interna, lo que importa es su cambio. Si se escoge un valor arbitrario para la energía interna en un sistema patrón de referencia, su valor en cualquier otro estado puede recibir un valor determinado. Esta ecuación se conoce como la primera ley de la termodinámica; al aplicarla se debe recordar que e se considera positiva cuando el calor entra al sistema y que w será positivo cuando el trabajo lo hace.

La función interna w se puede ver como muy abstracta en este momento. En realidad, la termodinámica clásica no ofrece una explicación para ella, además de que es una función de estado que cambia en una forma predecible. (Función de estado significa que su valor depende sólo del estado físico del material: constitución, presión, temperatura y volumen). La primera ley de la termodinámica se convierte, en consecuencia, en un enunciado de la ley de la conservación de la energía para los sistemas termodinámicos.

La energía total de un sistema de partículas (U) cambia en una cantidad exactamente igual a la que se le agrega al sistema, menos la que se le quita. Podrá parecer extraño que se considere que e sea positiva cuando el calor entra al sistema y que w sea positivo cuando la energía sale del sistema como trabajo. Se llegó a esta convención porque fue el estudio de las máquinas térmicas lo que provocó inicialmente el estudio de la termodinámica. Simplemente es una buena forma económica tratar de obtener el máximo trabajo con una máquina de este tipo, y minimizar el calor que debe proporcionársele a un costo importante. Éstas, naturalmente, se convierten en cantidades de interés.

Si nuestro sistema sólo sufre un cambio infinitesimal en su estado, se absorbe nada más una cantidad infinitesimal de calor *de* y se hace sólo una cantidad infinitesimal de trabajo *dw*, de tal manera que el cambio de energía interna *dU* también es infinitesimal. Aunque *dw* y *de* no son diferencias verdaderas, se puede escribir la primera ley diferencial en la forma:

$$dU = de - dw$$

Es posible expresar la primera ley en palabras diciendo que todo sistema termodinámico en un estado de equilibrio tiene una variable de estado llamada energía interna *U* cuyo cambio *dU* en un proceso diferencial está dado por la ecuación antes escrita.

La primera ley de la termodinámica se aplica a todo proceso de la naturaleza que parte de un estado de equilibrio y termina en otro. Se dice que si un sistema está en estado de equilibrio cuando se puede describir por medio de un grupo apropiado de parámetros constantes del sistema como presión, el volumen, la temperatura, el campo magnético y otros, la primera ley sigue verificándose si los estados por los que pasa el sistema de un estado inicial (equilibrio) a su estado final (equilibrio), no son ellos mismos estados de equilibrio. Por ejemplo, es posible aplicar la ley de la termodinámica a la explosión de un cohete en un tambor de acero cerrado.

Hay algunas preguntas importantes que no puede decir la primera ley. Por ejemplo, aunque dice que la energía se conserva en todos los procesos, no aclara si un proceso en particular puede ocurrir realmente. Esta información la da una generalización enteramente diferente, llamada segunda ley de la termodinámica, de la cual depende una gran parte de los temas relacionados con esta materia.

22.5 Segunda ley de la termodinámica

Las primeras máquinas térmicas construidas fueron dispositivos muy eficientes. Sólo una pequeña fracción del calor absorbido de la fuente de alta temperatura se podía convertir en trabajo útil. Aun al progresar los diseños de la ingeniería, una fracción apreciable del calor absorbido se sigue descargando en el escape de una máquina a baja temperatura, sin que pueda convertirse en energía mecánica. Sigue siendo una esperanza diseñar una máquina que pueda tomar calor de un depósito abundante, como el océano, y convertirlo íntegramente en trabajo útil. Entonces no sería necesario contar con una fuente de calor, una temperatura más alta que el medioambiente quemando combustibles. De la misma manera, podría esperarse que se diseñara un refrigerador que simplemente transportara calor, desde un cuerpo frío a otro caliente, sin que tenga que gastarse trabajo exterior.

Ninguna de estas aspiraciones ambiciosas viola la primera ley de la termodinámica. La máquina térmica sólo podría convertir energía calorífica completamente en energía mecánica al conservarse la energía total del proceso. En el refrigerador simplemente se transmitiría la energía calorífica de un cuerpo frío a otro caliente sin que se perdiera energía en el proceso. Hasta el momento no se ha logrado ninguna de estas aspiraciones y hay razones para creer que nunca se alcanzarán.

La segunda ley de la termodinámica, que es una generalización de la experiencia, es una exposición cuyos artificios de aplicación no existen. Se tienen muchos enunciados de la segunda ley, cada uno de los cuales destaca un aspecto de ella, pero se puede demostrar que son equivalentes entre sí.

Clausius la enunció como sigue: "No es posible para una máquina cíclica llevar continuamente calor de un cuerpo a otro que esté a temperatura más alta, sin que al mismo tiempo se produzca otro efecto (de compensación)". Este enunciado desecha la posibilidad ambiciosa en relación con el refrigerador, ya que éste implica que para transmitir calor continuamente de un objeto frío a otro caliente, es necesario proporcionar trabajo de un agente exterior.

Por experiencia se sabe que cuando dos cuerpos se encuentran en contacto fluye calor del caliente al frío. En este caso, la segunda ley elimina la posibilidad de que la energía fluya del cuerpo frío al caliente y así determina la dirección de la transmisión del calor. La dirección se puede invertir solamente por medio de gasto de un trabajo.

Kelvin (con Planck) enunció la segunda ley con palabras equivalentes a las siguientes: es completamente imposible realizar una transformación cuyo único resultado final sea cambiar en trabajo el calor extraído de una fuente que se encuentre a la misma temperatura. Este enunciado elimina las ambiciones de la máquina térmica, ya que implica que no se puede producir trabajo mecánico sacando calor de un solo depósito, sin devolver ninguna cantidad de calor a un depósito que esté a una temperatura más baja.

Para demostrar que los dos enunciados son equivalentes, es necesario demostrar que si cualquiera de los enunciados es falso, el otro también debe serlo. Supóngase que es falso el enunciado de Clausius, de tal manera que se pudiera tener un refrigerador que operara sin que se consumara el trabajo. Es posible usar una máquina ordinaria para extraer calor de un cuerpo caliente, para hacer trabajo y devolver parte del calor a un cuerpo frío.

Pero al conectar el refrigerador "perfecto" al sistema, este calor regresaría al cuerpo caliente, sin gasto de trabajo, y así quedaría utilizable de nuevo para su uso en una máquina térmica. De ahí que la combinación de una máquina ordinaria y el refrigerador "perfecto" formará una máquina térmica que infringe el enunciado de Kelvin-Planck, o se puede invertir el argumento.

Si el enunciado Kelvin-Planck fuera incorrecto, se tendría una máquina térmica que sencillamente tomara calor de una fuente y lo convirtiera por completo en trabajo. Conectando esta máquina térmica "perfecta" a un refrigerador ordinario, es posible extraer calor de un cuerpo ordinario, de un cuerpo caliente, convertirlo completamente en trabajo, usar este trabajo para mover un refrigerador ordinario, extraer calor de un cuerpo frío, y entregarlo, con el trabajo convertido en calor por el refrigerador, al cuerpo caliente.

El resultado neto es una transmisión de calor desde un cuerpo frío a otro caliente, sin gastar trabajo, lo que infringe el enunciado de Clausius.

La segunda ley dice que muchos procesos son irreversibles. Por ejemplo, el enunciado de Clausius específicamente elimina una inversión simple del proceso de transmisión de calor de un cuerpo caliente a otro frío. Algunos procesos no sólo no pueden regresarse por sí mismos sino que ninguna combinación de procesos puede anular el efecto de un proceso irreversible sin provocar otro cambio correspondiente en otra parte.

22.6 Tercera ley de la termodinámica

En el análisis de muchas reacciones químicas es necesario fijar un estado de referencia para la entropía. Éste siempre puede escoger algún nivel arbitrario de referencia cuando sólo se involucra un componente; para las tablas de vapor convencionales se ha escogido 320 °F. Sobre la base de las observaciones hechas por Nernst y otros, Planck estableció la tercera ley de la termodinámica en 1912, así: la entropía de todos los sólidos cristalinos perfectos es cero a la temperatura de cero absoluto.

Un cristal "perfecto" es aquel que está en equilibrio termodinámico. En consecuencia, comúnmente se establece la tercera ley en forma más general: la entropía de cualquier sustancia pura en equilibrio termodinámico tiende a cero a medida que la temperatura lo hace.

La importancia de la tercera ley es evidente. Suministra una base para el cálculo de las entropías absolutas de las sustancias, las cuales pueden utilizarse en las ecuaciones apropiadas para determinar la dirección de las reacciones químicas.

Una interpretación estadística de la tercera ley es más bien sencilla, puesto que la entropía se ha definido como:

$$S = kln\Omega$$

En donde k es la constante de Bolzmall y Ω es la probabilidad termodinámica. En vista de la anterior disertación, la tercera ley equivale a establecer que:

$$\Omega \rightarrow 1 \text{ Cuando } T \rightarrow 0.$$

Esto significa que sólo existe una forma de ocurrencia del estado de energía mínima para una sustancia que obedezca la tercera ley.

22.7 Calor y temperatura

Mediante el contacto de la epidermis con un objeto se percibe frío o calor. Estos conceptos son totalmente relativos y sólo se pueden establecer en relación con un cuerpo de referencia como, por ejemplo, la mano.

Lo que se percibe con más precisión es la temperatura del objeto o, más exactamente, la diferencia entre la temperatura del mismo y la de la mano que lo toca. Ahora bien, aunque la sensación experimentada sea tanto más intensa cuanto más elevada la temperatura, se trata sólo una apreciación muy poco exacta que no puede considerarse como medida de temperatura. Para efectuar esta última se utilizan otras propiedades del calor, como la dilatación, cuyos efectos son susceptibles.

Con muy pocas excepciones, todos los cuerpos aumentan de volumen al calentarse y disminuyen cuando se enfrían. En el caso de los sólidos, el volumen suele incrementarse en todas las direcciones; se puede observar este fenómeno en una de ellas con experiencia del pirómetro del cuadrante.

El pirómetro del cuadrante consta de una barra metálica apoyada en dos soportes, uno de los cuales se fija con un tornillo, mientras que el otro puede deslizarse y empujar una palanca acodada terminada por una aguja que recorre un cuadrante o escala cuadrada. Cuando, mediante un mechero, se calienta fuertemente la barra, ésta se dilata y el valor del alargamiento, ampliado por la palanca, aparece en el cuadrante.

Otro experimento igualmente característico es el llamado del anillo de Gravesande. Este aparato se compone de un soporte del que cuelga una esfera metálica cuyo diámetro es ligeramente inferior al de un anillo del mismo metal, por el cual puede pasar cuando las dos piezas están a la misma temperatura. Si se calienta la esfera y deja el anillo a la temperatura ordinaria, aquélla se dilata y no pasa por el anillo; en cambio puede volver a hacerlo una vez enfriada o en caso de que se hayan calentando simultáneamente y a la misma temperatura la esfera y el anillo.

La dilatación es, por consiguiente, una primera propiedad térmica de los cuerpos, que permite llegar a la noción de la temperatura.

La segunda magnitud fundamental es la cantidad de calor que se supone reciben o ceden los cuerpos al calentarse o enfriarse, respectivamente.

La cantidad de calor que hay que proporcionar a un cuerpo para que su temperatura aumente en un número de unidades determinado es tanto mayor cuanto más elevada es la masa de dicho cuerpo y es proporcional a lo que se denomina calor específico de la sustancia de que está constituido.

Cuando se calienta un cuerpo en uno de sus puntos, el calor se propaga a los que son próximos y la diferencia de temperatura entre el punto calentado directamente y otro situado a cierta distancia es tanto menor cuanto mejor conducto del calor es dicho cuerpo. Si la conductibilidad térmica de un cuerpo es pequeña, la transmisión del calor se manifiesta por un descenso rápido de la temperatura entre el punto calentado y otro próximo. Así sucede con el vidrio, la porcelana, el caucho, etc. En el caso contrario, por ejemplo con metales como el cobre y la plata, la conductibilidad térmica es muy grande y la disminución de temperatura entre un punto calentado y el otro próximo es muy reducida.

De lo anterior se desprende que el estudio del calor sólo puede hacerse después de haber definido de una manera exacta los dos términos relativos al propio calor, es decir, la temperatura, que se expresa en grados, y la cantidad de calor, que se expresa en calorías.

Habrá que definir después algunas propiedades específicas de los cuerpos en su manera de comportarse con respecto al calor y la conductibilidad térmica.

22.8 Escalas de medición de la temperatura

Las dos escalas de temperatura de uso común son la Celsius (llamada anteriormente "centígrada") y la Fahrenheit. Éstas se encuentran definidas en términos de la escala Kelvin, que es la escala fundamental de temperatura en la ciencia.

La escala Celsius de temperatura usa la unidad "grado Celsius" (símbolo °C), igual a la unidad "kelvin". Por esto los intervalos de temperatura tienen el mismo valor numérico en las escalas Celsius y Kelvin. La definición original de la escala Celsius se ha sustituido por otra que es más conveniente. Si se hace que T_c represente la escala de temperatura, entonces:

$$T_c = T - 273{,}15°$$

Se relaciona la temperatura Celsius T_c (°C) y la temperatura Kelvin $T(K)$. El punto triple del agua (= 273,16K por definición), corresponde a 0,01 °C. La escala Celsius se definió de tal manera que la temperatura a la que el hielo y el aire saturado con agua se encuentran en equilibrio a la presión atmosférica –el llamado punto de hielo– es 0,00 °C y la temperatura a la que el vapor y el agua líquida están en equilibrio a 1 atm de presión –el llamado punto del vapor– es de 100,00 °C.

La escala Fahrenheit todavía se usa en algunos países de habla inglesa, aunque usualmente no se usa en el trabajo científico. Se define que la relación entre las escalas Fahrenheit y Celsius es:

$$T_F = 32 + 9/5T_c$$

De esta relación se concluye que el punto del hielo (0,00 °C) es igual a 32,0 °F, y que el punto del vapor (100,0 °C) es igual a 212,0 °F, y que un grado Fahrenheit es exactamente igual a 5/9 del tamaño de un grado Celsius.

Teoría cinética de los gases

La termodinámica se ocupa sólo de variables microscópicas como la presión, la temperatura y el volumen. Sus leyes básicas, expresadas en términos de dichas cantidades, no se ocupan para nada de que la materia está formada por átomos. No obstante, la mecánica estadística, que estudia las mismas áreas de la ciencia que la termodinámica, presupone la existencia de los átomos. Sus leyes básicas son las leyes de la mecánica, las que se aplican en los átomos que forman el sistema.

No existe una computadora electrónica que pueda resolver el problema de aplicar las leyes de la mecánica individualmente a todos los átomos que se encuentran en una botella de oxígeno, por ejemplo. Aun si el problema pudiera resolverse, los resultados de estos cálculos serían demasiados voluminosos para ser útiles.

Afortunadamente, no son importantes las historias individuales detalladas de los átomos que hay en un gas, si sólo se trata de determinar el comportamiento microscópico del gas. Así, se aplican las leyes de la mecánica estadísticamente, con lo que se evidencia que es posible expresar todas las variables termodinámicas como promedios adecuados de las propiedades atómicas. Por ejemplo, la presión ejercida por un gas sobre las paredes de un recipiente es la rapidez media, por unidad de área, a la que los átomos de gas transmiten ímpetu a la pared, mientras chocan con ella. En realidad, el número de átomos en un sistema microscópico casi siempre es tan grande que estos promedios definen perfectamente las cantidades.

Se pueden aplicar las leyes de la mecánica estadísticamente a grupos de átomos en dos niveles diferentes. Al nivel llamado teoría cinética, en el que se procede de una forma más física, usando para promediar técnicas matemáticas bastantes simples.

En otro nivel, son aplicables las leyes de la mecánica usando técnicas más formales y abstractas que las de la teoría cinética. Este enfoque, desarrollado por J. Willard Gibbs (1839-1903) y Ludwig Boltzmann (1844-1906), entre otros, se llama mecánica estadística, un término que incluye la teoría cinética como una de sus ramas. Usando estos métodos se pueden derivar las leyes de la termodinámica, y establecer esta ciencia como una rama de la mecánica. El florecimiento pleno de la mecánica estadística (estadística cuántica) comprende la aplicación estadística de las leyes de la mecánica cuántica, más que las de la mecánica clásica para sistemas de muchos átomos.

22.9 Termometría

Equipos

Para la medición de temperatura existen en el mercado diversos equipos que van desde gama alta a gama baja; algunos para mediciones directas y otros para mediciones indirectas de temperatura. Los hay analógicos o digitales, desde bajo rango hasta alto rango de medición, de diferentes tamaños de carátula o escala de medición, varios diámetros y longitudes, como es el caso de las termocuplas, los RTD, los termistores, el circuito integrado, los termómetros de muro y los de vidrio, entre otros.

Algunos de los equipos más comunes de uso industrial, doméstico y del sector médico son:

Termómetros de vidrio: son equipos de contacto directo para medición de temperatura, generalmente con columna de mercurio y de bajos rangos de medición.

Conjunto de estudios y técnicas sobre la medida de la temperatura

Termometría eléctrica

La temperatura es una variable física que influye en diferentes fenómenos naturales, industriales, de laboratorio, etc., que hacen que sea importante su medida y control (fotografía 22.5).

De contacto. Están en relación directa con el proceso. Por ejemplo, el termómetro de vidrio (de líquido metálico y de líquido orgánico), líquido y elemento elástico, de presión de vapor y elemento elástico, de dilatación de una varilla, bimetálicos y eléctricos (termocuplas, termorresistencias y circuitos integrados).

Sin contacto. Pirómetros ópticos (de densidad espectral y comparación de colores).

Métodos de mediciones especiales. Punto de fusión, cambio de color en rótulos con tinta, conos pirométricos, cristales líquidos.

Nota: Los rangos de medición de estos instrumentos varían entre –200 y 3000 °C.

La temperatura se mide en grados Celsius o Fahrenheit:

- Conversión de grados Fahrenheit a centígrados:

$$T°C = 5/9\ (T\ °F - 32)$$

- Conversión de grados centígrados a Fahrenheit:

$$T°F = 1{,}8\ T\ °C + 32$$

Termocuplas

Circuito formado por dos conductores de metales diferentes, soldados por sus extremos, que al ser calentados generan energía eléctrica (*mV*), lo que es proporcional al calor censado en la unión. Las termocuplas más comunes son: tipo J (de 0 a 200 °C) tipo K (de – 200 a 1250 °C) tipo R y S (de 0 a 1370 °C), etc.

Tabla 22.1
Termocuplas

Aleación	Rango	Tipo
Cu (+)- Constante(-)	-200-400 (600)	T
Fe (+)- Constante (-)	-200-700 (900)	J
NiCr (+)- NiAl (-)	-200-1300	K
NiCr (+)- Constante (-)	-270-1000	E
PtRh10 (+)- Pt (-)	0-1300 (1600)	S
PtRh13 (+)- Pt (-)	0-1300 (1600)	R
PtRh30 (+)- PtRh (-)	0-1500 (1800)	B

Fuente: Memorias pasantías SIC 1993.

RTD

Aleación	Rango	Tipo
Cu-100	0-180	RTD
Ni-100	-60-180	RTD
Pt-100	-200-750 (850)	RTD
Pt-50	-200-750 (850)	RTD
Pt-25, 500, 1000	-200-550	RTD

Fuente: Memorias pasantías SIC 1993.

Termistores

Aleación	Rango	Tipo
NTC	-80-150	Termistor
PTC	40-270	Termistor

Circuito integrado

Rango
-50-150

Fuente: Memorias pasantías SIC 1993.

Termorresistencias

RTD

Coeficiente positivo de temperatura. Son sensores resistivos que aumentan su resistencia de acuerdo con la temperatura que están censando. Las más utilizadas son PT100 (una resistencia de 100 ohmio a 0 °C), PT50, PT500, PT1000, PT2000.

Termistores (coeficiente negativo de temperatura)

Son sensores de alta impedancia (alta resistencia) que al contacto con la temperatura disminuye su resistencia. Éste es proporcional a la temperatura medida.

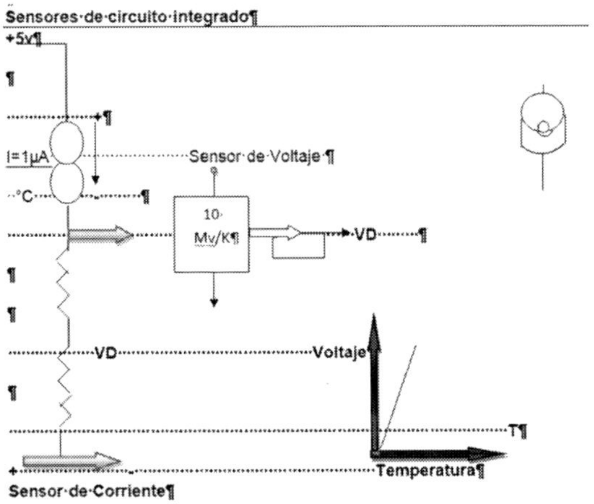

Figura 22.3. Ventajas de los sensores de circuito integrado.

Fuente: Memorias de la pasantía en termometría SIC, 1993.

Ventajas de los sensores de circuito integrado

De salida proporcionalmente lineal a la temperatura absoluta (1µ A/K–10 mV/K).

- Son de alta sensibilidad.
- Bajo costo.
- Desventajas.
- Temperatura < 200 °C.

- Requiere fuente de potencia.
- Presenta respuesta lenta.
- Presenta autocalentamiento.
- Poca versatilidad.

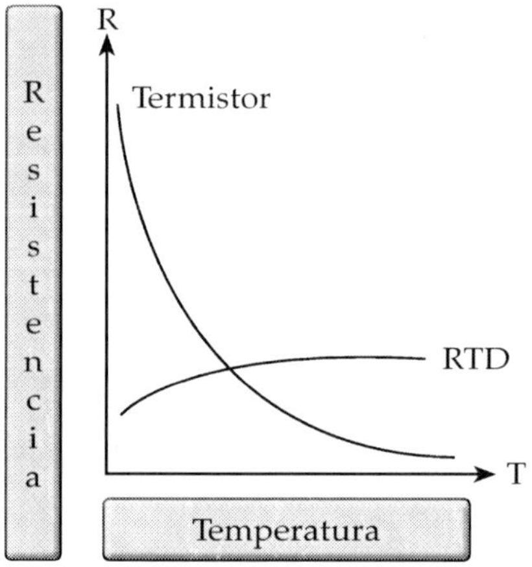

$$1/T = A + B\,(L_nR) + C\,(L_nR)^3$$

Figura 22.4. Resistencia y temperatura.

Fuente: Memorias de la pasantía en termometría SIC, 1993.

Termisores

Ventajas

- Alta sensibilidad (varios cientos de ohms por °C). En una RTD 0,39 Ω por °C.
- Tamaño reducido, poca inercia, respuesta rápida.
- Medición con dos cables.

Desventajas

Fuertemente alineal y dependiente de los parámetros que intervienen en el proceso de fabricación, lo cual hace difícil dar una curva normal para los diversos fabricantes.

- RM limitado –80 °C a 150 °C.
- Presentan fragilidad.

- Elemento pasivo.
- Requiere fuente de corriente.
- Presenta autocalentamiento.

Aplicaciones

- Para medir temperaturas.
- Medir diferencias de temperaturas.
- Compensación de temperatura.
- Control de temperatura.
- Medición y control de nivel de líquidos.
- Éstos se designan generalmente por su resistencia a 25 °C.

Termómetros de resistencia

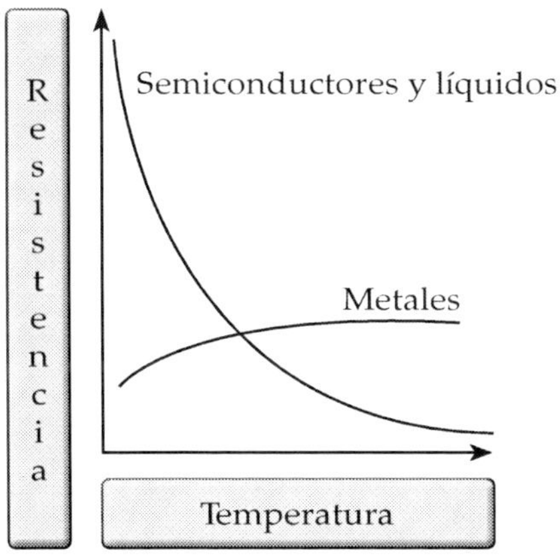

Figura 22.5. Termómetros de resistencia.

Fuente: Memorias de la pasantía en termometría SIC, 1993.

Generalidades

La resistencia de los materiales cambia al paso de la corriente con la temperatura. Se exigen algunas cualidades en los materiales usados para la fabricación de RTD.

- Presentan estabilidad en sus propiedades químicas y físicas.

- Buena reproducibilidad en los valores resistencia versus temperatura.
- Cambio continuo y regular en la curva resistencia versus temperatura.

El coeficiente de temperatura α, la razón de la resistencia *W*, al igual que la resistencia específica, deben ser lo más grandes posibles con el fin de que las dimensiones del sensor sean mínimas. Respuesta rápida.

Durante la medición, la RTD debe estar protegida de influencias externas como por ejemplo presión, humedad, atmósferas corrosivas, deformaciones, etc. Para caracterizar una RTD metálica se utiliza el coeficiente de temperatura dado por:

$$\alpha = [R100 - R0] / \Delta T\ R0 \text{ o por } W\,(100) = R100 / R0.$$

Las tablas de valores de referencia resistencia versus temperatura, dadas por las normas, deben corresponder en el valor de α o *W*, a la termorresistencia en uso.

Entre los metales más usados en la construcción de termorresistencias están el níquel, el cobre y el platino.

Termómetro de resistencia de níquel

Para fines técnicos, se utiliza alambre de níquel con un α de 6,17 × 10-3 K-1. El níquel se utiliza (cada vez menos) para mediciones de temperatura entre 0 y 150 °C en funcionamiento continuo y por corto tiempo hasta 180 °C. Por su alto coeficiente de temperatura, para la misma resistencia y la misma corriente es posible medir con un termómetro de níquel en rangos más pequeños que con un termómetro de platino.

Termómetro de resistencia de cobre

Se caracteriza porque en su rango de uso (0-120 °C) es prácticamente lineal, lo cual facilita medir diferencias de temperatura. Por su tendencia a la oxidación, se utiliza a las temperaturas cercanas a la del ambiente y máximo hasta 120 °C. El cobre tiene un α de $4{,}26 \times 10^{-3}$ k-1. Algunas veces el cambio en la resistencia de cobre con la temperatura se utiliza para conocer la temperatura de bobinados de cobre empleados en aparatos eléctricos.

Por su baja resistividad, respecto del platino y del níquel, se debe usar alambre de cobre muy delgado para la fabricación de un termómetro de pequeñas dimensiones y respuestas rápidas.

Tabla 22.2
Especificaciones para termómetros de pequeñas especificaciones

Material	Resistencia específica a 20 °C	Unidad
Cu	0,017	$\Omega mm^2/m$
Ni	0,28	$\Omega mm^2/m$
Pt	0,106	$\Omega mm^2/m$

Fuente: Memoria de la pasantía SIC, 1993.

Termómetros de resistencia de platino

Son los que mejor cumplen con los requisitos exigidos para la construcción de termómetros. Se caracterizan, principalmente, porque con ellos se consiguen las más altas exactitudes en la medición de temperaturas (± 0,001 K), razón por la cual son utilizados para la realización de la escala práctica internacional de temperatura (IPTS), con la ayuda de fórmulas de interpolación.

22.10 Proceso de calibración

Los instrumentos para medición de temperatura se deben calibrar periódicamente, pues a causa del tratamiento térmico, mecánico o químico a que están expuestos, aparecen variaciones en su lectura. El método por comparación del instrumento contra un patrón es el más flexible y utilizado.

La exactitud de este método depende de la uniformidad en la temperatura conseguida en el medio de comparación (baño, horno, etc.), de su estabilidad, al igual que de la exactitud de los patrones usados. Éstos, en general, deben ser más exactos que el instrumento por calibrar.

La calibración de los sensores de temperatura siempre se hace en conjunto, o sea sensor más indicador de temperatura. En la hoja de trabajo se debe registrar la información tanto del sensor como del indicador (marca, modelo, serie, etc.).

En temperatura existen dos métodos de calibración:

- Por comparación del equipo contra un patrón de referencia (generación).
- En puntos fijos (calibración puntual).

El método por comparación o calibración por generación ofrece la ventaja de ser más flexible en lo referente a la facilidad de generar o reproducir la temperatura a la cual se desea hacer la calibración. La exactitud de este método depende de la uniformidad en temperatura conseguida en el medio de comparación (horno, baño, banco, etc.), de su estabilidad, así como de la exactitud de los patrones usados para hacer la comparación. En general, éstos deben ser más exactos que el instrumento por calibrar: un buen patrón de calibración debería ser unas diez veces más exacto que el equipo por calibrar.

Ejemplo: Si se tiene un equipo de temperatura para calibración con una resolución de 0,1 °C, la resolución del equipo patrón deberá ser diez veces mejor, o sea 0,01 °C. Para el cálculo de la resolución del equipo patrón se puede emplear la siguiente operación:

$$RE/10 = RP$$

$$0{,}1\ °C/10 = 0{,}01\ °C$$

Donde:
RE = resolución del equipo por calibrar.
10 = constante.
RP = resolución ideal del equipo patrón.

En la calibración puntual (puntos fijos) hay mayor exactitud, pues la temperatura ya se conoce con anterioridad (lo que evita la contribución del patrón en el error), y además, si su pureza es suficiente, da mayor estabilidad. La desventaja de este método de calibración en puntos fijos, además del alto costo, es la necesidad de efectuar una construcción especial para cada punto y la reproducción de temperatura, sólo en puntos discretos. Este método se utiliza, principalmente, debido a su alta exactitud para la calibración de termómetros que posean alta precisión y exactitud, como en el caso de los patrones primarios de temperatura.

En el montaje de los sensores, ya sea para medición o calibración, éstos deben contar con la profundidad de inmersión suficiente para evitar las fugas de calor a lo largo del vástago, de la cubierta o del tubo de protección del termómetro. En los termopares, esto es válido también para la juntura de referencia. En lo posible, los sensores se deben desmontar del tubo de protección para la calibración. Los instrumentos indicadores de temperatura deben ubicarse en la posición especificada (en el manual o en la carátula del equipo), libres de vibraciones o interferencias de tipo ambiental que puedan ocasionar errores en la medición. Esto es válido, principalmente, para los equipos de bobina móvil.

En la calibración de termómetros deben tenerse en cuenta, y ojalá incluir en el protocolo de calibración, los siguientes puntos:

Termopar (sensor). Tipo de termopar, método de medición de termotensión, profundidad de inmersión, resistencia del termopar, incluyendo la de los conductores. Este dato es importante principalmente para los medidores de termotensión de bobina móvil.

Termopar (indicador). Tipo de equipo, fabricante, número de serie, modelo, clase, rango, resolución, posición durante la medición, resistencia externa, temperatura ambiente.

Termorresistencia (sensor). Tipo (cobre, platino, etc.) y valor nominal de la resistencia, método de medición de la resistencia (bobina cruzada, puente de Wheatstone, etc.), número de conductores, corriente usada para la medición de la resistencia, profundidad de inmersión.

Termorresistencia (indicador). Tipo de equipo, fabricante, número de serie, modelo, clase, rango, resolución, posición durante la medición, resistencia externa, temperatura ambiente.

Calibración mediante el método de comparación

La calibración por comparación se realiza con alguno de los siguientes medios de comparación:

- Baño líquido o lecho fluidizado.
- Horno de bloque metálico (vertical).
- Horno cilíndrico horizontal.

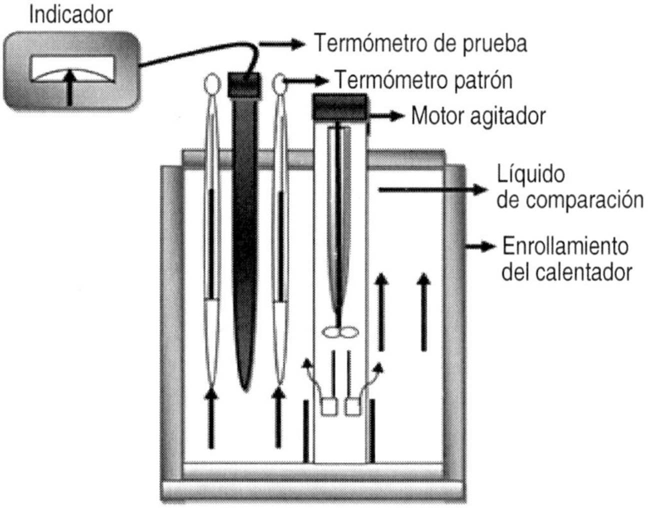

Figura 22.6. Baño para calibración de termómetros.

Los patrones que se pueden utilizar son:

- Termómetros de vidrio.
- Termorresistencias.
- Termopares.

El error en la indicación, valores de resistencia o de termotensión, deben ser conocidos con suficiente exactitud.

Los patrones para calibración que requiera exactitud vienen conectados a puentes (Thompson, Wheatstone, etc.) o a compensadores.

Para realizar calibraciones en el rango de –100 hasta 600 °C se usan como medio de comparación baños líquidos o de lecho fluidizado calentados ecléctricamente, como muestra la figura N° 3. La altura del líquido debe ser por lo menos de 300 mm y por medio de un agitador se debe buscar una distribución uniforme de la temperatura al interior del baño.

Como fluidos se utilizan:

- Metanol o Etanol de –100 hasta 0 °C.
- Agua desde 0 hasta 99 °C.
- Aceite mineral o siliconado de 100 hasta 250 °C.
- Mezcla por peso de 55,2 % de KNO3 + 44,8 % de NaNO2 de 180 hasta 630 °C.
- A10 (lecho fluidizado) desde 0 hasta 1000 °C.

El aceite debe ser preferiblemente de baja viscosidad, y el punto de combustión debe estar por lo menos en 50 °C por encima de su máxima temperatura de uso, durante la calibración.

Para la calibración por debajo de la temperatura ambiente, se puede enfriar uno de estos baños por medio de un serpentín, bombeando a través de ellos agua o un refrigerante enfriado, a su vez, por un criostato.

Para temperaturas hasta de 800 °C se pueden utilizar hornos de bloques metálicos calentados eléctricamente (figura 4).

El material del bloque debe ser, en lo posible, buen conductor del calor y resistente a éste. En el bloque se deben perforar huecos de, por lo menos, 300 mm de longitud, en una longitud total del bloque de 400 mm. Las perforaciones deben ser paralelas al eje longitudinal y estar centradas a la misma distancia de los bordes del bloque. El diámetro debe ser ligeramente superior al de los termómetros. Como material para el bloque se puede utilizar alguno de los siguientes materiales:

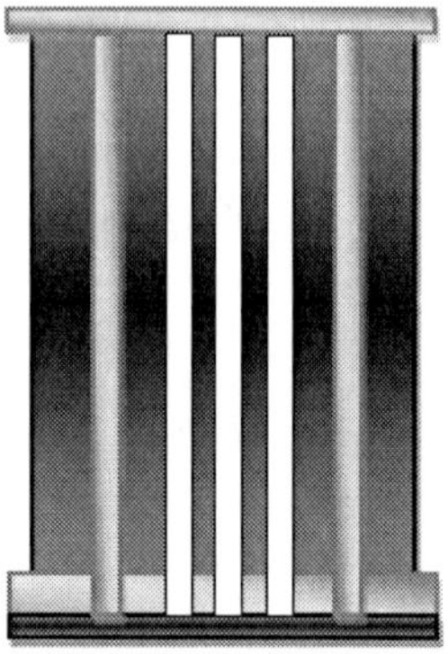

Figura 22.7. Tanque para calibración de termómetros.

- Aluminio y cobre hasta 500 °C.
- Aluminio y bronce hasta 750 °C.
- Níquel puro hasta 800 °C.

Debe comprobarse la uniformidad en temperatura a lo largo de los huecos y entre ellos mismos utilizando, por ejemplo, un arreglo para medir diferencias de temperatura con termopares. La temperatura, generalmente, disminuye en dirección a la parte superior del bloque. Esta disminución de temperatura puede acentuarse aumentando la densidad de vueltas del calentador eléctrico hacia la parte superior del horno o incluso utilizando un calentador adicional sobre la superficie del bloque.

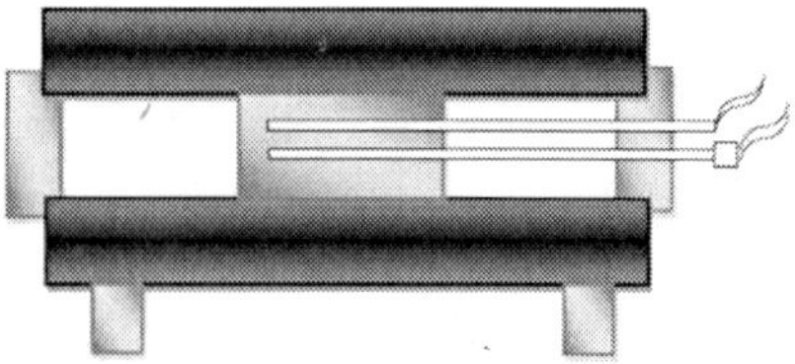

Figura 22.7. Bloque para calibración de termocuplas.

Para temperaturas hasta 1300 °C se utilizan hornos cilíndricos de, por lo menos, 600 mm o más de longitud. La uniformidad en temperatura es mejor cuando el enrollamiento del calentador es más denso en los extremos del horno y, además, se utiliza un bloque metálico homogeneizado dentro del horno de unos 150 mm de longitud y sobre un tubo de cerámica que proteja el enrollamiento del calentador y lo aísle eléctricamente. Durante la calibración, los extremos del horno deben taparse con un material aislante con el fin de evitar corrientes de aire dentro del tubo.

Observaciones importantes

Los termopares de metales nobles deben usarse dentro del bloque con un tubo de protección fabricado en cerámica.

En una longitud de por lo menos 100 mm, a lo largo del bloque homogeneizado, no deben presentarse diferencias de temperatura superiores de 0,5 a 1 °C.

Si no se utiliza bloque homogeneizado, los sensores no deben tener contacto con las paredes del horno.

Debe comprobarse, como en el caso del horno de bloque metálico, si la distribución de temperatura en el bloque homogeneizado es homogénea.

Tubos de protección que se hayan utilizado para termopares de metales comunes no deben usarse para termopares de metales nobles.

Cuando se comparan termopares de metales nobles con termopares de metales comunes, éstos últimos deben aislarse de los primeros en tubos de protección.

Antes de tomar las lecturas durante la comparación, se debe mantener la temperatura constante, por lo menos diez minutos.

Debe tenerse la precaución de que, antes de la lectura, todos los termómetros se encuentren a la misma temperatura, principalmente si se está usando un horno de bloque metálico o uno cilíndrico.

Las oscilaciones en temperatura deben ser mínimas con respecto al límite de error permitido.

Se debe comprobar periódicamente el buen funcionamiento de los patrones de referencia utilizados en la prueba.

Los termopares no deben ser arqueados o agudamente doblados, esto ocasiona heterogeneidades en los termohilos, lo cual se puede evidenciar en los resultados de medición. Éstos van a depender de la temperatura a lo largo de los alambres.

Las termorresistencias, patrones de referencia, se deben controlar después de cada medición a 0 °C.

Un termómetro se puede calibrar en sitio por comparación con otro termómetro patrón, sin desconectarlo del indicador, acercando un horno para calibración apropiado al sitio donde se encuentra el termómetro y verificando su lectura.

Es práctico, algunas veces, montar el patrón en lugar del termómetro de prueba en el tubo de protección o termopozo para minimizar las influencias espaciales y de tiempo. Se repite varias veces la operación (mínimo cinco).

También se puede montar el termómetro patrón en un tubo de protección y poner éste junto al tubo de protección donde se encuentra el termómetro en prueba. Este método es, generalmente, menos exacto que los anteriores.

Si un termopar, a través de su uso, se ha vuelto heterogéneo, puede presentar diferentes resultados de calibración al aplicar los diversos métodos, puesto que la profundidad de inmersión y el gradiente de temperatura a lo largo del termopar suelen ser diferentes en el sitio de trabajo y el el horno para calibración.

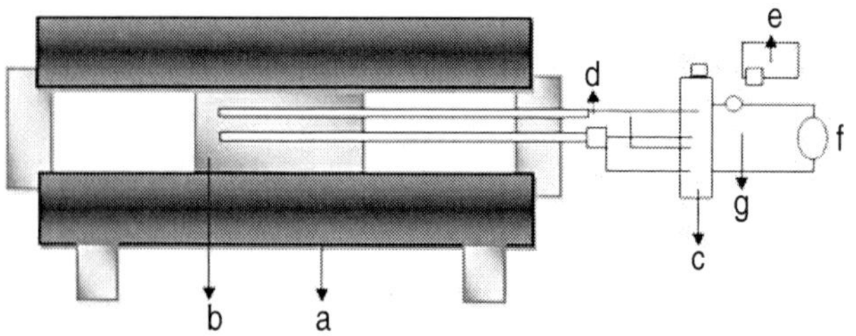

Figura 22.8. Bloque para calibración de termocuplas.

Mediciones de la temperatura sin paso de corriente

- Horno.
- Bloque homogeneizador.
- Temperatura de referencia.
- Termómetro patrón y termómetro de prueba.
- Fuente de mV.
- Medidor de mV.
- Detector de cero.

Debe procurarse que cuando se esté calibrando la velocidad de cambio de la temperatura en un punto no sobrepase 0,1 °C/min, dependiendo de la exactitud que se quiera obtener durante la prueba.

Después de estabilizada la temperatura del horno (por lo menos unos diez minutos), se toma la lectura con un comparador, como se ilustra en la figura 5 , leyendo la indicación del patrón (valor real) y después la del instrumento o equipo en prueba (valor indicado). Si se tiene un solo patrón N y tres equipos de prueba P1, P2, P3, se leen en la siguiente secuencia: N-P1-P2-P3-N-P3-P2-P1-N y en el caso en que haya dos patrones N1 y N2: N1-P1-P2-P3-N2; N2-P3-P2-P1; N2-P3-P2-P1-N1; N1-P1-P2-P3-N2.

De los valores leídos para cada termómetro se saca el promedio en cada uno de ellos y el último valor se toma como lectura de cada termómetro; en el caso de los patrones, si en su correspondiente tabla de calibración aparece algún error, debe ser corregida la lectura del patrón respectivo.

Con los resultados obtenidos se genera alguna o toda la siguiente información:

Registro de calibración (ver modelo). Debe tomarse un número de puntos de calibración suficiente para, que en caso de interpolar el error, se ajuste a las necesidades de exactitud, en una medición que se realice con el termopar que se calibró.

Gráfico. Se puede realizar un gráfico con los datos obtenidos para interpolar entre puntos. Debe tenerse en cuenta que cuantos más puntos se hayan obtenido de la calibración, mayor la exactitud con que se puede interpolar.

Ecuación. Se calibra el termopar en un número suficiente de puntos de acuerdo con el número de constantes que tenga la ecuación del termopar en particular (Norma IEC-584) para el rango de temperatura en el que se desee calibrar el termopar. Por ejemplo, para el caso de la termocupla tipo *K* y en el rango de 0 a 1372, la ecuación es:

$$E = [\Sigma 9i=0 \text{ bi Ti}]+0{,}1186 \exp [-5x10-4\{(Ti-127)/65\}2]$$

E = termómetro en mV
T = temperatura real (°C)

Se observa de la ecuación que es necesario medir *E* y *T* en nueve puntos, pues son nueve las constantes que hay que hallar y que definen la relación Fem vs. *T* del termopar particular que se desea calibrar.

Se resuelve el sistema de nueve ecuaciones simultáneas para hallar las nueve constantes *b* (*E* y *T* se miden y por tanto son conocidas).

Hallar las *b*, se remplazan en la ecuación y por medio de ésta se puede generar inmediatamente:

- Una tabla de calibración
- Una gráfica o
- Hallar un valor numérico para *E* en una temperatura determinada (o viceversa).

Este último procedimiento de trabajar con la ecuación permite generar la gráfica o interpolar numéricamente con la mayor exactitud. Sin embargo, a causa del alto número de dígitos con que se trabaja, al orden relativamente alto de los polinomios y al número de ecuaciones simultáneas que hay que resolver, es poco práctico aplicarlo si no se cuenta con un computador.

Si en la ecuación anterior se remplazan las constantes dadas en la norma, se obtiene la tabla de valores que da la norma.

22.11 CALIBRACIÓN CONJUNTO INDICADOR-SENSOR

También es posible, y más sencillo, calibrar el conjunto instrumento indicador-sensor (termopar conectado al indicador), para lo cual se compara la lectura dada en °C por el indicador, contra la temperatura medida por el patrón (figura 7). Realizando este procedimiento con varias temperaturas se genera una tabla de error o de corrección a la lectura del instrumento (ver registro de calibración).

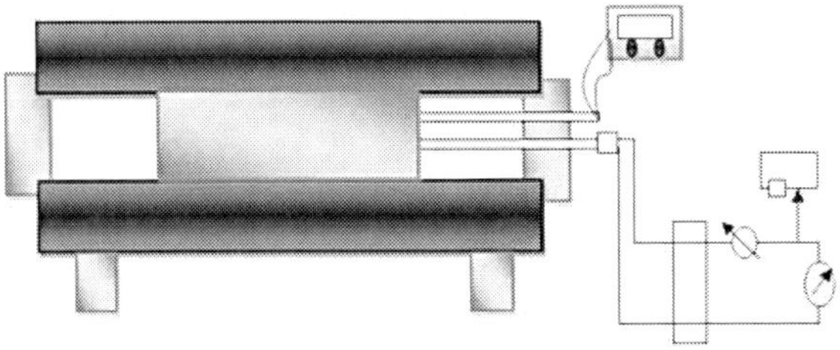

Figura 22.9. Bloque para calibración de termocuplas.

Cálculo del error:

Error = lectura del equipo en prueba – temperatura real del equipo patrón en °C

Corrección = –Error

En puntos intermedios se interpola linealmente, teniendo en cuenta que el error por linealidad que tenga el indicador influye en el error al interpolar.

El medio de comparación puede ser un baño líquido o un horno; los patrones pueden ser termómetros de vidrio, termorresistencias o termopares.

Procedimiento de calibración de un sistema de temperatura en hornos túnel.

Un horno túnel puede contener variedad de equipos de temperatura, unos controlando, registrando o monitoreando puntos críticos y otros sólo controlando parámetros no críticos para el proceso.

Generalmente, un horno túnel contiene tres etapas: de calentamiento, de quema y de enfriamiento (figura 22.10). En cada una de ellas pueden existir equipos para controlar puntos críticos de temperatura, cuya indicación, en la mayoría de los casos, va a un tablero de control, como las termocuplas, termorresistencias, etc.

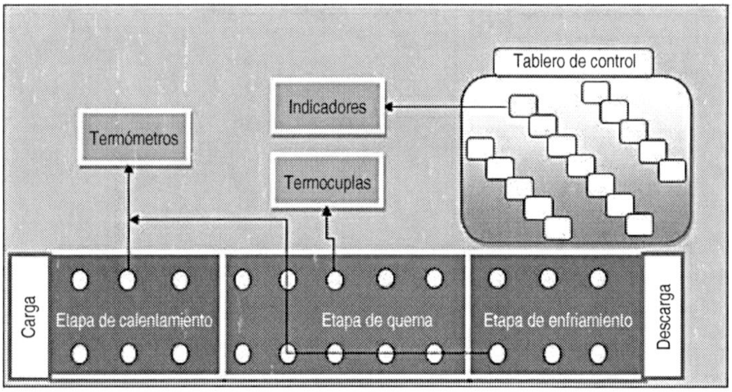

Figura 22.10. Horno túnel.

La función de metrología es detectar e intervenir metrológicamente los equipos que se utilizan en las mediciones críticas de temperatura y que afectan la calidad de los productos que allí son cocidos.

La calibración de un sistema de temperatura en hornos túnel puede realizarse mediante el sistema de generación o comparación, utilizando para ello patrones trazables y de precisión, si es posible, diez veces mejores que los equipos instalados en el horno.

Calibración por generación. Se realiza cuando el sistema de temperatura lo permite. Consiste en instalar el equipo patrón (calibrador de procesos, hornos, bancos secos etc.) y generar en toda la escala mínimo diez puntos que incluyan 0 %, 50 % y 100 % de la capacidad del equipo.

La prueba se realiza en forma ascendente y descendente, tomando mínimo cinco valores en cada punto de calibración. Una buena calibración requiere por lo menos diez lecturas.

Calibración por comparación. Esta prueba de calibración consiste en comparar un valor de temperatura dado por un equipo patrón, contra el valor de temperatura registrado en el equipo que se encuentra en calibración. Para una buena calibración es indispensable que se tomen mínimo cinco valores en diferentes periodos de tiempo, en un punto específico o en varios puntos de medición diferentes si el sistema lo permite.

La calibración por generación o por comparación podrá realizarse en un solo punto cuando el sistema de medición así lo requiera, tomando mínimo cinco lecturas en periodos iguales de tiempo.

- Criterios para tener en cuenta en la calibración de equipos de temperatura en un laboratorio metrológico o lugar de operación

El laboratorio o la organización que realiza la prueba de calibración deberá ser una entidad acreditada, preferiblemente según los lineamientos de la normativa vigente que regula la acreditación de laboratorios de calibración, y mantener un sistema de gestión de la calidad y buenas prácticas profesionales para cumplir con los requisitos del cliente.

Mantener patrones trazables vigentes, nacional o internacionalmente, con un nivel de exactitud y capacidad de medición aptos para la prestación del servicio de calibración.

Contar con procedimientos documentados y validados que contengan los pasos claros para realizar las pruebas de calibración.

Procedimiento documentado y validado para el cálculo de la incertidumbre de la medición.

Personal altamente calificado para realizar las pruebas de calibración, formados en la variable de temperatura con conocimientos claros del uso y operación de los equipos de medición y patrones de referencia.

Un laboratorio que cumpla con su infraestructura locativa y condiciones ambientales controladas para garantizar la confiabilidad de los resultados.

Registro periódico del control de las condiciones ambientales del laboratorio de calibración.

Programa de mantenimiento, verificación y calibración de los equipos patrones de referencia utilizados en el laboratorio.

Registro de calibración, formato de certificado de calibración y rótulos diseñados para la identificación del estado de los equipos de medición.

Pasos para la calibración

Seleccionar el equipo por calibrar e inspeccionar, visualmente y mediante la operación, que se encuentre apto para realizar la prueba.

Permitir que el equipo por calibrar alcance las condiciones ambientales para realizar la prueba según especificaciones del laboratorio; esta ambientación debe realizarse como mínimo 30 minutos dejando el equipo en el laboratorio de metrología y en las condiciones ambientales requeridas.

Seleccionar el equipo patrón de acuerdo con las especificaciones del instrumento por calibrar, en lo posible diez veces más preciso. La selección del equipo patrón se hace de forma tentativa; su principal requisito es que cumpla con su nivel de exactitud, que sea trazable a patrones nacionales o internacionales, que su calibración esté vigente y contenga la incertidumbre de medición calculada por el ente que lo patronó.

Quien realiza la prueba de calibración debe ser una persona competente designada por la organización, que tenga conocimientos metrológicos demostrables, que conozca con profundidad el método de calibración.

Llenar el formato con los datos del instrumento (marca, modelo, número de serie, propietario, fecha de calibración, rangos y clase de exactitud).

Dejar estabilizar la temperatura hasta que no existan variaciones mayores a más o menos 0,2 °C.

Toma de datos.

Análisis de datos.

Cálculo de errores:

Temperatura correcta = temperatura indicada + corrección a la indicación.

Donde:

Corrección a la indicación es la desviación encontrada con respecto al patrón.

Temperatura indicada, corresponde a la indicación del instrumento.

Calcular el promedio de los valores obtenidos y determinar el error del instrumento en cada rango calibrado. El error será la diferencia entre el valor promedio y el valor nominal del patrón.

Promedio: Σ de todos los valores/El número de mediciones en cada punto (5)

Calcular y registrar el error obtenido en cada punto de medición así:

Error = Promedio (valor medido) – Valor bloque (patrón)

Otro parámetro para tener en cuenta es la incertidumbre de medición del equipo que puede calcularse por medios estadísticos como la desviación estándar de los valores obtenidos en la calibración.

Incertidumbre de la medición tipo A

- Calcular la incertidumbre de medición tipo A mediante la siguiente ecuación:

$$S = \frac{\sqrt{\sum_{i=1}^{n} (xi - \bar{x})^2}}{(n-1)}$$

Incertidumbre de la medición tipo B

- Calcular la incertidumbre de medición tipo B mediante la siguiente ecuación:

$$\mu B = \frac{a}{\sqrt{3}} \text{ (para equipos analógicos)}$$

$$\mu B = \frac{a}{\sqrt{12}} \text{ (para equipos digitales)}$$

Donde:
a = a valor dado por el fabricante
$\sqrt{3}$ = constante

Incertidumbre de la medición combinada

- Se calcula la incertidumbre de medición combinada mediante la siguiente ecuación:

$$Uc = \sqrt{(Ua)^2 + (Ub)^2 + (Up)^2}$$

Donde:
Uc = incertidumbre de medición combinada
Ua = incertidumbre de medición tipo A
Ub = incertidumbre de medición tipo B
Up = incertidumbre de medición del equipo patrón

Incertidumbre de la medición expandida o total

- Calcular la incertidumbre de medición expandida mediante la siguiente ecuación, con el factor de cobertura de $k = 2$ para un nivel de confianza de 99,5 %.

$$Ue = 2 * Uc$$

Donde:
Ue = incertidumbre de medición expandida
2 = k=2 constante para un nivel de confianza de 95,5 %
Uc = incertidumbre de medición combinada

Verificación de resultados

Se compara el error del equipo con los límites de error permitidos por normas nacionales o recomendaciones del fabricante.

Se deben evaluar los resultados y determinar si el equipo calibrado cumple; se deben explicar para cada caso las causas por las cuales es aprobado o rechazado.

Nota 1: Un equipo calibrado es apto para su funcionamiento cuando los errores detectados en la calibración no superan los límites de error permitidos por normas, determinados por la empresa o aceptados y recomendados por el fabricante.

Nota 2: La incertidumbre de la medición es otro aspecto para tener en cuenta en el momento de aprobar un equipo de medición. No debe superar los límites de error, los intervalos de tolerancia de los procesos en los que es utilizado el equipo y ser igual o inferior a la resolución del equipo de medición.

Nota 3: Después de la calibración es importante para comprobar que el equipo de medición calibrado funciona correctamente. Se realiza con patrones trazables y haciendo la evaluación respectiva a los resultados de la calibración.

Una vez terminada, se procede a elaborar el respectivo certificado y registro de calibración (ver modelo).

Certificado de calibración

Instrumento	
Marca	
Modelo	
Serie	
Código	
Rango	
Resolución	
Solicitante	
Dirección	
Fecha de calibración	

Número de páginas:

Firmas autorizadas:

Elaboró: ____________________ Revisó: ____________________

Observaciones

Los resultados contenidos en el presente certificado se refieren al momento y las condiciones en que se realizaron las pruebas de calibración. El laboratorio de metrología no se responsabiliza de los perjuicios que puedan derivarse del uso inadecuado del equipo.

Este certificado expresa fielmente el resultado de las mediciones realizadas. Puede ser reproducido total pero no parcialmente, excepto cuando se haya obtenido permiso escrito del laboratorio que lo emite.

Método de calibración

El presente certificado contiene los errores calculados en la calibración de ________, identificado con el código N.° ________, al cual se le realizó la calibración por comparación con ________, mediante la guía N.° ________.

Condiciones ambientales del laboratorio

Temperatura	Humedad relativa

Incertidumbre de la medición

La incertidumbre de la medición expandida se obtiene multiplicando la incertidumbre de la medición combinada por el factor de cobertura $k = 2$, que corresponde a una probabilidad del 99,5 % aproximadamente, según la Guía Técnica Colombiana GTC-115.

Fecha de calibración
Nombre del equipo
Marca
Rango
Resolución
Modelo
Serie
Límite de error permitido

Valor patrón	Lectura 1	Lectura 2	Lectura 3	Lectura 4	Lectura 5	Valor promedio	Error	Límite de error permitido	Cumple Sí	Cumple No	Incertidumbre de medición (±)

$$uc * 2 = ue \text{ (total)}$$

ue = incertidumbre de medición total = ____________________

Trazabilidad

Dispositivo patrón	Marca	Código	Certificado de calibración N.°	Calibrado por	Fecha de calibración	Fecha de vencimiento

Registro de calibración

Temperatura de calibración	
Humedad relativa	
Error máximo	
Incertidumbre máxima	

Observaciones

Firmas autorizadas:

Calibró: ______________________ Revisó: ______________________

23 | MEDICIONES ELÉCTRICAS

23.1 Instrumentos de medición analógicos

En algunos casos, se prefiere realizar mediciones con instrumentos analógicos en lugar de digitales porque permiten ver la magnitud de una variable de proceso y su velocidad de cambio, y observar si aumenta o disminuye. Esto puede resultar práctico cuando se observan mediciones que oscilan. En ocasiones, los instrumentos analógicos se emplean para medir variables de proceso que al parecer no tienen relación con la corriente eléctrica.

23.2 Movimiento del galvanómetro de D'Arsonval

Desarrollado por D'Arsonval en 1881, es el mecanismo sensor más común que se emplea en los amperímetros y voltímetros de corriente continua. También se emplea en medidores de corriente alterna con rectificador y puente de impedancia.

El movimiento del dispositivo indicador detecta la corriente empleando la fuerza que surge de la interacción de un campo magnético y la corriente que pasa a través de él. La fuerza se emplea para generar un desplazamiento mecánico, que se mide en una escala calibrada.

El mecanismo patentado por D'Arsonval se basa en el principio por el cual un conductor que transporta una corriente eléctrica a través de un campo magnético experimenta una fuerza determinada por la siguiente ecuación:

$$f = iL*B$$

Siendo f la fuerza en newtons en el conductor, i es la corriente en ampères, L la longitud del conductor en metros y B la densidad del campo magnético en webers/metro cuadrado.

En el mecanismo de D'Arsonval una bobina se fija en un eje que gira en dos cojinetes de joya, en un espacio entre un núcleo cilíndrico de hierro suave y dos piezas polares magnéticas. Las piezas polares crean el campo magnético y el núcleo de hierro restringe el campo al espacio de aire entre él y sus piezas polares. Al aplicar una corriente a la bobina suspendida, la fuerza resultante hará que gire. A este giro se oponen dos resortes. Las fuerzas de los resortes se calibran de modo que una corriente conocida origine una rotación de ángulos definida. El puntero del instrumento muestra la cantidad de rotación de ángulo conocido.

La desviación de la aguja es directamente proporcional a la corriente que fluye en la bobina, por ello la escala del medidor es lineal.

Cuando se aplican señales de corriente alterna a un instrumento con principio de D'Arsonval, la inercia y la amortiguación del movimiento evitan que se puedan seguir las fluctuaciones de la señal, la aguja del medidor asume una posición en la que el par promedio aplicado está compensado por los resortes del eje. El movimiento de D'Arsonval responde al valor promedio de la corriente que pasa a través de la bobina móvil. Por lo tanto, para lograr una medición de señales alternas es necesaria la rectificación de la señal.

Al movimiento de D'Arsonval también se le llama sistema magnetoeléctrico y posee dos variantes: de bobina móvil, que es el más usado, y de imán, poco usado.

23.3 Movimiento del sistema electrodinámico

Este sistema es empleado en la construcción de voltímetros y amperímetros de gran exactitud, al igual que vatímetros y medidores de factor de potencia. Las altas exactitudes que pueden ser obtenidas con este sistema se deben a la no utilización de materiales magnéticos.

En este sistema se crea un campo magnético con la corriente que se mide, esta corriente pasa por dos devanados de campo (bobinas fijas) y establece un campo magnético que interacciona con el campo producido por la corriente que circula por la bobina móvil. Sobre la bobina móvil se fija un puntero que se mueve a lo largo de una escala marcada. La fuerza con la cual se mueve este puntero es producida por la interacción de los campos magnéticos de las bobinas fijas y de la bobina móvil.

La desviación del puntero es proporcional al producto de las corrientes que circulan por las bobinas fijas y la móvil. Cuando este sistema opera en un voltímetro o en un amperímetro, las bobinas fijas y la móvil se han conectado en serie y la desviación del puntero es entonces proporcional al cuadrado de la corriente; por tal motivo, al emplear este sistema para medir tensiones o corrientes alternas se miden los valores efectivos directamente.

Cuando este sistema opera en un vatímetro, la bobina fija, de pocas espiras y baja resistencia, se conecta en serie con el circuito, mientras que la bobina móvil, de muchas espiras y elevada resistencia, se conecta en paralelo con el mismo circuito.

El principal inconveniente de los instrumentos que poseen este sistema es el alto consumo de potencia.

Existen otros sistemas de medición de uso poco difundido, entre los cuales se encuentran:

Sistema electrotérmico. Basado en la acción calorífica de la corriente eléctrica.

Sistema de inducción. Basado en la circulación de las corrientes de Foucault.

Sistema electrostático. Basado en los efectos de las cargas eléctricas en reposo.

23.4 Símbolos para los instrumentos de medida analógicos

El usuario de un instrumento de medición necesita conocer las características del equipo que está empleando, los límites y posibilidades de ampliación, etc. Para facilitar este conocimiento, todos los aparatos de medida analógicos llevan inscripciones sobre sus cuadrantes, que indican las magnitudes por medir, la clase de exactitud, el sistema de medida, etc.

Los principales sistemas que se representan por símbolos en los instrumentos analógicos son:

- Sistema de media.
- Clase de corriente.
- Número de circuitos.
- Posición de trabajo.
- Tensión de ensayo del aislamiento.
- Instrumentos digitales

Estos instrumentos indican en una pantalla digital la cantidad que se está midiendo. Algunas de sus ventajas son:

- Generalmente, la exactitud es mayores que la de los equipos analógicos.
- La lectura es en un número definido. Esto permite la eliminación del error de paralaje.
- Son fácilmente acoplables a computadoras o registradoras.

23.5 Número de dígitos

Al observar las especificaciones de un instrumento digital (voltímetro, amperímetro) es común encontrar un número que indica la capacidad de lectura del instrumento. Este número puede ser:

$$3\frac{1}{2},\ 4\frac{1}{2},\ 3\frac{3}{4}$$

Siendo lo más común para la parte fraccionaria $\frac{1}{2}$ y $\frac{3}{4}$.

La parte fraccionaria del número indica que el dígito más significativo de la pantalla (el de la izquierda) no puede variar entre 0, 1, 2 o 3. La parte entera del número indica cuántos dígitos (después del más significativo) puede variar entre 0 y 9.

Si se efectúa una medición perfecta de un valor verdadero de 3,29 V, en un multímetro de 4½ dígitos en la escala de 10 V, es necesario que la indicación del instrumento ocupe cinco dígitos de la pantalla; el dígito más significativo sólo puede tomar el valor 0 o 1, en esta medición en particular ese dígito es 0. Los siguientes dígitos pueden tomar cualquier valor, luego, por tratarse de una medición perfecta, la indicación del instrumento es 03,290 V, ya que los instrumentos digitales no presentan un cero a la izquierda de otro número; en la parte entera la indicación es 3,290 V.

Ejemplos

Número de dígitos	Valor verdadero	Lectura
$3\frac{1}{2}$	100 mV	100,0 mV
$4\frac{1}{2}$	100 mV	100,00 mV
$3\frac{1}{2}$	4 V	4,00 V
$3\frac{1}{2}$	10 V	10,00 V
$3\frac{3}{4}$	270 V	270,0 V

Rango	Número de dígitos	Lectura máxima
100 mV	$3\frac{1}{2}$	100,0 mV
200 mV	$3\frac{1}{2}$	199,9 V
400 mV	$3\frac{3}{4}$	399,9 mV
2000 Hz	$4\frac{1}{2}$	1999,9 Hz

Resolución

La resolución de un instrumento digital es el mínimo cambio que puede ser observado en la lectura del instrumento. Está relacionado con el número de dígitos de la pantalla y el rango. Un ejemplo de diferentes resoluciones para un instrumento de 3½ dígitos sería:

Rango	Resolución
100 mV	0,1 mV
1 V	0,001 V
100 V	0,01 V

Algunos instrumentos poseen resolución, por ejemplo, de 0,2 unidades o 0,3 unidades; en estos instrumentos los cambios en los dígitos menos significativos (el de la derecha) no se dan de 1 en 1 sino de 2 en 2 o de 3 en 3, respectivamente. El siguiente valor que podrá mostrar un instrumento que esté indicando 10,24 V y cuya resolución es de 0,02 V será 10,26 V. Si la resolución fuera de 0,03 V, el siguiente valor indicado sería 10,27 V.

23.6 Funcionamiento

El instrumento digital recibe la señal analógica que se está midiendo, la cual se somete a amplificación y posteriormente se digitaliza mediante un circuito analógico-digital (A/D); la señal digital se muestra en una pantalla.

La medición de cantidades alternas en instrumentos analógicos dependerán del principio de funcionamiento del medidor y podrá ser necesaria la de otros accesorios para efectuar la medición de señales alternas.

El medidor de imán fijo y bobina móvil (D'Arsonval) no puede medir cantidades alternas. Por esta razón es necesario conectarle un rectificador que bien puede ser de media onda o de onda completa.

Medición de cantidades alternas en instrumentos digitales; el principio general de estos instrumentos les permite sólo medir voltajes de corriente continua; para medir otras cantidades es necesario incluir circuitos adicionales en el medidor.

Para lograr la medición de voltajes de corriente alterna es necesario incluir un convertidor de corriente alterna a corriente continua, que bien puede ser un rectificador.

Es con este convertidor que se determina si el instrumento es "True RMS" o no. Si el convertidor empleado da una salida proporcional al valor RMS de la señal (no importa que sea sinusoidal o no), se trata de un instrumento "True RMS"; si, por el contrario, el convertidor empleado da una salida proporcional al valor promedio de la señal rectificada, el instrumento no es True RMS y sólo debe ser empleado para medir señales sinusoidales.

23.7 Errores de los instrumentos de medida

Todo instrumento de medida tiene cierto porcentaje de error que se debe generalmente a:

- Construcción del aparato
- Ajuste realizado durante su "puesta a punto".
- Desgaste sufrido durante su funcionamiento.

Como consecuencia de todo esto, los valores indicados por el instrumento difieren de los valores verdaderos de la magnitud medida.

El error que se presenta en una medición puede ser expresado de diversas maneras:

Error absoluto (Δ). Diferencia que existe entre el valor indicado por el instrumento (Ai) y el valor convencionalmente verdadero de la magnitud medida (Ar):

$$\Delta = Ai - Ar$$

En los instrumentos de medida, el error absoluto se determina por comparación de las lecturas del instrumento en prueba con las lecturas del aparato patrón.

Error relativo (B). El relativo B de un instrumento de medida es la relación entre el error absoluto Δ, definido anteriormente, y el valor máximo de la escala, $A_{\text{máx}}$.

$$= \frac{\Delta}{A_{\text{máx}}} = \frac{A_i - A_r}{A_{\text{máx}}}$$

En forma general, en los instrumentos analógicos se emplea el error relativo porcentual:

$$\% = \frac{A_i - A_r}{A_{\text{máx}}} \times 100\ \%$$

La expresión anterior se utiliza para calcular el error relativo de un instrumento analógico cuando el sector de la escala a que se refiere el error es uniforme.

Cuando el instrumento de medida analógico posee una escala comprendida entre un valor distinto de cero y otro valor, el error relativo se calcula mediante la siguiente ecuación:

$$\% = \frac{A_i - A_r}{A_{\text{máx}1} + A_{\text{máx}2}} \times 100\ \%$$

Cuando la escala del aparato de medida no es uniforme, el error relativo se calcula como:

$$\% = \frac{a_i - a_r}{a_0} \times 100\ \%$$

Donde:
a_i = parte de la escala recorrida por la aguja en mm.
a_r = parte de la escala que corresponde al valor convencionalmente verdadero.
a_0 = magnitud total de la escala en mm.

Otra forma de expresar el error relativo es con respecto al valor convencionalmente verdadero (*Ar*). Esta forma se emplea cuando la escala de medida del instrumento analógico comprende una pequeña parte de la magnitud medida, como sucede, por ejemplo, en un frecuencímetro de lengüetas.

$$\% = \frac{A_i - A_r}{A_r} \times 100\ \%$$

Como recomendación para evitar confusiones al referirse al error relativo, es bueno complementarlo con expresiones como: respecto al rango, respecto al patrón, etc.; y de ser posible, documentar en el reporte de medición la forma como se ha calculado.

En los instrumentos digitales es común emplear el error relativo a la tolerancia, que no es más que el error absoluto dividido por la tolerancia del instrumento en el punto de medición y todo esto multiplicado por 100.

$$\% = \frac{A_i - A_r}{T_{ol}} \times 100\ \%$$

La tolerancia del instrumento digital se calcula de acuerdo con las especificaciones de exactitud. La forma de cálculo se explica más adelante, y es el máximo error que se puede permitir en el instrumento en un proceso de calibración.

Cuando el error relativo a la tolerancia de una medición es 100 %, debe entenderse que el instrumento se encuentra en el límite de sus especificaciones de exactitud.

Otra manera bastante común de expresar el error en un instrumento digital es el error relativo al valor verdadero (patrón).

23.8 Especificaciones de exactitud de los instrumentos analógicos

La especificación de exactitud de un instrumento analógico se da con un número (clase de exactitud). Existen siete clases de exactitud para los instrumentos analógicos: 0,1; 0,2; 0,5; 1; 1,5; 2,5 y 5.

Para los instrumentos analógicos con ajuste mecánico del cero, la clase de exactitud es el máximo error de indicación de la magnitud medida (diferencia entre el valor indicado y el convencionalmente verdadero), expresado en porcentaje del valor final del campo de medida (valor máximo del rango).

Para los instrumentos analógicos sin ajuste mecánico de cero o de escala con gran deslinealidad de la clase de exactitud es el máximo error de indicación de la magnitud medida (diferencia entre el valor indicado y el convencionalmente verdadero), expresado en porcentaje de la longitud de escala. Para frecuencímetros de lengüeta se expresa en porcentaje del valor convencionalmente verdadero.

Si se mide un valor convencionalmente verdadero de 80 V con un voltímetro de clase 0,5 y un valor máximo de rango de 250 V, se tiene que la máxima diferencia que podrá existir (si el instrumento opera correctamente) entre el valor medido y el valor verdadero es de: ± 1,25 V.

$$= \frac{A_i - A_r}{A_{\text{máx}}} \times 100\ \%$$

$$A_i - A_r = \frac{A_{\text{máx}} B_{\%}}{100\ \%}$$

$$A_i - A_r = \pm 1,25\ V$$

Si esta misma medición se realizara con un voltímetro de clase 1, con un valor máximo de rango de 100 V, el error de indicación sería como máximo de: ± 1V.

Analizando los dos resultados se concluye que, a pesar de que el segundo instrumento (clase 1) posee una exactitud menor que el primer instrumento (clase 0,5), es el más apropiado para realizar la medición de 80 V.

Por lo anterior, se debe evitar el uso de instrumentos analógicos cuyo valor final de escala sea bastante mayor que el valor por medir. Lo más recomendable es que éste pueda ser observado en el tercio superior de la escala.

Como se verá más adelante, en los instrumentos digitales, a diferencia de los analógicos, la tolerancia (error máximo permitido) no es constante a lo largo de la escala para un rango determinado.

Especificaciones de exactitud de los instrumentos digitales

Las exactitudes de los instrumentos digitales generalmente son mejores que las de los analógicos. En las especificaciones hay tres conceptos involucrados: resolución, error constante y error porcentual.

La resolución, como ya se dijo, es el mínimo cambio que puede ser observado en el instrumento y depende del número de dígitos de la pantalla y del rango de medición. Los errores constantes son los que no varían en todo el rango del instrumento. Estos errores se expresan en términos del número de dígitos o del porcentaje de la lectura de escala completa (rango). Los errores proporcionales son, como su nombre lo indica, proporcionales a la magnitud de la indicación del instrumento, y se expresan en términos de porcentaje de la lectura. La mayoría de los fabricantes especifican la exactitud de un instrumento digital en términos de una combinación de errores constantes y proporcionales.

Algunos ejemplos serían:

± 0,01 % de la lectura + 2 divisiones de escala

± 0,02 % de la lectura + 1 mV

± 0,01 % del rango

± 0,05 % de la lectura

± 1 dígito

Si un instrumento digital de cuatro dígitos mide 5,000 V la exactitud es de 0,01 % de la lectura + un dígito, el error máximo que debe presentarse en la lectura es 0,01 % de 5 más 0,001 V, o sea 0,0015 V.

Esto sería:

$$5 \bullet 0{,}01 / 100 = 0{,}0005 + 0{,}001 = 0{,}0015 \text{ V}$$

En algunas ocasiones se emplea una expresión similar a 0,02 % de la entrada para expresar el error proporcional. Para expresar el error constante algunas veces se emplea un número de unidades de la magnitud, por ejemplo 30 μV.

Resumiendo, las especificaciones de exactitud de un instrumento digital pueden aparecer de manera similar al siguiente ejemplo:

(± 0,01 % de la lectura, ± 0,01 % de la entrada, ± 0,02 % del rango, ± 2 dígitos ± 30 μV).

La especificación de exactitud permite conocer el error tolerado en el instrumento; esto significa que en unas condiciones de referencia, al leer un valor, el instrumento no debe sobrepasar el error tolerado o tolerancia.

A continuación se calcula la tolerancia para un voltímetro digital cuya resolución es de 0,01 V y su exactitud es de ± 0,02 % de la lectura + 2 dígitos. La lectura obtenida es de 10,03 V.

$$\text{Tolerancia } = \pm\left(\frac{0{,}02}{100} \times 10{,}03 + 2 \bullet 0{,}01\right)V$$

$$\text{Tolerancia } = \pm(0{,}002006 + 0{,}02)V$$

$$\text{Tolerancia } = \pm(0{,}002006 + 0{,}02)V$$

Esta tolerancia se acostumbra expresar con la misma resolución de la lectura. Entonces:

$$\text{Tolerancia } = \pm\ 0{,}02 \text{ V}$$

Esto significa que para que el instrumento se encuentre dentro de sus especificaciones de exactitud, el valor convencionalmente verdadero (valor patrón) que produjo esta lectura debe encontrarse entre 10,01 V y 10, 05 V.

Si para el instrumento del caso anterior la especificación de la exactitud es de: ± 0,02 % de la entrada ± 2 dígitos y la entrada (valor patrón) es de 10,000 V, se tiene que la tolerancia es ahora:

$$\pm\left(10\times\frac{0,02}{10}+2\times 0,01\right)V=\pm 0,02V$$

Para que el instrumento se encuentre dentro de sus especificaciones, es necesario que la lectura del instrumento se encuentre entre 9,98 V y 10,02 V.

En la ejecución de un procedimiento de calibración, la primera forma de calcular la tolerancia (porcentaje de la lectura) no se usa. Así en las especificaciones se diga respecto de la lectura, la tolerancia es calculada como si las especificaciones fueran dadas respecto de la entrada (porcentaje de la entrada).

23.9 Física eléctrica

Materia. Todo aquello que puede ser percibido por los sentidos y ocupa un lugar en el espacio, como los metales, los gases, los líquidos, etc. Está compuesta por moléculas.

Molécula. Parte más pequeña en que puede dividirse la materia, sin que pierda sus características físicas y químicas. Está compuesta por átomos.

Átomo. Parte más pequeña en que puede dividirse un elemento (sustancia básica que no puede descomponerse en otras y que constituye toda la materia) sin que pierda sus características físicas y químicas. Está compuesto por protones, neutrones y electrones.

Los electrones más cercanos al núcleo pueden ser fijos y los más alejados, libres.

En el núcleo hay protones con carga eléctrica positiva y neutrones sin carga eléctrica.

Un átomo en estado natural tiene el mismo número de electrones y protones, por lo cual se dice que es eléctricamente neutro (cargas positiva y negativa iguales).

La corriente eléctrica está definida como el paso de electrones a través de un conductor. Es transmisión de energía (por lo cual se desplaza aproximadamente a 300.000 km por segundo), y debe existir necesariamente un círculo que permita este flujo constante de electrones.

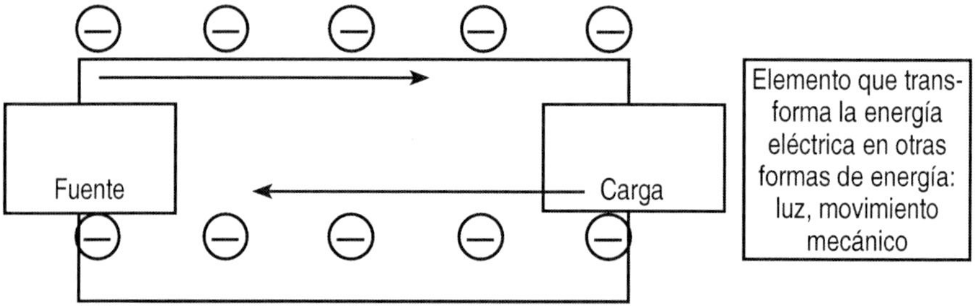

Figura 23.4. Flujo de electrones.

Clases de corriente eléctrica

Corriente continua (D.C. o C.C.). Aquella que no presenta variación ni en magnitud ni en sentido.

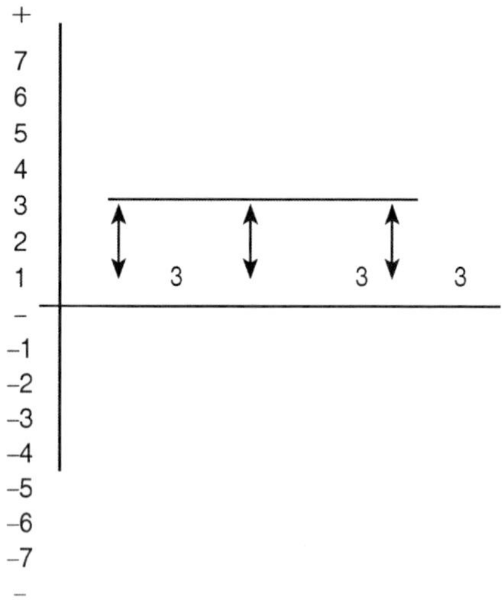

Figura 23.5. Corriente continua.

Corriente alterna (A.C.). Aquella que varía, a intervalos periódicos, tanto en magnitud como en sentido o dirección.

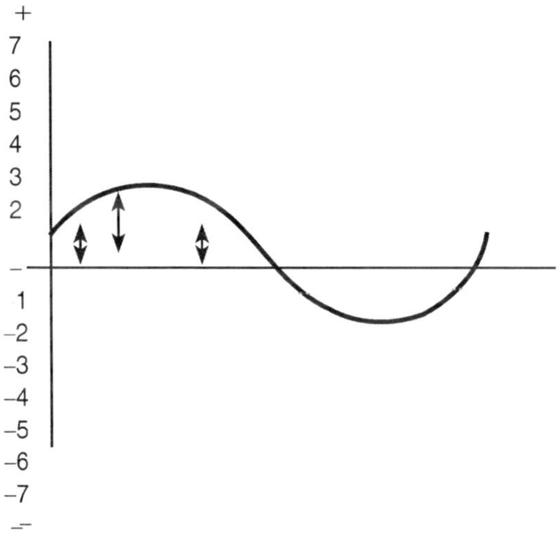

Figura 23.6. Corriente alterna.

23.10 Magnitudes eléctricas fundamentales

Intensidad, amperaje o corriente: cantidad de electrones que circula por un conductor en unidad de tiempo. La unidad para medir intensidades es el amperio.

Amperio (A). Paso de un columbio (= 6,28 × 1018 electrones) en un segundo, a través de un conductor.

Múltiplos

Kiloamperio (kA) = 1000 amperios

Megamperios (mA) = 1.000.000 de amperios

Submúltiplos

Miliamperios (mA) = 0,0001 amperio

Microamperios (mA) = 0.000.001 amperio

El instrumento adecuado para medir esta magnitud es el amperímetro, que debe conectarse en serie, interrumpiendo el circuito.

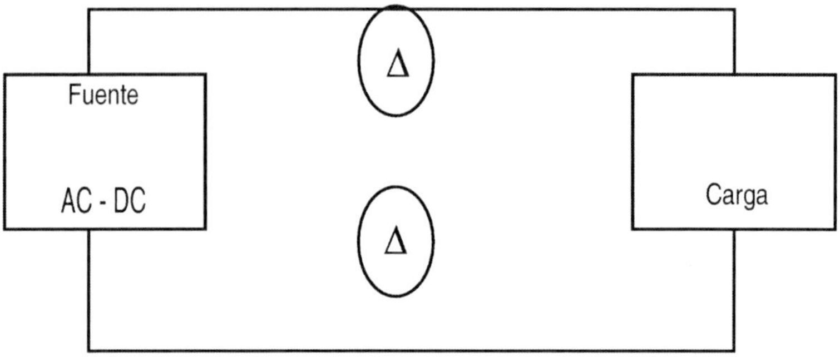

Figura 23.8. Sistema de medición.

También se puede emplear la pinza amperimétrica (pero únicamente con A.C.), en cuyo caso no es necesario interrumpir el circuito.

Figura 23.9. Sistema de medición.

Tensión, voltaje o fuerza electromotriz (E o U). Diferencia de potencial existente entre dos cargas. La unidad utilizada para medir tensiones es el volt.

Volt (V). Diferencia de potencial que causa el paso de un columbio para producir un joule de trabajo. En otros términos, volt es la diferencia de potencial eléctrico que existe entre dos puntos de un circuito, por el cual circula una corriente de un amperio, cuando la potencia desarrollada entre estos puntos es de un vatio.

Múltiplos

Kilovolt (kV) = 1000 volts

Megavolt (mV) = 1.000.000 de volts

Submúltiplos

Milivoltios (mV) = 0,001 voltio

Microvoltios (mV) = 0,000.001 voltio

El instrumento que se emplea para medir esta variable es el voltímetro, el cual se conecta en paralelo con el circuito cuya tensión se desea medir.

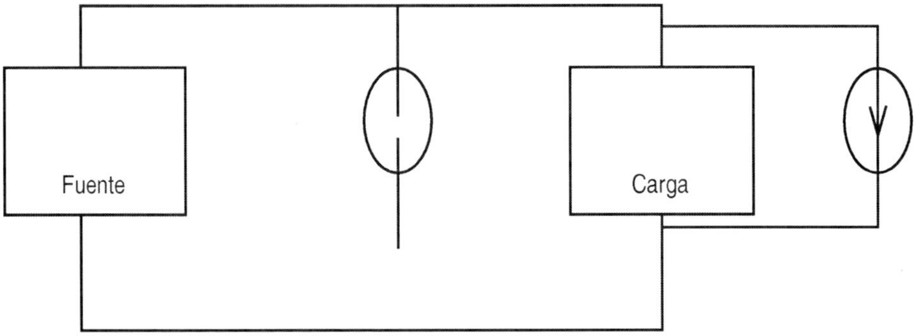

Figura 23.10. Sistema de medición.

Resistencia (R). Oposición o dificultad que ofrece un conductor al paso de la corriente. La unidad para medir es el ohmio.

Ohmio (Ω). Resistencia que ofrece una columna de mercurio de 106,3 cm de longitud y 1 mm^2 de sección al paso de la corriente.

Múltiplos

Kilohmio (kΩ) = 1000 ohmios

Megohmio (mΩ) = 1.000.000 de ohmios

Los submúltiplos, por ser unidades tan pequeñas, son de poca utilización.

El instrumento que se emplea para medir esta magnitud es el óhmetro. Al usar este instrumento, el circuito no debe tener tensión alguna, y debe conectarse en paralelo con el elemento que se desea medir. Es muy común el uso del óhmetro para medir continuidad, es decir, para ver si el circuito está o no interrumpido.

Figura 23.11. Sistema de medición.

23.11 Unidades del sistema internacional (SI)

Amperio. La unidad de intensidad de corriente en el sistema internacional de unidades (SI) es el amperio (A). Es la cantidad de electrones que fluyen en un circuito eléctrico y se mide con un instrumento llamado amperímetro.

Para medir amperios, el instrumento se conecta en serie, cerrando el circuito.

Culombio (C). Cantidad de electricidad que pasa en un segundo por cualquier punto de un circuito por el que fluye una corriente de un amperio.

Voltio (V). Unidad del SI de diferencia de potencial entre dos puntos que puede ser proporcionada por una fuente de alimentación de AC (corriente alterna) o DC (corriente continua). El voltímetro siempre se conecta en paralelo a la fuente o carga.

Vatio (W). Representa la generación o consumo de energía por unidad de tiempo. Se mide con un instrumento llamado vatímetro o se puede medir indirectamente conociendo el voltaje y la corriente eléctrica mediante la fórmula $P = V \times I$.

El contador de servicios públicos es el instrumento más conocido para medir la potencia de un circuito eléctrico.

Resistencia (-▭-). La resistencia o los resistores son dispositivos que se usan en los circuitos eléctricos para limitar el paso de corriente eléctrica. Se mide con un instrumento llamado óhmetro, y se puede medir indirectamente conociendo el voltaje y la corriente que pasa a través de él.

$$R = V / I$$

Importante: para medir ohmios, el circuito debe estar desenergizado.

23.12 Proceso de calibración

Para garantizar la uniformidad y la precisión de las medidas, los medidores eléctricos se calibran conforme a los patrones de medida aceptados para una determinada unidad eléctrica, como el ohmio, el amperio, el voltio y el vatio.

La calibración de los instrumentos amperímetro, voltímetro, óhmetro y vatímetro se hace por comparación contra equipos patrón para poder determinar los errores. Se puede realizar de dos formas:

- Calibración puntual
- Calibración por generación

Calibración puntual

Existen en la empresa algunos dispositivos de medición instalados o diseñados para medir o monitorear algún parámetro determinado, los cuales, por las condiciones de operación, no pueden ser retirados del lugar de instalación ni alterar su funcionamiento para realizar una calibración por generación.

Cuando no es posible la calibración por generación, la mejor alternativa es hacer la calibración puntual, que consiste en calibrar el dispositivo en el punto de control, o sea el parámetro que controla.

Por ejemplo, si existe un amperímetro en la empresa que constantemente debe medir o controlar 30 mA ± 0,5 mA, su calibración debe llevarse a cabo en este punto y el procedimiento es el siguiente:

- Seleccionar el dispositivo patrón adecuado.
- Hacer el acondicionamiento y montaje del dispositivo patrón de referencia, según especificaciones establecidas en la empresa.
- Tomar los datos en intervalos de tiempo no inferiores a 30 minutos. Una buena calibración debe realizarse tomando como mínimo cinco valores.
- Registrar el tiempo y cada valor en el respectivo reporte de calibración.

De los valores obtenidos se calcula la media aritmética o valor promedio y se determina el error del dispositivo calibrado estableciendo la diferencia del valor promedio menos el valor nominal (en este caso, 30 mA). El error se compara con los límites de error permitidos por normas nacionales o manuales del fabricante. Este error no debe ser superior a los límites de tolerancia del proceso ni sobrepasar los límites de error permitidos.

Otro parámetro importante para tener en cuenta es la incertidumbre de la medición, que se debe calcular según el procedimiento establecido en la empresa.

Terminada la calibración se identifica el dispositivo como calibrado, se evalúan sus resultados y se elabora el respectivo certificado de calibración.

Calibración por generación

Se realiza mediante un patrón de referencia que permita el sistema de generación como un calibrador de procesos multifuncional.

El procedimiento es el siguiente:

- Ambientar el instrumento para que alcance las condiciones nominales de la prueba.
- Seleccionar el patrón adecuado a las especificaciones del instrumento, en lo posible diez veces más preciso que el instrumento por calibrar.
- Poner en funcionamiento los equipos al menos 30 minutos antes de iniciar la calibración, con el fin de alcanzar la estabilización electrónica.

- Llenar el formato con los datos del instrumento (marca, modelo, número de serie, propietario, fecha de calibración, rangos y clase de exactitud).
- Realizar las conexiones pertinentes, previa limpieza de los bornes de entrada, teniendo en cuenta polaridad y rangos correctos.
- Para una buena calibración, deben realizarse como mínimo cinco lecturas en forma ascendente y descendente, comenzando desde cero hasta el rango máximo del dispositivo y dividiendo dicho rango en mínimo diez puntos de medición.
- Tomados todos los datos, se procede a calcular el promedio de los valores obtenidos y se determina el error del dispositivo estableciendo la diferencia entre el valor promedio y el valor nominal (en este caso el generado por el patrón de referencia) y se compara con los límites de error permitidos por normas nacionales o recomendaciones del fabricante.
- Se calcula la incertidumbre de medición según parámetros establecidos en la empresa.
- Se identifica el dispositivo calibrado y se elabora su respectivo certificado de calibración.

Procedimiento de calibración de un voltímetro analógico

Para calibrar este tipo de equipos deben usarse generadores de voltaje alterno o continuo, según el caso. Es importante tener cuidado con los altos voltajes que se pueden generar en el instrumento patrón; por esto se recomienda desactivar la salida del instrumento patrón antes de efectuar cualquier operación en el voltímetro.

Pasos importantes

- Verificación de las condiciones ambientales.
- Acondicionamiento del equipo por calibrar.
- Selección y acondicionamiento del patrón de referencia por utilizar.
- Ajuste del cero mecánico del instrumento (si lo posee). Este paso se debe realizar para cada escala del instrumento.
- Conexión del patrón de referencia al equipo sometido a prueba de calibración.

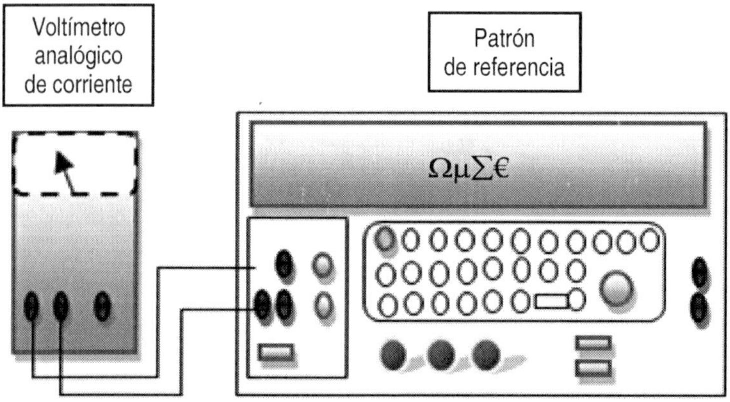

Figura 23.12. Montaje para la calibración del voltímetro.

Cálculo de errores

Para instrumentos analógicos:

El error se da en % mediante la fórmula $Eu\ \% = (Ux - Up)*100/Af$.

Donde:
Eu = error
Ux = lectura del instrumento en prueba
Up = lectura del instrumento patrón
Af = rango del instrumento

Corrección a la indicación

Valor correcto = valor indicado + corrección a la indicación

Donde:
Valor indicado = corresponde a la indicación del instrumento calibrado.
Corrección a la indicación = es la desviación encontrada con respecto al patrón.

Calcular el promedio de los valores obtenidos y determinar el error del instrumento en cada rango calibrado. El error será la diferencia entre el valor promedio y el valor nominal del patrón.

Promedio: Σ de todos los valores/ El número de mediciones en cada punto (5).

Calcular y registrar el error obtenido en cada punto de medición, así:

Error = promedio (valor medido) – valor bloque (patrón)

Otro parámetro para tener en cuenta es la incertidumbre de medición del equipo que puede calcularse por medios estadísticos, como la desviación estándar de los valores obtenidos en la calibración.

Incertidumbre de la medición tipo A

- Calcular la incertidumbre de medición tipo A mediante la siguiente ecuación:

$$S = \frac{\sqrt{\sum_{i=1}^{n}(xi - \bar{x})^2}}{(n-1)}$$

Incertidumbre de la medición tipo B

- Calcular la incertidumbre de medición tipo B mediante la siguiente ecuación:

$$\mu B = \frac{a}{\sqrt{3}} \text{ (para equipos analógicos)}$$

$$\mu B = \frac{a}{\sqrt{12}} \text{ (para equipos digitales)}$$

Donde:
a = valor dado por el fabricante
$\sqrt{3}$ = constante

Incertidumbre de la medición combinada

- Se calcula mediante la siguiente ecuación:

$$Uc = \sqrt{(Ua)^2 + (Ub)^2 + (Up)^2}$$

Donde:
Uc = incertidumbre de medición combinada
Ua = incertidumbre de medición tipo A
Ub = incertidumbre de medición tipo B
Up = incertidumbre de medición del equipo patrón.

Incertidumbre de la medición expandida o total

- Calcular la incertidumbre de medición expandida mediante la siguiente ecuación, con el factor de cobertura de $k = 2$ para un nivel de confianza de 99,5 %.

$$Ue = 2 * Uc$$

Donde:
Ue = incertidumbre de medición expandida
2 = k=2 constante para un nivel de confianza de 95,5 %
Uc = incertidumbre de medición combinada

Verificación de resultados

Se compara el error del equipo contra los límites de error permitidos por normas nacionales o recomendaciones del fabricante.

Se deben evaluar los resultados y determinar si el equipo calibrado cumple; en cada caso se deben explicar las causas por las cuales es aprobado o rechazado.

Nota 1: Un equipo calibrado es apto para su funcionamiento cuando los errores detectados en la calibración no superan los límites de error permitidos por normas, determinados por la empresa o aceptados y recomendados por el fabricante.

Nota 2: La incertidumbre de la medición es otro aspecto para tener en cuenta al aprobar un equipo de medición. Ésta no debe superar los límites de error, los intervalos de tolerancia de los procesos donde se utiliza el equipo y ser igual o inferior a la resolución del equipo de medición.

Nota 3: Es importante comprobar que el equipo de medición calibrado funciona correctamente. Esta verificación se realiza con patrones trazables y haciendo la evaluación respectiva a los resultados de la calibración.

Terminada la calibración, se procede a elaborar el respectivo certificado y registro de calibración (ver modelo).

Certificado de calibración

Instrumento	
Marca	
Modelo	
Serie	
Código	
Rango	
Resolución	
Solicitante	
Dirección	
Fecha de calibración	

Número de páginas:

Firmas autorizadas:

Elaboró: ______________________ Revisó: ______________________

Observaciones

Los resultados contenidos en el presente certificado se refieren al momento y las condiciones en que se realizaron las pruebas de calibración. El laboratorio de metrología no se responsabiliza de los perjuicios que puedan derivarse del uso inadecuado del equipo.

Este certificado expresa fielmente el resultado de las mediciones realizadas. Puede ser reproducido total pero no parcialmente, excepto cuando se haya obtenido permiso escrito del laboratorio que lo emite.

Método de calibración

El presente certificado contiene los errores calculados en la calibración de ________, identificado con el código N.° ________, al cual se le realizó la calibración por comparación con ________, mediante la guía N.° ________.

Condiciones ambientales del laboratorio

Temperatura	Humedad relativa

Incertidumbre de la medición

La incertidumbre de la medición expandida se obtiene multiplicando la incertidumbre de la medición combinada por el factor de cobertura $k = 2$, que corresponde a una probabilidad del 99,5 % aproximadamente, según la Guía Técnica Colombiana GTC-115.

$$uc * 2 = ue\ (total)$$

ue = incertidumbre de medición total = ______________

Trazabilidad

Dispositivo patrón	Marca	Código	Certificado de calibración N.°	Calibrado por	Fecha de calibración	Fecha de vencimiento

Registro de calibración

Fecha de calibración	
Nombre del equipo	
Marca	
Rango	
Resolución	
Modelo	
Serie	
Límite de error permitido	

Valor patrón	Lectura 1	Lectura 2	Lectura 3	Lectura 4	Lectura 5	Valor promedio	Error	Límite de error permitido	Cumple Sí	Cumple No	Incertidumbre de medición (±)

Temperatura de calibración

Humedad relativa

Error máximo

Incertidumbre máxima

Observaciones

Firmas autorizadas:

Calibró: ____________________ Revisó: ____________________

24 | VOLUMETRÍA

El volumen es la porción de espacio que ocupa un cuerpo, ya sea sólido, líquido o gaseoso.

Capacidad

Volumen de un fluido (líquido o gas) que puede contener o suministrar el respectivo instrumento de medición.

Flujo

Volumen de fluido que pasa a través de la sección transversal de un ducto en la unidad de tiempo.

Unidades de medida

La unidad básica de volumen, según el sistema internacional de unidades (SI), es el metro cúbico (m^3), pero debido a que resulta una unidad demasiado grande para la mayoría de los usos, en la práctica es común utilizar sus submúltiplos: decímetro cúbico (dm^3), centímetro cúbico (cm^3) y milímetro cúbico (mm^3).

Equivalencias:

Tabla 24.1
Unidades de volumen

1 dm^3	=	1 litro	=	1 l
1 cm^3	=	1 mililitro	=	1 ml
1 mm^3	=	1 microlítro	=	1 μl

Unidades que no pertenecen al sistema internacional de unidades (SI) pero son de amplio uso en Colombia

Las siguientes unidades no pertenecen al sistema internacional de unidades (SI) y deben desaparecer gradualmente, según la Superintendencia de Industria y Comercio. Sin embargo, debido a la inercia de una tecnología ya implantada, seguirán usándose en la práctica durante un buen tiempo. Por esta razón es necesario conocer sus equivalencias con las unidades del SI.

Tabla 24.2
Unidades de volumen equivalentes

Nombre		Equivalencia	
1 galón (estadounidense)	=	3,78541	l
1 pulgada cúbica	=	16,38706	ml
1 barril (estadounidense)	=	42 galones 158,99	l
1 pinta	=	473,16	ml
1 onza líquida	=	29,57	ml
1 botella	=	750	ml

24.1 Métodos de medición

Para determinar el volumen de un cuerpo se pueden utilizar diferentes métodos de medición, dependiendo de su estado natural (líquido, sólido o gaseoso), su forma, tamaño y exactitud requerida. Los métodos empleados son:

Método gravimétrico

Consiste en calcular el volumen de un cuerpo a partir del conocimiento de su masa y su propia densidad o la del fluido en que se encuentra inmerso. Este método es aplicable a cuerpos líquidos, sólidos y gaseosos, con el que se logra la mayor exactitud posible. El volumen (V) de un cuerpo se puede determinar a partir de su masa (m) y de su densidad (p).

$$V = m/p$$

La forma como se obtienen los valores de m y p dependen del caso particular.

Volumen del líquido contenido en un recipiente

Primero se debe pesar el recipiente vacío y luego con el líquido cuyo volumen se desea conocer o medir. La ecuación para obtener su valor es:

$$V = \frac{(W_2 - W_1)\left[1 - \left(\frac{p_{ai}}{p_p}\right)\right]}{(p_l - p_{ai})}$$

Donde:
W_2 = valor del recipiente lleno
W_1 = valor del recipiente vacío
p_{ai} = densidad del aire en el lugar y en el momento de la prueba
p_p = densidad de las pesas con que fue calibrada la balanza
p_l = densidad del líquido

Nota: La balanza debe calibrarse en el mismo lugar en el que se realiza la prueba de volumen.

El volumen determinado mediante la siguiente ecuación es el que tiene el líquido a la temperatura de prueba (T), pero en muchos casos es necesario conocer su volumen a una temperatura de referencia (T0) que, generalmente, es de 20 °C, para lo cual se emplea la siguiente expresión.

$$V = \frac{(W_2 - W_1)\left[1 - \left(\frac{p_{ai}}{p_p}\right)\right]}{(p_l - p_{ai})}$$

Donde:

W_2 = valor del recipiente lleno
W_1 = valor del recipiente vacío
p_{ai} = densidad del aire en el lugar y en el momento de la prueba
p_p = densidad de las pesas con que fue calibrada la balanza
p_l = densidad del líquido
k = constante para el material del equipo volumétrico
T = temperatura del líquido con el que se realiza la prueba
$T0$ = temperatura de referencia (20 °C)

Valor de las densidades

La densidad del líquido se puede determinar previamente o tomar de tablas de densidad en función de la temperatura, ya elaboradas.

Es de anotar que las tablas de densidad de que se dispone en diversas publicaciones contienen valores obtenidos a nivel del mar. Por lo tanto, para disponer de datos a otras altitudes puede ser necesario hacer correcciones si el factor de comprensibilidad del líquido (Cp) es significativamente grande.

En el caso del agua Cp = 45 * 10-6 bar-1

Para hallar la densidad del aire es necesario conocer la presión atmosférica del sitio de prueba, al igual que su temperatura, su humedad relativa y su composición. Sus valores se toman normalmente de tablas previamente elaboradas.

La densidad de las pesas con las cuales se calibró la balanza debe ser reportada en el respectivo certificado de calibración.

Coeficiente de expansión térmica (k)

Cuando se trata de materiales sólidos, el fabricante lo puede suministrar como parte de sus especificaciones; en caso contrario, se puede tomar de tablas contenidas en diversos libros y publicaciones.

En el caso de los líquidos, el *k* se obtiene a partir de las tablas de densidad previamente elaboradas.

Tabla 24.3
Coeficientes de expansión térmica

Material o sustancia	Coeficiente de expansión térmica (k) (°C)
Vidrio borosilicatado	10-2
Vidrio soda-cal	2,5*10-5
Cuarzo	1,6*10-6
Hierro	3,5*10-5
Acero inoxidable	4,5*10-5
Aluminio	7,5*10-5
Agua (a 20 °C)	2*10-4

Fuente: Laboratorio de volumetría de la pasantía en volumetría de vidrio (SIC).

Densidad del agua libre de aire para 101325 Pa como función de la temperatura Celsius, con base en la escala internacional de temperatura de 1990 (ITS-90) – kg/m^3.

Tabla 24.4
Densidad del agua libre de aire (kg/m^3)

	0	0,1	0,2	0,3	0,4	0,5	0,6	0,7	0,8	0,9
0	999,8396	999,8463	999,8528	999,8591	999,8553	999,8713	999,8771	999,8827	999,8882	999,8935
1	999,8986	999,9035	999,9082	999,9128	999,9172	999,9214	999,9254	999,9293	999,9330	999,9365
2	999,9399	999,9431	999,9461	999,9490	999,9516	999,9542	999,9565	999,9587	999,9607	999,9625
3	999,9642	999,9657	999,9671	999,9682	999,9693	999,9701	999,9708	999,9713	999,9717	999,9719
4	999,9720	999,9718	999,9716	999,9711	999,9705	999,9698	999,9689	999,9678	999,9666	999,9652
5	999,9637	999,9620	999,9602	999,9582	999,9560	999,9537	999,9513	999,9486	999,9459	999,9430
6	999,9399	999,9367	999,9333	999,9298	999,9261	999,9223	999,9184	999,9143	999,9100	999,9056
7	999,9011	999,8964	999,8915	999,8865	999,8814	999,8761	999,8707	999,8651	999,8594	999,8536
8	999,8476	999,8415	999,8352	999,8288	999,8222	999,8155	999,8087	999,8017	999,7946	999,7873
9	999,7799	999,7714	999,7647	999,7569	999,7490	999,7409	999,7327	999,7244	999,7159	999,7073
10	999,6985	999,6896	999,6806	999,6714	999,6622	999,6527	999,6432	999,6335	999,6237	999,6137
11	999,6037	999,5934	999,5831	999,5726	999,5620	999,5513	999,5405	999,5295	999,5184	999,5071
12	999,4958	999,4843	999,4726	999,4609	999,4490	999,4370	999,4249	999,4127	999,4003	999,3878
13	999,3752	999,3624	999,3495	999,3366	999,3234	999,3102	999,2968	999,2834	999,2698	999,2560
14	999,2422	999,2282	999,2141	999,1999	999,1856	999,1712	999,1566	999,1419	999,1271	999,1122
15	999,0972	999,0820	999,0667	999,0513	999,0358	999,0202	999,0045	998,9886	998,9726	998,9566
16	998,9404	998,9204	998,9076	998,8911	998,8744	998,8576	998,8407	998,8237	998,8066	998,7894
17	998,7721	998,7546	998,7371	998,7194	998,7016	998,6837	998,6657	998,6476	998,6293	998,6110
18	998,5926	998,5740	998,5553	998,5365	998,5177	998,4987	998,4796	998,4604	998,4410	998,4216
19	998,4021	998,3824	998,3627	998,3428	998,3229	998,3028	998,2826	998,2623	998,2419	998,2214
20	998,2008	998,1801	998,1593	998,1384	998,1174	998,0963	998,0751	998,0537	998,0323	998,0108
21	997,9891	997,9674	997,9455	997,9236	997,9015	997,8794	997,8571	997,8348	997,8123	997,7898
22	997,7671	997,7443	997,7215	997,6985	997,6755	997,6528	997,6300	997,6057	997,5822	997,5586
23	997,5350	997,5112	997,4874	997,4634	997,4394	997,4152	997,3910	997,3666	997,3422	997,3176
24	997,2930	997,2683	997,2434	997,2185	997,1935	997,1683	997,1431	997,1178	997,0924	997,0669
25	997,0413	997,0156	996,9898	996,9639	996,9379	996,9118	996,8857	996,8594	996,8330	996,8060
26	996,7800	996,7534	996,7267	996,6998	996,6729	996,6459	996,6188	996,5916	996,5643	996,5369
27	996,5095	996,4819	996,4542	996,4265	996,3986	996,3707	996,3427	996,3146	996,2864	996,2581
28	996,2297	996,2012	996,1726	996,1440	996,1152	996,0864	996,0574	996,0284	995,9993	995,9701
29	995,9408	995,9115	995,8820	995,8525	995,8228	995,7931	995,7633	995,7334	995,7034	995,6733
30	995,6431	995,6129	995,5826	995,5521	995,5216	995,4910	995,4603	995,4296	995,3987	995,3677
31	995,3367	995,3056	995,2744	995,2431	995,2117	995,1803	995,1487	995,1171	995,0854	995,0536
32	995,0217	994,9897	994,9577	994,9255	994,8933	994,8610	994,8286	994,7962	994,7636	994,7310
33	994,6983	994,6654	994,6325	994,5995	994,5665	994,5334	994,5002	994,4669	994,4335	994,4000
34	994,3665	994,3329	994,2992	994,2654	994,2315	994,1976	994,1635	994,1294	994,0952	994,0609
35	994,0266	993,9922	993,9576	993,9231	993,8884	993,8536	993,8188	993,7839	993,7489	993,7138
36	993,6787	993,6434	993,6081	993,5728	993,5373	993,5018	993,4661	993,4304	993,3947	993,3588
37	993,3229	993,2869	993,2508	993,2146	993,1784	993,1421	993,1057	993,0692	993,0327	992,9961
38	992,9594	992,9226	992,8857	992,8488	992,8118	992,7747	992,7376	992,7004	992,6631	992,6257
39	992,5882	992,5507	992,5131	992,4755	992,4377	992,3999	992,3620	992,3240	992,2860	992,2479
40	992,2097									

Fuente: Laboratorio de volumetría, pasantía en volumetría de vidrio (SIC).

Densidad del aire seco (kg/m^3) en función de la presión (mbar) y la temperatura (°C)

Tabla 24.5
Densidad del aire seco

mbar/ °C	10	15	20	25	30	35	40
700	0,860	0,845	0,831	0,817	0,803	0,790	0,778
720	0,884	0,869	0,854	0,840	0,826	0,813	0,800
740	0,909	0,893	0,878	0,863	0,849	0,835	0,822
760	0,934	0,917	0,902	0.887	0,872	0,858	0,844
780	0,958	0,942	0,926	0,910	0,895	0,880	0,866
800	0,983	0,966	0,949	0,933	0,918	0,903	0,889
820	1,007	0,990	0,973	0,957	0,941	0,926	0,911
840	1,032	1,014	0,997	0,980	0,964	0,948	0,933
860	1,056	1,038	1,020	1,003	0,987	0,971	0,955
880	1,081	1,062	1,044	1,027	1,010	0,993	0,977
900	1,106	1,086	1,068	1,050	1,033	1,016	1,000
920	1,130	1,111	1,092	1,073	1,056	1,038	1,022
940	1,155	1,135	1,115	1,097	1,079	1,061	1,044
960	1,179	1,159	1,139	1,120	1,102	1,084	1,066
980	1,204	1,183	1,163	1,143	1,124	1,106	1,089
1000	1,228	1,207	1,187	1,167	1,147	1,129	1,111
1020	1,253	1,231	1,210	1,190	1,170	1,151	1,133
1040	1,278	1,255	1,234	1,213	1,193	1,174	1,155

Fuente: Laboratorio de volumetría de la pasantía en volumen SIC.

Densidad del aire seco

$$Pai = Po = \frac{ToP}{TPo}$$

Donde:

Po = Diferencia del aire a la temperatura To (273,16 K) y a la presión de Po = 0,1013 mpa

P y T = presión y temperatura de trabajo

Po = 1,283 kg/m^3

Densidad del aire húmedo (20 °C)

Tabla 24.6
Densidad del aire húmedo

HR \ P (%) mbar	750	800	850	900	950	1000
40	0,887	0,947	1,006	1,066	1,125	1,185
50	0,886	0,946	1,005	1,065	1,124	1,183
60	0,885	0,945	1,004	1,064	1,123	1,182
70	0,884	0,944	1,003	1,063	1,122	1,181

Fuente: Laboratorio de volumetría de la pasantía en volumen SIC.

Método geométrico

El volumen de un cuerpo se puede calcular a partir de mediciones geométricas realizadas con instrumentos de medición de longitud y una fórmula de cálculo que depende de su forma. Este método se aplica para determinar el volumen de cuerpos sólidos como esferas y cilindros, entre otros, y de tanques de almacenamiento de gran capacidad.

Usando instrumentos, es la manera más directa de determinar el volumen de un cuerpo, pues basta con mirar la indicación del instrumento respectivo. Es frecuentemente aplicado en la medición de volumen de fluidos (líquidos y gases). Por esta razón se ha desarrollado gran variedad de instrumentos que cubren toda la gama de fluidos, capacidades de medición y exactitudes.

Se clasifican en cuatro grupos:

- Instrumentos volumétricos de laboratorio.
- Recipientes volumétricos metálicos.
- Tanques medidores de volumen.
- Medidores dinámicos.

Instrumentos volumétricos de laboratorio

Son instrumentos fabricados y ajustados para contener. Su capacidad está definida como el volumen que puede contener hasta el trazo específico, cuando su temperatura y la del fluido es de 20 °C.

La forma de ajustar el menisco, al igual que los errores máximos permitidos y las características constructivas están contenidas en la Norma Técnica Colombiana NTC-2333.

Las probetas son cilindros de vidrio que pueden ser de un solo trazo o de una escala graduada. Se ajustan para contener y su capacidad se define como el volumen de líquido que puede abarcar cuando se llena hasta el trazo especificado.

Sus características constructivas y los errores máximos permitidos están contenidos en la Norma Técnica Colombiana NTC-2321.

Las pipetas son instrumentos utilizados para suministro de líquido, cuya capacidad de un solo trazo está definida como el volumen de agua que puede suministrar cuando se llenan, ajustan y drenan. Existen dos tipos de pipetas:

Pipetas graduadas. Consistentes en un cilindro con estrechamiento cerca de la punta, sobre la cual se fija una escala graduada.

Pipetas aforadas. Son las que disponen generalmente de un bulbo en la región central de su cuerpo.

Los requerimientos generales de las pipetas están contenidos en las normas técnicas colombianas NTC-2052, NTC-2201, NTC-2200, NTC-2198 y NTC-2199.

Las buretas son instrumentos semejantes a las pipetas graduadas, pero provistas de una válvula mediante la cual se puede controlar el fluido del líquido. La capacidad asignada a un trazo de graduación se define como el volumen de agua que puede suministrar cuando se procede de acuerdo con la respectiva norma.

Los principios concernientes a los tipos de buretas están contenidos en las normas técnicas colombianas NTC-2175, NTC-2176 y NTC-2177.

- Pipetas de émbolo

Son aquellas en las cuales el drenaje no ocurre gravimétricamente sino por la acción de un émbolo, como en las jeringas. Su indicación puede ser analógica o digital.

El volumen "nominal" de líquido suministrado es aquel que indica el instrumento cuando se utiliza de acuerdo con el manual de funcionamiento.

- Dispensadores

Son instrumentos cuyo principio de suministro es el mismo que el de las pipetas de émbolo, pero de un mecanismo más complejo que permite seleccionar tanto el volumen como la velocidad de suministro. El volumen nominal obtenido es aquel que indica cuando se usa según las especificaciones del manual de funcionamiento.

Recipientes volumétricos metálicos (RVM)

Son instrumentos fabricados en metal, aptos para medir volumen de líquidos. Están constituidos por un cuerpo, un cuello (sobre el cual generalmente se halla una escala graduada) y un sistema de desagüe.

Estos recipientes presentan capacidades comprendidas entre 1 y 5000 litros y pueden ajustarse para contener o suministrar. Las características de construcción de estos recipientes se encuentran en la Norma Técnica Colombiana NTC- 3436.

Tanques medidores de volumen

Son recipientes de gran capacidad, generalmente de forma cilíndrica, provistos de una escala graduada, que se pueden emplear como simples depósitos o instrumentos de medición, dependiendo de las circunstancias. La capacidad de los tanques medidores de volumen (TMV) puede oscilar entre centenares de litros y miles de metros cúbicos.

Instrumentos de medición dinámica de volumen

Se denominan así aquellos equipos que realizan mediciones cuando el líquido se encuentra en movimiento.

24.2 Flujómetro

Instrumento diseñado para medir el volumen de un fluido que pasa en la unidad de tiempo a través de un ducto. Se encuentra una amplia gama de medidores de flujo, dependiendo del tipo de fluido por medir, del principio de medición utilizado, de la capacidad y la exactitud requeridas.

Contadores o medidores

Son equipos diseñados para indicar el volumen total de un fluido que pasa a través de un ducto, como los que se instalan en los surtidores de combustible o los contadores de agua domiciliaria. También existen contadores dependiendo del tipo de fluido por medir, del principio de medición utilizado, de la capacidad y de la exactitud requerida.

Nota: Los medidores generalmente se utilizan para efectuar el cobro del fluido suministrado a un cliente.

24.3 Calibración de instrumentos volumétricos

La capacidad de un instrumento hasta un solo trazo seleccionado se puede determinar empleando la siguiente ecuación:

$$V = \frac{(W_2 - W_1)\left[1 - \left(\frac{p_{ai}}{p_p}\right)\right]}{(p_l - p_{ai})}$$

Por norma general debe usarse agua pura (desionizada o destilada) como líquido para realizar la prueba y se supone que la temperatura del instrumento es igual a la del agua.

El proceso de calibración es el siguiente:

- Seleccionar una balanza debidamente calibrada en el lugar donde se realizará la calibración del instrumento volumétrico.
- Pesar el instrumento volumétrico por calibrar y registrar el valor en el respectivo formato de calibración.
- Medir con un termómetro calibrado la temperatura del agua y registrarla.

- Sin tarar la balanza y sobre el peso del recipiente vacío, llenar con agua hasta el trazo seleccionado cuidadosamente, sin mojar la balanza ni las paredes del instrumento en calibración.
- Llenar hasta el trazo, verificando que la superficie del agua se vea justo sobre la línea de división o el trazo seleccionado (ajuste del menisco) (figura 24.4).

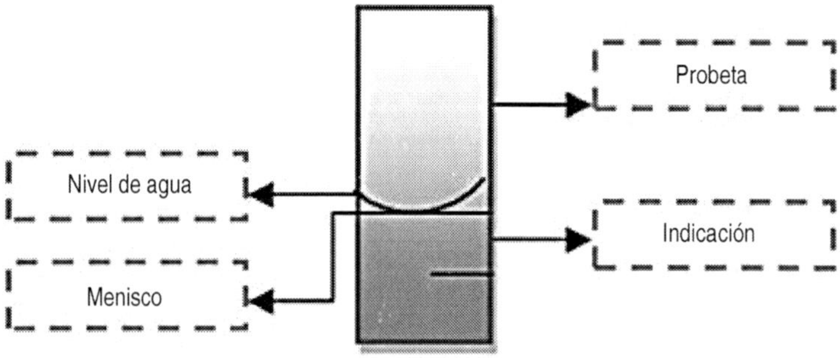

Figura 24.4. Indicación de llenado.

Se registra el valor con el recipiente lleno y se continúa realizando la operación con los demás puntos seleccionados para la prueba.

Nota: Una buena calibración requiere por lo menos cinco mediciones en cada punto. Esto indica que debe repetirse la misma operación cinco veces, para lo cual antes de cada prueba se debe secar el instrumento y no utilizar la misma agua. Después de la toma de todos los datos, se procede a calcular el volumen en cada punto según la ecuación:

$$V = \frac{(W_2 - W_1)\left[1 - \left(\frac{p_{ai}}{p_p}\right)\right]}{(p_l - p_{ai})}$$

Se calcula el error hallando la diferencia entre el valor del volumen obtenido y el valor nominal o indicación del equipo en el punto en que se realizó la calibración.

Los errores presentados se comparan con los límites de error permitidos en las normas NTC para cada instrumento calibrado.

$$E = Vp - Vn$$

Donde:
E = error
Vp = volumen promedio
Vn = volumen nominal

Se calcula la incertidumbre de medición expandida mediante los siguientes pasos:

Incertidumbre de la medición tipo A

- Calcular la incertidumbre de medición tipo A mediante la siguiente ecuación:

$$S = \frac{\sqrt{\sum_{i=1}^{n}(xi - \bar{x})^2}}{(n-1)}$$

Incertidumbre de la medición tipo B

- Calcular la incertidumbre de medición tipo B mediante la siguiente ecuación:

$$\mu B = \frac{a}{\sqrt{3}} \text{ (para equipos analógicos)}$$

$$\mu B = \frac{a}{\sqrt{12}} \text{ (para equipos digitales)}$$

Donde:
a = valor dado por el fabricante
$\sqrt{3}$ = constante

Incertidumbre de la medición combinada

- Se calcula la incertidumbre de medición combinada mediante la siguiente ecuación:

$$Uc = \sqrt{(Ua)^2 + (Ub)^2 + (Up)^2}$$

Donde:
Uc = incertidumbre de medición combinada
Ua = incertidumbre de medición tipo A
Ub = incertidumbre de medición tipo B
Up = incertidumbre de medición del equipo patrón

Incertidumbre de la medición expandida o total

- Calcular la incertidumbre de medición expandida mediante la siguiente ecuación, con el factor de cobertura de $k = 2$ para un nivel de confianza de 99,5 %.

$$Ue = 2 * Uc$$

Donde:
Ue = incertidumbre de medición expandida
2 = k=2 constante para un nivel de confianza de 95,5 %
Uc = incertidumbre de medición combinada

Una vez terminada la calibración, se elabora el respectivo certificado y registro de calibración (ver modelo).

Certificado de calibración

Instrumento	
Marca	
Modelo	
Serie	
Código	
Rango	
Resolución	
Solicitante	
Dirección	
Fecha de calibración	

Número de páginas:

Firmas autorizadas:

Elaboró: ____________________ Revisó: ____________________

Observaciones

Los resultados contenidos en el presente certificado se refieren al momento y las condiciones en que se realizaron las pruebas de calibración. El laboratorio de metrología no se responsabiliza de los perjuicios que puedan derivarse del uso inadecuado del equipo.

Este certificado expresa fielmente el resultado de las mediciones realizadas. Puede ser reproducido total pero no parcialmente, excepto cuando se haya obtenido permiso escrito del laboratorio que lo emite.

Método de calibración

El presente certificado contiene los errores calculados en la calibración de ______, identificado con el código N.° ______, al cual se le realizó la calibración por comparación con ______, mediante la guía N.° ______.

Condiciones ambientales del laboratorio

Temperatura	Humedad relativa

Incertidumbre de la medición

La incertidumbre de la medición expandida se obtiene multiplicando la incertidumbre de la medición combinada por el factor de cobertura k =2, que corresponde a una probabilidad del 99,5 % aproximadamente, según la Guía Técnica Colombiana GTC-115.

$$uc * 2 = ue\ (total)$$

ue = incertidumbre de medición total = ____________

Trazabilidad

Dispositivo patrón	Marca	Código	Certificado de calibración N.°	Calibrado por	Fecha de calibración	Fecha de vencimiento

Registro de calibración para recipientes volumétricos

ITM
LABORATORIO DE METROLOGÍA
REGISTRO DE CALIBRACIÓN

FECHA:
EQUIPO:
MARCA:
CAPACIDAD:
RESOLUCIÓN:
CLASE:
SOLICITANTE:

RESULTADOS DE LA PRUEBA

VALOR NOMINAL (ml)	W lleno EN (g)	W lleno EN (g)	W lleno EN (g)	W lleno EN (g)	W lleno EN (g)	Promedio W lleno (g)	PROMEDIO TEMPERATURA AGUA °C	DENSIDAD AGUA (g/cm^2)	DENSIDAD AIRE (g/cm^3)	Dagu-Dair EN (g/cm^3)	VOLUMEN EN (ml)	ERROR EN (ml)
100												
200												
300												
400												
500												

INCERTIDUMBRE DE MEDICIÓN: ± ____________

ERROR EN LA PRUEBA: ____________

LÍMITE DE ERROR PERMITIDO: ± ____________

TEMPERATURA DE CALIBRACIÓN INICIAL: ____________ FINAL: ____________

HUMEDAD RELATIVA INICIAL: ____________ FINAL: ____________

OBSERVACIONES

Fórmula utilizada para determinar el volumen:

$$v = \frac{(W_{ll} - W_{V})(1 - D_{air} / D_{pes})(1 - k(T - T_0))}{(D_{agu} - D_{air})}$$

K = Constante del material de vidrio ($2{,}5 \cdot 10^{-5}$) y para aceros $4{,}5 \cdot 10^{-5}$

CALIBRADO POR	REVISADO POR
____________	____________

25 | HIGROMETRÍA

La psicrometría es la ciencia que estudia las propiedades termodinámicas del aire húmedo y el efecto de la humedad atmosférica sobre los materiales y el confort humano, así como los métodos para controlar las características térmicas del aire húmedo.

Para determinar dichas características térmicas se puede utilizar la carta psicrométrica.

La representación gráfica de las propiedades termodinámicas del aire húmedo, es decir, de la mezcla de aire más vapor de agua. Con ella se pueden analizar gráficamente las propiedades esenciales del aire, lo cual, además, facilita la solución de diferentes problemas termodinámicos.

Las propiedades esenciales del aire son:

- Temperatura de bulbo seco.
- Temperatura de bulbo húmedo.
- Temperatura del punto de rocío.
- Humedad relativa.
- Humedad específica.
- Contenido de humedad y volumen específico.
- Entalpía de saturación.

La carta psicrométrica es probablemente el mejor modo de mostrar lo que les sucede al aire y al vapor de agua cuando cambian estas propiedades.

Fue publicada por la American Society of Heating, Refrigerating and Air Conditioning Engineers (Ashrae), y es la más comúnmente usada en la industria.

Para determinar todas las propiedades del aire húmedo, sólo se necesita conocer dos de las anteriores propiedades; el resto se pueden encontrar con toda facilidad (figura 25.1).

Líneas de humedad absoluta o específica

La escala de humedad absoluta es la escala vertical (ordenada) que se encuentra al lado derecho de la carta psicrométrica. Las líneas de humedad absoluta corren horizontalmente de derecha a izquierda. Se puede ver que la cantidad de humedad en el aire depende de su punto de rocío (figura 25.2).

Líneas de humedad relativa

Las líneas de humedad relativa constante son las líneas curvas que se extienden hacia arriba y hacia la derecha. Se expresan siempre en porcentaje, que se indica sobre cada línea (figura 25.3).

Líneas de temperatura del bulbo seco constante

Esta escala es la horizontal (abscisa), en la parte baja de la carta, según se muestra en la figura. Las líneas se extienden verticalmente, desde la parte baja hasta la alta de la carta.

Son constantes porque cualquier punto a lo largo de una de estas líneas corresponde a la misma temperatura de bulbo seco indicada en la escala de la parte baja (figura 25.4).

Líneas de temperatura de bulbo húmedo constantes

Corren diagonalmente de izquierda a derecha y de arriba hacia abajo, en un ángulo de aproximadamente 30° de la horizontal. También se les dice constantes, porque todos los puntos a lo largo de una de estas líneas están a la misma temperatura de bulbo húmedo (figura 25.5).

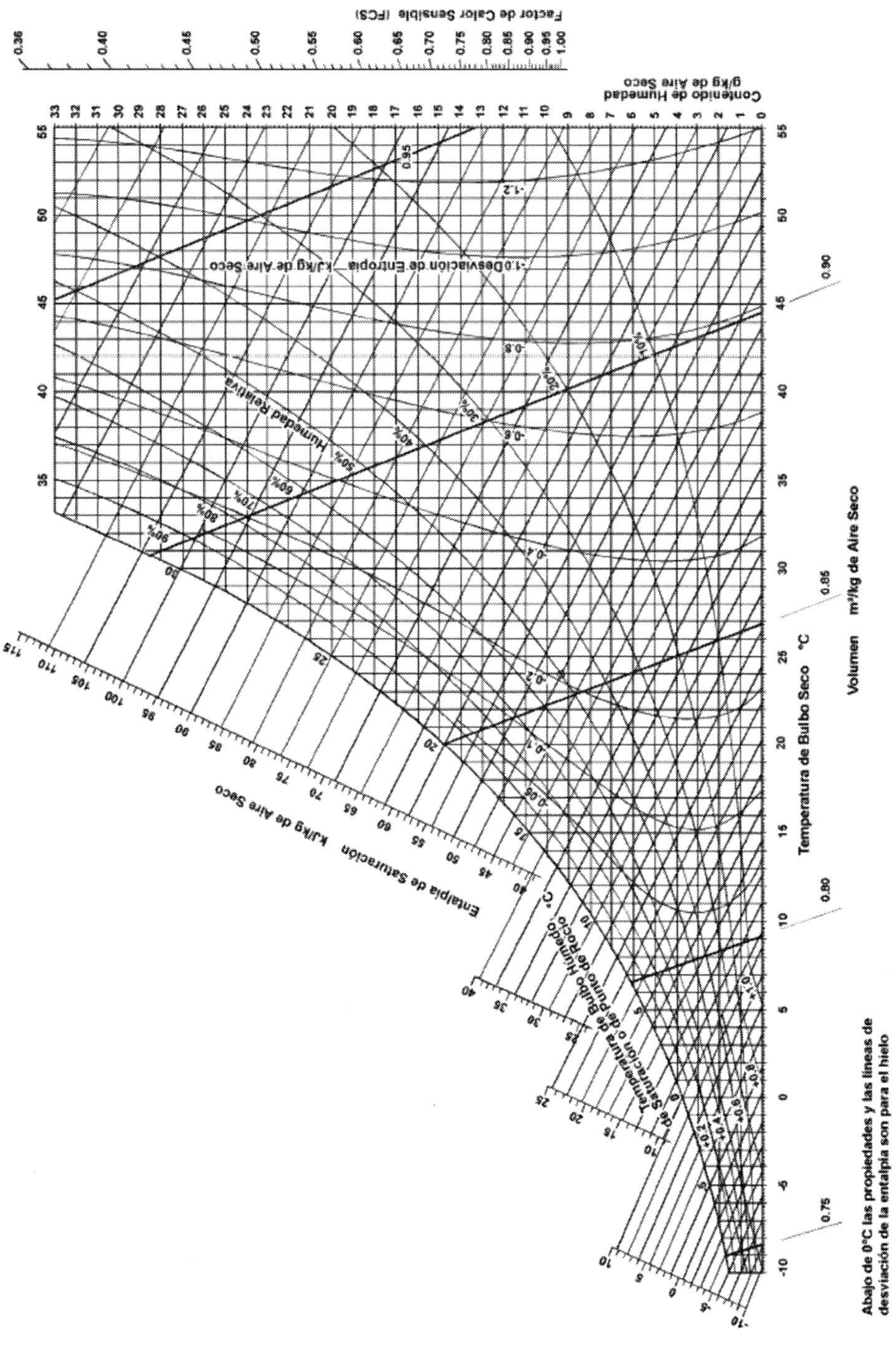

Figura 25.1. Carta psicrométrica.

Fuente: www.procesosbio.wikispaces.com.

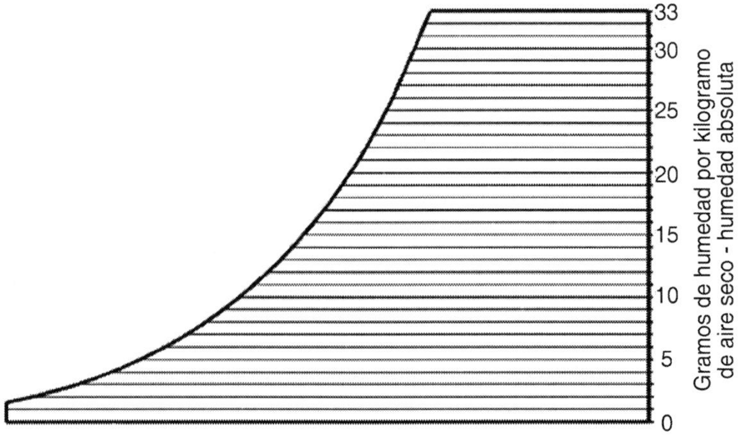

Figura 25.2. Líneas de humedad absoluta en gramos/kg.

Fuente: www.procesosbio.wikispaces.com.

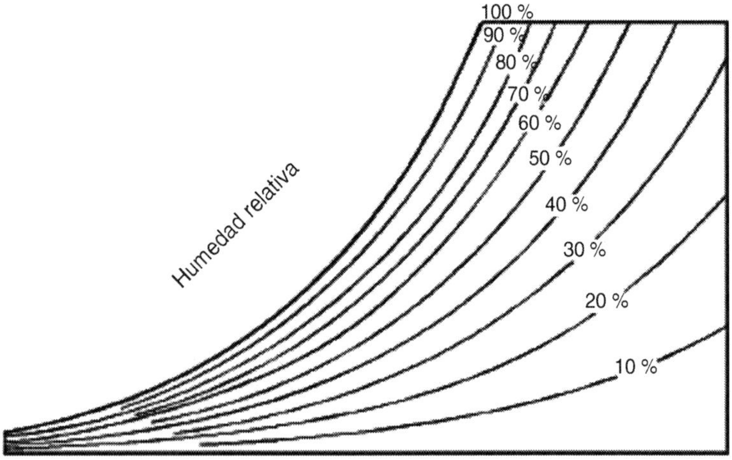

Figura 25.3. Líneas de humedad relativa, en porcentaje.

Fuente: www.procesosbio.wikispaces.com.

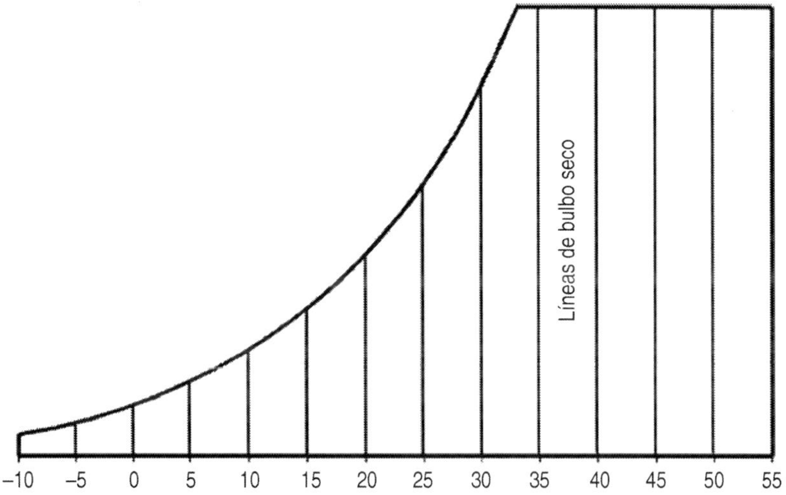

Figura 25.4. Líneas de temperatura de bulbo seco en °C.

Fuente: www.procesosbio.wikispaces.com.

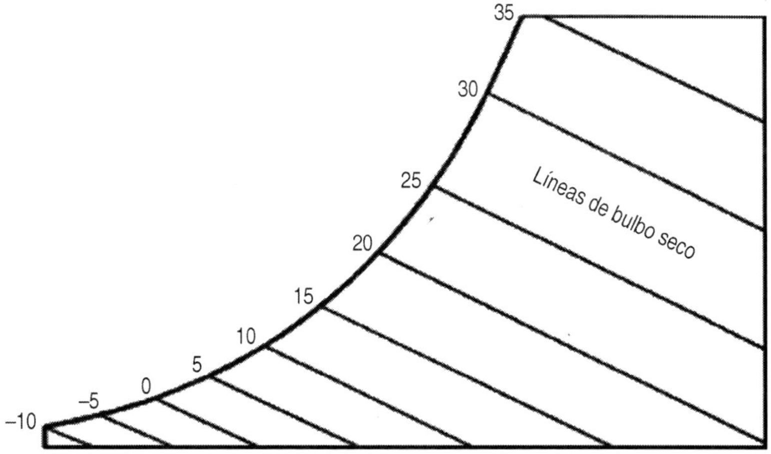

Figura 25.5. Líneas de temperatura de bulbo húmedo en °C.

Fuente: www.procesosbio.wikispaces.com.

Líneas de volumen específico constante

Estas líneas se encuentran en un ángulo aproximado de 60° con la horizontal, y van aumentando de valor de izquierda a derecha. Por lo general, el espacio entre cada línea representa un cambio de volumen específico de 0,05 m^3/kg. Cualquier punto que caiga entre dos de estas líneas, naturalmente debe ser un valor estimado (figura 25.6).

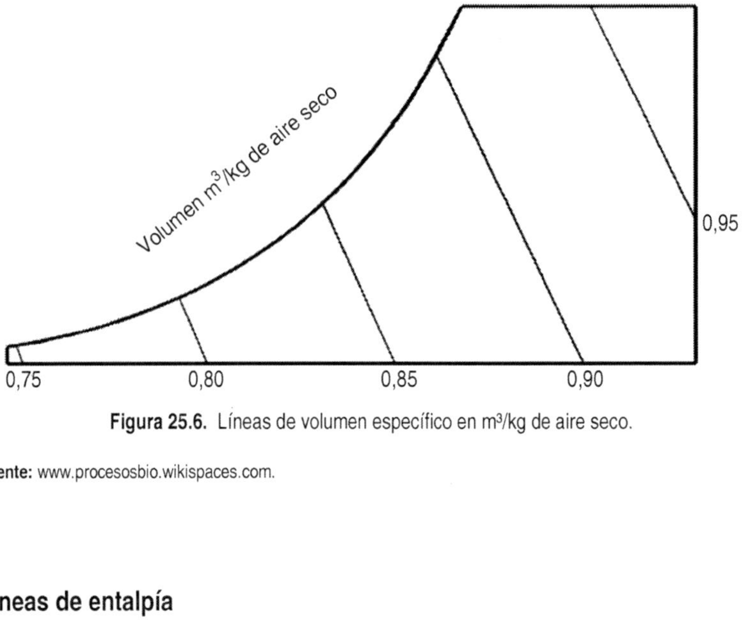

Figura 25.6. Líneas de volumen específico en m^3/kg de aire seco.

Fuente: www.procesosbio.wikispaces.com.

Líneas de entalpía

Son simples extensiones de las líneas de bulbo húmedo, puesto que el calor total del aire depende de la temperatura de bulbo húmedo (figura 25.7).

Líneas de temperatura de punto de rocío

La escala para las temperaturas de punto de rocío es idéntica a la escala para las temperaturas de bulbo húmedo; es decir, es igual para ambas propiedades. No obstante, las líneas de la temperatura de punto de rocío corren horizontalmente, de izquierda a derecha (figura 25.8).

La combinación de enfriamiento y deshumidificación se encuentra en prácticamente todos los sistemas de aire acondicionado. La des-

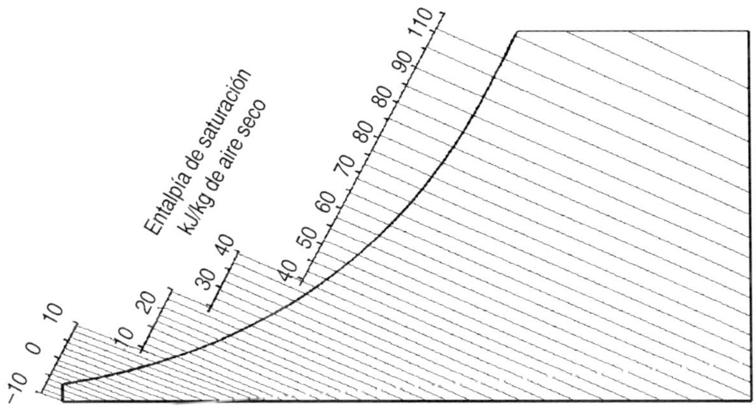

Figura 25.7. Líneas de entalpía en kJ/kg de aire seco.

Fuente: www.procesosbio.wikispaces.com.

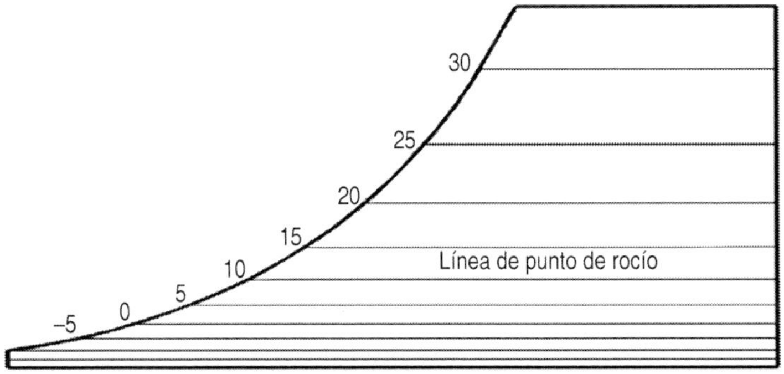

Figura 25.8. Líneas de temperatura de punto de rocío en °C.

Fuente: www.procesosbio.wikispaces.com.

humidificación es la remoción del vapor de agua presente en el aire. La cantidad de vapor de agua dentro de una zona ocupada variará dependiendo del número de personas presentes y de su actividad, y de la condición del aire exterior, entre otras.

Al enfriamiento y deshumidificación del aire para confort humano se le conoce comúnmente como aire acondicionado. Los procesos de acondicionamiento del aire como calentamiento, enfriamiento, humidificación y deshumidificación se pueden mostrar gráficamente en la carta psicrométrica.

Asumiendo un punto cualquiera (A) en la gráfica, con una temperatura y un factor de humedad conocidos, si se fuera a calentar el aire sin añadir humedad, el punto se movería a la derecha sobre la línea horizontal, mostrando aumento en la temperatura de bulbo seco (figura 25.9).

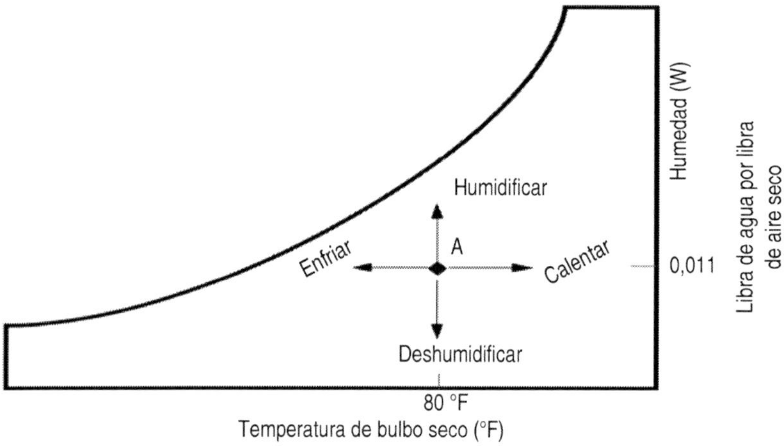

Figura 25.9. Temperatura de bulbo seco.

Fuente: www.procesosbio.wikispaces.com.

Si se fuera a añadir humedad (humidificar) sin cambiar la temperatura, el punto se movería verticalmente hacia arriba, pero si se redujera la humedad (deshumidificar), se movería verticalmente hacia abajo (figura 25.10).

Si la muestra de aire anterior se enfría lo suficiente, eventualmente llegará un instante en que se alcance la curva de saturación, punto B de la figura, situación en la cual no se podrá contener más vapor de agua para la condición dada y se empezará a condensar algo de ese vapor de agua (figura 25.11).

Suponiendo que se dispone de una muestra de aire a 80 °F (26,8 °C) que contiene 0,011 libras de agua (punto A en el gráfico), al enfriarlo se llegará hasta el punto B, en el cual la temperatura será de 59,7 °F

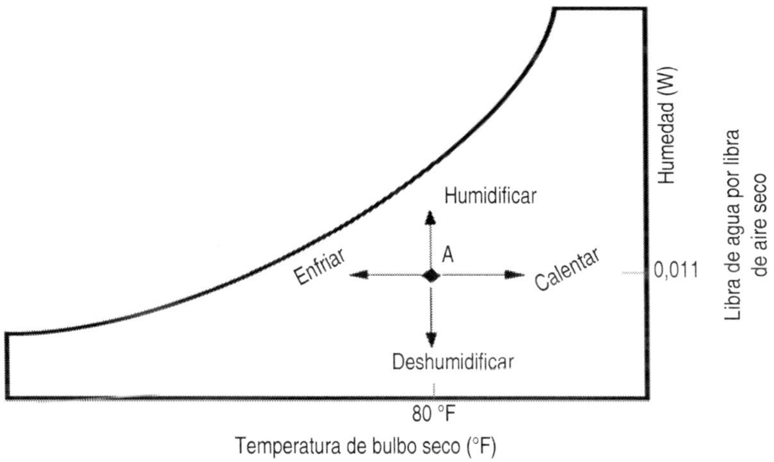

Figura 25.10. Temperatura de bulbo seco.

Fuente: www.procesosbio.wikispaces.com.

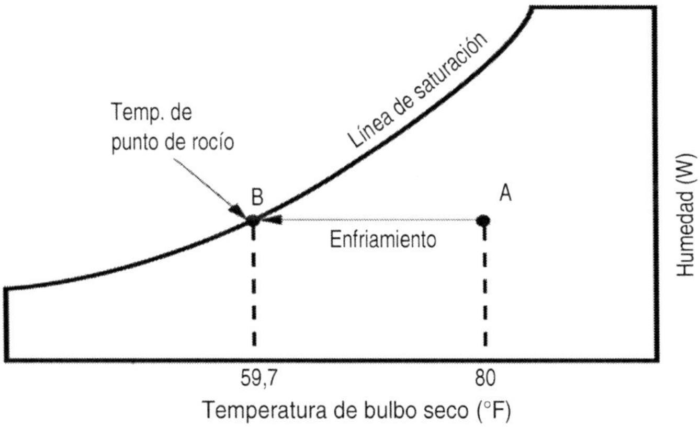

Figura 25.11. Temperatura de bulbo seco.

Fuente: www.procesosbio.wikispaces.com.

(15,4 °C), en la cual es inminente la condensación, pues corresponderá a la temperatura del punto de rocío (figura 25.12).

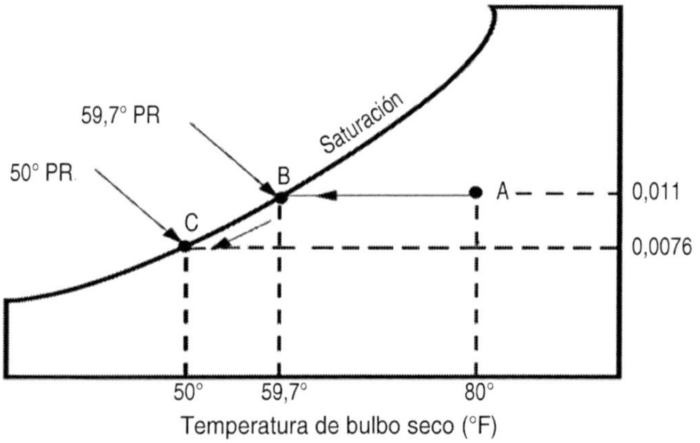

Figura 25.12. Temperatura de bulbo seco.

Fuente: www.procesosbio.wikispaces.com.

Ahora, si la muestra se enfría más, por ejemplo hasta 50 °F (10 °C), la humedad se condensará siguiendo la línea de saturación hasta el punto C, donde tendrá un punto de rocío de 50 °F y una humedad de sólo 0,0076 libras de agua.

Un ejemplo práctico de este proceso ocurre en un ducto metálico de transporte de aire frío para acondicionamiento del aire de un recinto, el cual pasa a través de un área húmeda no acondicionada. ¿Sudará el ducto (condensación) y será necesario aislarlo?

Suponiendo que el aire frío transportado tiene una temperatura de 55 °F (12,8 °C), que probablemente será también la temperatura superficial exterior del ducto metálico, se creerá también que la temperatura del aire ambiente alrededor del ducto está a 95 °F (35 °C) con 0,0142 libras de humedad (figura 25.13).

Esta condición del aire exterior implica una temperatura de saturación (punto de rocío) de 67 °F (19,4 °C). Cualquier superficie que posea una temperatura por debajo del punto de rocío provocará inminentemente la condensación y la única forma de evitarlo es a base de aislamiento.

En los ciclos de climatización de aire, éste se mezcla con el aire exterior y el de retorno. El aire mezclado estará a una temperatura

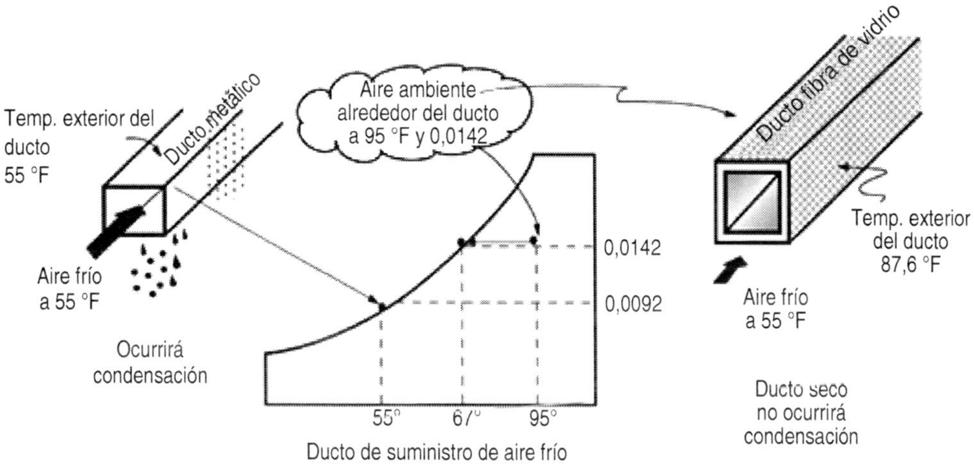

Figura 25.13. Suministro de aire.

Fuente: www.procesosbio.wikispaces.com.

menor a la exterior y algo mayor a la del retorno del cuarto (figura 25.14).

En el acondicionamiento de aire, con frecuencia se requiere mezclar aire a diferentes temperaturas de bulbo húmedo (bh) y de bulbo seco (bs), para lograr una determinada condición final de aire. La mayoría de las aplicaciones de aire acondicionado comercial requieren cierto volumen de aire exterior fresco que sea introducido al espacio ocupado.

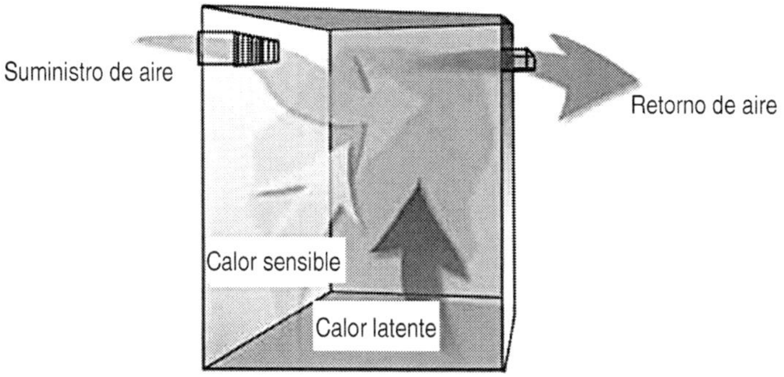

Figura 25.14. Cimentación de aire.

Fuente: Memorias de la pasantía en volumetría SIC, 2001.

Puesto que la introducción del 100 % de aire exterior no es práctica, desde el punto de vista de costo operacional, se debe mezclar el aire exterior requerido con un porcentaje de aire de retorno antes de calentarlo o enfriarlo. Por ejemplo, si se mezclan 3,68 m^3/min de aire exterior a 35 °C de bs y 24 ° C de bh, con 7,36 m^3/min de aire de retorno a 27 °C de bs y 19 °C de bh, el flujo total del aire será de 11,04 m^3/min. Esto dará una relación de mezcla de 33,3 % de aire exterior y 66,7 % de aire recirculado (con base en volumen).

En la carta psicrométrica se trazan las condiciones del aire.

Para determinar la temperatura de bulbo seco de la mezcla:

$$35\ °C*0{,}33 = 11{,}55\ °C$$

$$27\ °C*0{,}67 = 18{,}09\ °C$$

Temperatura de bulbo seco de la mezcla = 29,64 °C

Para encontrar la temperatura de bh de la mezcla resultante, se localiza el punto en el que la línea de la mezcla cruza la línea constante de temperatura de bs de 29,64 °C. Este punto (3) es la condición de la mezcla, y de aquí se puede seguir la línea constante de temperatura de bh hacia la izquierda, hasta donde cruza la escala para encontrar la temperatura de 20,8 °C.

Factor de calor sensible (FCS). Es la relación de calor sensible con respecto al calor total, que es la suma de los calores sensible y latente. Esta relación se expresa así:

$$FCS = \frac{Qs}{Qs + Ql} = \frac{Qs}{Qt}$$

En una carta psicrométrica, los valores del factor de calor sensible (FCS) corresponden a la escala vertical del lado derecho de la carta, paralela a la escala de humedad absoluta.

25.1 Atmósfera

El aire que respira el ser humano se compone de una mezcla de gases secos y vapor de agua. Estos gases contienen, aproximadamente,

77 % de nitrógeno y 23 % de oxígeno, con otros que totalizan menos del 1 %. El vapor de agua existe en muy poca cantidad, así que es medido en granos o libras (una libra contiene 7000 granos).

Tabla 25.1
Composición del aire seco (sin vapor de agua)

Elemento	Símbolo químico	% en peso	% en volumen
Nitrógeno	N_2	75,47	78,03
Oxígeno	O_2	232,19	20,99
Dióxido de carbono	CO_2	0,04	0,03
Hidrógeno	H_2	0,00	0,01
Argón	—	1,30	0,94
Neón	—	1,30	0,94
Ozono	—	1,30	0,94

Fuente: Laboratorio de humedad de la pasantía en higrometría SIC.

Aire húmedo

Se considera que está constituido por una mezcla de aire seco y vapor de agua. Si se llama m_a a la fracción de aire seco y m_w a la fracción de vapor de agua, se cumplirá:

$$m = m_w + m_a$$

Es posible separar el aire seco y el vapor de agua. Debe cumplirse por la ley de Dalton que la suma de presiones parciales sea igual a la presión total que se tiene en el aire atmosférico.

$$p = p_a + p_w$$

Temperatura de bulbo seco

Corresponde al valor de la temperatura medida con un termómetro ordinario, que usualmente es de vidrio.

Temperatura de bulbo húmedo

Es la que resulta de la evaporación del agua, en una gasa húmeda, puesta sobre un termómetro común.

Temperatura de punto de rocío

Es la temperatura de saturación, en la cual tiene lugar la condensación del vapor de agua. Un ejemplo es la humedad sobre un vaso de agua con hielo. El vidrio frío reduce la temperatura del aire por debajo del punto de rocío y la humedad que se condensa forma gotas sobre la superficie del vidrio.

Humedad específica

Representada con el símbolo w, se define como el cociente entre la masa de vapor contenida en el aire y la masa de aire seco.

$$w = \frac{m_v}{m_g}\left[\frac{\text{kg de vapor de agua}}{\text{kg de aire seco}}\right] w = 0{,}022\frac{p_v}{p_a} p = p_a + p_v$$

Humedad relativa

Es la relación del vapor de agua real en el aire, comparado a la máxima cantidad que estaría presente a la misma temperatura, expresada como un porcentaje (%).

$$w = \frac{m_v}{m_g} = \frac{p_v/R_vT}{p_g/R_vT} = \frac{p_v}{p_g}$$

Volumen específico

Es el número de metros cúbicos ocupados por un kilogramo de la mezcla de aire y vapor de agua.

Calor sensible

Es la cantidad de calor seco, expresado en BTU por libra de aire; se refleja por la temperatura de bulbo seco.

Calor latente

Es el calor requerido para evaporar la humedad que contiene una cantidad específica de aire. Esta evaporación ocurre a la temperatura de bulbo húmedo. También se expresa en BTU por libra de aire.

Calor total

El contenido de calor total de la mezcla de aire y vapor de agua también se conoce como entalpía. Es la suma de los valores de calor sensible y latente.

$$H = H_a + H_v = m_a h_a + m_v h_v$$

Dividiendo por m_a

$$h = \frac{H}{m_a} = h_a + \frac{m_v}{m_a} + h_v = h_a + ah_v$$

$$h = h_a + ah_g \left(\frac{hj}{kj_{aire}} \right)$$

25.2 Procedimiento de calibración de un termohigrómetro

Método de calibración: por comparación

Selección del equipo patrón de referencia

Para la prueba de calibración se requiere un psicrómetro que consta de dos termómetros: uno para bulbo húmedo y otro para bulbo seco.

Selección del equipo por calibrar

Seleccionar un equipo de humedad para la prueba de calibración y verificar que se encuentre en buen estado de funcionamiento.

Acondicionamiento

El acondicionamiento térmico debe realizarse según recomendaciones del fabricante o procedimiento interno del laboratorio de calibración. El equipo por calibrar debe ponerse lo más cercano posible al psicrómetro patrón con el fin de que los errores por humedad sean mínimos.

Es necesario asegurarse de que el termómetro de bulbo húmedo permanezca siempre con la mecha impregnada con agua destilada.

Se debe verificar que el termohigrómetro de control ambiental del laboratorio se encuentre estable antes de iniciar las mediciones con el psicrómetro patrón.

Con el fin de obtener valores bajos de humedad relativa, verificar que la cámara de calibración esté completamente libre de humedad.

Para conseguir valores altos de humedad relativa, introducir en la cámara de calibración un recipiente con agua.

Condiciones ambientales

Temperatura: 20 °C ±2 °C

Humedad relativa: 40 % - 60 %

Calibración

Determinar mínimo tres puntos de medición haciendo variar las condiciones de humedad del puesto de calibración.

Realizar máximo diez mediciones en cada punto con intervalos de tiempo de un minuto cada uno.

Leer la temperatura del bulbo húmedo y bulbo seco en cada uno de los termómetros del psicrómetro patrón.

Sacar un promedio de las diez lecturas en cada uno de los puntos.

Comparar en la tabla psicrométrica la temperatura de bulbo húmedo contra la de bulbo seco y determinar el porcentaje (%) de humedad relativa.

Comparar con la humedad relativa que registra el termohigrómetro en calibración y calcular el error mediante la diferencia de la humedad registrada por el equipo en calibración menos la humedad sacada en la tabla psicrométrica.

Toma de datos

Se registra en el formato toda la información del equipo por calibrar como: marca, modelo, serie, rango, resolución, ubicación, fecha de calibración y responsable, etc.

Parámetros para elaboración del informe

Se debe diseñar y elaborar el registro de calibración que contenga los resultados de la prueba de calibración; un rótulo que identifica el estado del equipo calibrado (rechazado o aprobado), y un certificado de calibración que tenga, como mínimo:

- Información técnica del equipo calibrado (identificación).
- Condiciones ambientales.
- Método de calibración utilizado.
- Patrón de referencia utilizado y su respectiva trazabilidad.
- Responsables de la prueba de calibración.

Terminada la calibración, realizar todos los cálculos de:

- Error en la calibración.
- Incertidumbre de la medición tipo A.
- Incertidumbre de la medición tipo B.
- Incertidumbre de la medición combinada.
- Incertidumbre de la medición expandida o total.

Error

Porcentaje (%) de humedad del equipo en calibración - porcentaje (%) de humedad según tabla psicrométrica

Incertidumbre de la medición tipo A

- Calcular la incertidumbre de medición tipo A mediante la siguiente ecuación:

$$S = \frac{\sqrt{\sum_{i=1}^{n}(xi - \bar{x})^2}}{(n-1)}$$

Incertidumbre de la medición tipo B

- Calcular la incertidumbre de medición tipo B mediante la siguiente ecuación:

$$\mu B = \frac{a}{\sqrt{3}} \text{ (para equipos analógicos)}$$

$$\mu B = \frac{a}{\sqrt{12}} \text{ (para equipos digitales)}$$

Donde:
a = valor dado por el fabricante
$\sqrt{3}$ = constante

Incertidumbre de la medición combinada

- Se calcula la incertidumbre de medición combinada mediante la siguiente ecuación:

$$Uc = \sqrt{(Ua)^2 + (Ub)^2 + (Up)^2}$$

Donde:
Uc = incertidumbre de medición combinada
Ua = incertidumbre de medición tipo A
Ub = incertidumbre de medición tipo B
Up = incertidumbre de medición del equipo patrón

Incertidumbre de la medición expandida o total

- Calcular la incertidumbre de medición expandida mediante la siguiente ecuación, con el factor de cobertura de $k = 2$ para un nivel de confianza de 99,5 %.

$$Ue = 2 * Uc$$

Donde:
Ue = incertidumbre de medición expandida
2 = k=2 constante para un nivel de confianza de 95,5 %
Uc = incertidumbre de medición combinada

Terminada la calibración, se procede a elaborar el respectivo certificado y registro de calibración (ver modelo).

Certificado de calibración

Instrumento	
Marca	
Modelo	
Serie	
Código	
Rango	
Resolución	
Solicitante	
Dirección	
Fecha de calibración	

Número de páginas:

Firmas autorizadas:

Elaboró: ______________________ Revisó: ______________________

Observaciones

Los resultados contenidos en el presente certificado se refieren al momento y las condiciones en que se realizaron las pruebas de calibración. El laboratorio de metrología no se responsabiliza de los perjuicios que puedan derivarse del uso inadecuado del equipo.

Este certificado expresa fielmente el resultado de las mediciones realizadas. Puede ser reproducido total pero no parcialmente, excepto cuando se haya obtenido permiso escrito del laboratorio que lo emite.

Método de calibración

El presente certificado contiene los errores calculados en la calibración de ________, identificado con el código N.° ________, al cual se le realizó la calibración por comparación con ________, mediante la guía N.° ________.

Condiciones ambientales del laboratorio

Temperatura	Humedad relativa

Incertidumbre de la medición

La incertidumbre de la medición expandida se obtiene multiplicando la incertidumbre de la medición combinada por el factor de cobertura $k = 2$, que corresponde a una probabilidad del 99,5 %, aproximadamente, según la Guía Técnica Colombiana GTC-115.

$$uc * 2 = ue \text{ (total)}$$

ue = incertidumbre de medición total = ________________

Trazabilidad

Dispositivo patrón	Marca	Código	Certificado de calibración N.°	Calibrado por	Fecha de calibración	Fecha de vencimiento

Registro de calibración de termohigrómetro

REGISTRO DE CALIBRACIÓN LABORATORIO DE METROLOGÍA HUMEDAD RELATIVA

FECHA DE MEDICIÓN:	
INSTRUMENTO DE CONTROL:	
MARCA:	
MODELO:	
SERIE:	
CÓDIGO:	
RANGO:	
RESOLUCIÓN:	
SOLICITANTE:	

CALIBRACIÓN HUMEDAD RELATIVA				
TEMPERATURA EN BULBO HÚMEDO (°C)	**TEMPERATURA EN BULBO SECO (°C)**	**HUMEDAD RELATIVA (%)**	**HUMEDAD RELATIVA (%) LEÍDA**	**TEMPERATURA**

OBSERVACIONES

CALIBRADO POR	REVISADO POR

BIBLIOGRAFÍA

Elizondo Decanini, A. (1996). *Manual de aseguramiento metrológico industrial*. México: Ediciones Castillo.

Giacomo, P. (1984) The new definition of the meter. *Am. J. Phys*, 52 (7), pp. 607-613.

González G., C. & Zeleny V., R. (1998). *Metrología* (2.ª ed.). México: McGraw-Hill.

Inalcec (1999). Servicio de capacitación en metrología. *Memoria de pasantía en metrología eléctrica*. Medellín.

Instituto Colombiano de Normas Técnicas y Certificación (1987). *NTC 1724. Metrología. Cintas métricas comerciales*. Bogotá: Icontec.

Instituto Colombiano de Normas Técnicas y Certificación (1987). *NTC 2262. Metrología. Características metrológicas de los elementos sensores elásticos usados para medición de presiones, métodos de determinación*. Bogotá: Icontec.

Instituto Colombiano de Normas Técnicas y Certificación (1987). *NTC 2263. Indicadores de presión, manómetros de vacío y manómetros de presión-vacío para usos generales*. Bogotá: Icontec.

Instituto Colombiano de Normas Técnicas y Certificación (1988). *NTC 1420. Manómetros de tubo bourdon para uso industrial.* Bogotá: Icontec.

Instituto Colombiano de Normas Técnicas y Certificación (1997). *NTC ISO 4303. Pie de rey. Requisitos y ensayos.* Bogotá: Icontec.

Instituto Colombiano de Normas Técnicas y Certificación (1997). *NTC 4352. Micrómetros para medición de exteriores, construcción normal, conceptos, requisitos y ensayos.* Bogotá: Icontec.

Instituto Colombiano de Normas Técnicas y Certificación (1997). *NTC 4219. Comparadores de carátula de precisión con indicación mecánica.* Bogotá: Icontec.

Instituto Colombiano de Normas Técnicas y Certificación (1998). *NTC 4313. Comparadores de carátula.* Bogotá: Icontec.

Instituto Colombiano de Normas Técnicas y Certificación (2000). *ISO 9001:2000. Sistemas de gestión de la calidad. Requisitos.* Bogotá: Icontec, 37 pp.

Instituto Colombiano de Normas Técnicas y Certificación (2001). *ISO-IEC 17025. Requisitos generales de competencia de laboratorios de ensayo y calibración.* Bogotá: Icontec, 36 pp.

Instituto Colombiano de Normas Técnicas y Certificación (2002). *NTC 2031. Instrumentos de pesaje de funcionamiento no automático. Requisitos metrológicos, técnicos y ensayos.* Bogotá: Icontec, 88 pp.

Instituto Colombiano de Normas Técnicas y Certificación (2003). *NTC ISO 10012. Sistemas de gestión de la medición. Requisitos para los procesos de medición y los equipos de medición.* Bogotá: Icontec, 22 pp.

Instituto Colombiano de Normas Técnicas y Certificación (2003). La metrología y los costos de la calidad. *Revista Normas y Calidad, 59,* 68 pp. Bogotá: Icontec.

Instituto Colombiano de Normas Técnicas y Certificación (2007). *NTC ISO 7500-1. Verificación de máquinas para ensayos uniaxiales está-*

ticos. Parte 1: Máquinas de ensayo de tensión-compresión. Verificación y calibración del sistema de medición de fuerza: Bogotá: Icontec.

Marbán M., R. y Pellecer, J.A. (2003). *Metrología legal.* Guatemala, 40 pp.

Marbán M., R. y Pellecer, J.A. (2002). *Metrología para no metrólogos* (2.ª ed.). Guatemala: Sistema Interamericano de Metrología (SIM), 129 pp.

Mitutoyo. Catálogo de equipos para longitud. Recuperado el 16 de marzo de 2011 de www.fal.com.mx/mitutoyo.html.

Mulero, A., Suero, M.A., Vielba, A. y Cuadros, F. (2002). El sistema internacional de unidades en el supermercado. *Revista Española de Física*, 16(5), pp. 41-45.

Real Decreto 1317 del 27 de octubre de 1989, por el que se establecen las unidades legales de medida.

Sistema internacional de unidades. Recuperado el 16 marzo de 2011 de www.sc.ehu.es/sbweb/fisica/unidades/unidades/unidades.htm.

Superintendencia de Industria y Comercio (1993). Decreto 2269 del 16 de noviembre de 1993 (*Diario Oficial,* N.º 41.110), por el cual se organiza el sistema nacional de normalización, certificación y metrología.

Superintendencia de Industria y Comercio (2001). *Memoria de pasantía en volumetría de vidrio.* Bogotá.

Superintendencia de Industria y Comercio (2003). *Memoria de pasantía en higrometría.* Bogotá.

Thermometric S.A. (1999). *Termometría eléctrica. Memoria de pasantías en termometría.* Bogotá.

Universidad del Valle (1998). Memorias del Seminario sobre Metrología Aplicada a la Industria. Grupo de Investigación en Alta Tensión. Santiago de Cali, 16 y 17 de abril de 1998.

ÍNDICE ANALÍTICO

L

M

P

S

Nueva Librería dio término a la presente tirada
de esta obra en sus propios talleres gráficos,
sitos en Estados Unidos 301,
(1101) Ciudad Autónoma de Buenos Aires, Argentina Tel.:
(54 11) 4362 9266
En el mes de junio de 2018

imprenta@nuevalibreria.com.ar
www.nuevalibreria.com.ar